现代飞机液压系统热特性建模仿真与热设计

曹克强　李永林　任博　胡良谋　编著

国防工业出版社

·北京·

内 容 简 介

本书对现代飞机液压系统热特性建模仿真与热设计做了系统的论述,主要包括:飞机液压系统热特性建模的传热学基础;飞机平台诱发环境温度建模;液压系统材料物理特性建模;液压系统热特性建模的控制体方法;飞机液压系统热特性数学模型建立和面向对象的仿真实现。在此基础上讨论了以热特性建模与仿真为核心的飞机液压系统热设计的方法。本书的主要内容是作者近年来科研成果和工程实践经验的总结,全书内容较为新颖,且结合工程实际。

本书可作为航空类院校、研究所、企业相关专业的教学与科研用书,也可作为从事飞机设计与研制工作相关科技人员的参考书。

图书在版编目(CIP)数据

现代飞机液压系统热特性建模仿真与热设计 / 曹克强等编著 . —北京:国防工业出版社,2013.9
ISBN 978-7-118-08897-7

Ⅰ.①现… Ⅱ.①曹… Ⅲ.①飞行—液压系统—换热特性—仿真②飞机—液压系统—换热特性—设计
Ⅳ.①V245.1

中国版本图书馆 CIP 数据核字(2013)第 217298 号

※

*国防工业出版社*出版发行

(北京市海淀区紫竹院南路 23 号 邮政编码 100048)
北京嘉恒彩色印刷责任有限公司
新华书店经售

*

开本 710×960 1/16 印张 16¾ 字数 295 千字
2013 年 9 月第 1 版第 1 次印刷 印数 1—2500 册 定价 42.00 元

(本书如有印装错误,我社负责调换)

国防书店:(010)88540777   发行邮购:(010)88540776
发行传真:(010)88540755   发行业务:(010)88540717

前　言

飞机液压系统是现代飞机的重要系统之一,承担着飞机舵面操纵、起落架收放及其他动作的执行任务,对于保证飞机安全飞行、实现飞机设计性能等发挥着重要作用。

将以控制液压系统工作温度在合理范围内,避免因工作温度原因而出现液压系统工作性能下降、故障等的设计过程称为飞机液压系统的热设计。液压系统的热设计是飞机液压系统设计的重要内容之一,贯穿于液压系统设计的各个阶段,包括论证阶段、方案阶段、工程研制阶段、设计定型阶段和生产定型阶段。

早期飞机液压系统由于工作压力较低、结构较为简单,液压系统工作过程中因温度因素产生的问题并不突出。随着飞机液压系统的压力不断升高,需求功率不断增大,使用环境要求更加苛刻,系统因高温、低温、温度冲击而产生的问题逐渐增多,液压系统的热设计问题也逐渐得到重视。现代飞机设计过程中,热设计已经成为液压系统设计过程中一项重要的设计内容。

随着计算机技术的发展,仿真技术也取得了较快发展,并在各个工程与非工程领域得到了非常广泛的应用,以仿真技术为基础和核心的现代设计过程已经取代了以经验为主的设计过程。液压系统的热设计过程也逐渐由原来的经验设计过渡到以建模与仿真为核心的现代设计过程。开展液压系统热设计工作的基础是进行液压元件和液压系统热特性的建模与仿真,以此为基础全面考察液压系统在不同任务剖面、不同环境、不同工作状态下的热特性,并采取有效的控制和优化措施,完成液压系统的热设计工作。

本书的主要目的是全面、系统地介绍现代飞机液压系统热特性建模与仿真的方法,以及基于热特性仿真的飞机液压系统的热设计方法。

本书的结构及主要章节内容如下:

第1章:概论。论述飞机液压系统热特性的研究内容,液压系统热特性建模与仿真的国内外研究现状,简要介绍液压系统热特性建模的功率损失法和结点法。

第2章：现代飞机液压系统。介绍现代飞机液压系统的功用、特点及主要组成，包括飞机液压系统的泵源系统、控制装置、执行装置、辅助装置和典型飞机液压回路与系统。

第3章：液压系统的传热学理论和计算方法。论述液压系统热特性计算过程中涉及的基本传热学理论和计算方法，包括热传导、对流换热、辐射换热以及换热器的热计算。

第4章：飞机平台诱发环境温度的建模与仿真。论述飞机平台诱发环境温度的建模和仿真方法。包括：平台诱发环境温度的建模方法；相似传热结构热特性通用模型；平台温度相似区域划分；飞机蒙皮温度的计算；平台的自然环境条件，并给出仿真实例。

第5章：液压系统材料物理特性的数学模型。论述液压系统热特性建模过程中涉及材料物理特性的数学模型。包括：液压油的状态分析；空气溶解和析出的计算；空气完全溶解时油液的数学模型；空气部分析出时油液的数学模型；固体材料物理特性模型。

第6章：液压系统热特性建模的控制体方法。论述液压系统热特性建模控制体方法的理论基础和主要内容。包括：热力学系统及其分类；状态参数与参数关联；热力学分析的控制体方法；热力学的基本概念以及热力学第一方程和第二焓方程；液压元件的控制体方程；温度和压力方程的简化计算；节流型元件的温度和压力计算。

第7章：飞机液压元件的热特性模型。论述采用控制体方法建立液压元件热特性模型的过程，并以恒压柱塞泵、伺服阀、作动筒、助力器、管路的热特性模型建立为例进行说明。

第8章：飞机液压系统热特性模型的仿真实现。论述了面向对象的飞机液压系统热特性模型的仿真实现过程。包括：液压系统热特性仿真的框架；任务剖面定义和元件动作剖面定义；液压系统的类层次和类库设计；元件类的通用结构与接口定义；仿真过程中非线性问题处理；仿真语言 Modelica 及运行平台 Dymola；采用 Modelica 建立飞机液压系统热特性仿真模块库。

第9章：飞机液压系统的热设计。论述以液压系统热特性仿真为核心的飞机液压系统热设计的内容与方法。包括：液压系统热设计的方法；热设计过程中涉及的相关标准和规范；液压系统温度型别的选取；液压系统热特性分析；不同泵源形式的热特性分析；液压系统的散热设计；低温环境下液压系统的热设计；液压系统试验中的温度测量。

本书由曹克强教授、李永林博士后、任博博士和胡良谋博士后编写。

本书在编写过程中参考或引用了参考文献中所列论著的有关内容，在此谨向这些论著的作者表示感谢。

　　由于作者学识水平有限，书中难免有错误或不足之处，真诚欢迎各位专家和读者批评指正。

作　者

2013 年 1 月于空军工程大学航空航天工程学院

目　　录

第1章 概　论

本章讨论飞机液压系统热特性研究的内容以及液压系统热特性建模与仿真的国内外研究现状,并简要介绍液压系统热特性建模早期使用的功率损失法和结点法。

1.1　飞机液压系统热特性研究概述

人类使用液压原理克服自身生理局限的历史已经超过两千年。1648 年,法国人帕斯卡(B. Pascal)提出了静止液体中压力传递的基本定律,直到 1900 年,Waterbruy 的 Vichers 公司才制造出了具有现代意义的液压系统[1]。20 世纪中叶以后,液压技术在各工业领域得到了广泛的应用。随着液压技术与电气电子技术和自动控制原理等学科的密切结合,液压技术已经进入了一个全新的发展阶段。

第二次世界大战以来,液压技术在飞机上得到了广泛的应用。航空工业的发展无疑是液压技术发展的强大动力。液压系统已成为现代飞机的重要系统之一,承担着飞机舵面操纵、起落架收放、舱门开闭等操纵与动作执行任务。由于液压系统具有较高的功率密度和较好的线性运动输出特性,也是目前飞机上不可替代的操纵与动作执行系统。随着航空工业的进步,现代军用飞机飞行速度不断增大,机动性能不断提高,使用环境要求更加苛刻,功能更趋智能化,从而对飞机液压系统也提出了更高的要求,主要表现为液压系统的压力温度型别不断提高、系统功率不断增大、功能更加完善、更趋智能化及工作更加可靠等。

高压化和大功率是未来飞机液压系统发展的必然趋势[2]。高压化可以显著地减少液压系统的重量和体积,从而为飞机的超声速巡航、超机动、有效载荷提升等提供了解决方案。而飞机整体性能的提高和较高的舵面运动速度要求,也要求飞机液压系统的功率不断提高。

飞机液压系统的高压化和大功率必然带来系统无效功率的增加,从而导致系统温度的急剧升高。飞机液压系统压力从 21MPa 提高到 56MPa 时,液压系统的温度会从 110℃升高到 180℃[2]。同时,飞机的高速化使飞机表面气流滞

1

止温度随飞行速度成指数关系增加,在发动机辐射热的共同作用下,液压系统外部环境温度进一步升高,从而使飞机液压系统的温度进一步增加。过高的油液温度会给液压系统的正常工作带来很大的威胁,严重影响液压油的使用寿命。研究表明,每当温度升高 15℃,油液的稳定使用寿命降低 90%。油液温度过高的危害还表现在:液压油氧化分解,变质;液压油黏度下降;系统效率下降;密封件老化[3];伺服阀卡死[4];密封件润滑不良[4];绝缘失效[4];金属腐蚀增加;运动副磨损加剧;工作寿命缩短等。

另外,现代飞机的使用环境要求更加苛刻,要求飞机液压系统具有更大的工作温度范围,这就要求飞机液压系统不仅能够在较高环境温度下正常工作,而且在较低的环境温度下也可以正常工作。而低温对飞机液压系统的正常工作也会产生较大影响,主要表现为系统启动困难、系统效率下降、密封件硬化等[3]。

过高或过低的系统温度都会对飞机液压系统的正常工作产生较大影响。这就要求在液压系统设计过程中认真地考虑系统热特性的问题,开展液压系统的热设计工作。早期液压系统的热设计是一种依靠经验的事后设计,即液压系统设计过程中不考虑热特性问题或依据相关机型的经验增加散热器等工程措施,在设计完成后通过试验来考察系统的热特性,如果热特性不能满足要求,影响到系统的正常工作,再对系统设计进行修改。但随着液压系统结构日趋复杂、设计费用的快速增加,设计要求的不断提高,这种以经验为主的事后设计已经不能满足需要。面对现代飞机复杂的设计过程,要求从设计之初就对飞机液压系统的热特性进行研究,通过一定的设计手段,发现液压系统设计过程中存在的薄弱环节,采取有效方法将系统工作温度控制在合理的范围之内,从根本上消除因温度因素对系统正常工作带来的影响。开展严格和全面的环境试验,保证飞机液压系统的热特性满足飞机的设计要求,并保持与液压系统其他方面设计的协调性,达到最优化的设计。

飞机液压系统热特性的建模与仿真是进行系统热设计的基础和有力工具。通过建模和仿真可以从飞机方案阶段对液压系统的热特性进行初步分析,在后续的工程研制过程中不断地完善液压系统仿真模型。通过对系统不同任务剖面、不同环境条件下热特性全面的仿真来发现系统设计过程中存在的薄弱环节。针对这些薄弱环节采取相应的工程措施,如使用散热器等加以解决。而在采取相应工程措施过程中,设计参数的确定、工程措施效果的检验都离不开液压系统的热特性建模与仿真。在后续的试验阶段,热特性的建模与仿真还可以作为试验过程的参考和指导。

热特性是飞机液压系统重要的质量属性之一,而热设计是保证液压系统热特性满足设计要求的手段和方法。飞机液压系统的热设计已经从开始的依靠经验的事后设计阶段发展到了以仿真为基础的全过程设计阶段。在未来的发展过程中,采用装备环境工程的观念和方法来系统地开展液压系统的热设计工作,将液压系统热特性的研究提高到系统温度环境适应性工程这样的高度,必将使液压系统热特性的研究和热设计工作进入一个全新的发展阶段。

1.2 飞机液压系统热特性的研究内容

飞机液压系统的热特性不仅涉及系统本身的结构参数与状态参数,还与飞机其他系统工作、外部环境条件、飞行任务剖面等因素有关。影响飞机液压系统热特性的主要因素如图1.1所示。对飞机液压系统热特性进行研究,应尽量将影响系统热特性的主要因素考虑在内。

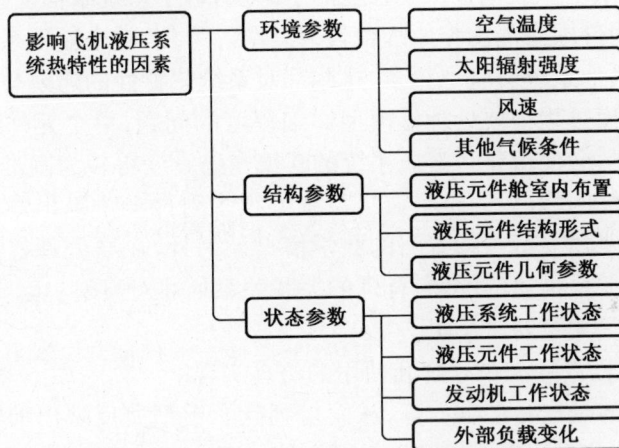

图 1.1 影响飞机液压系统热特性的主要因素

现代飞机液压系统结构复杂,一般包括 2 套～3 套独立的液压系统。同时,包含的附件数量较多,系统驱动负载形式多样,工作状态复杂,同其他系统之间的交联也较多。在描述液压系统热特性时要充分考虑到系统本身和系统之间交联的复杂性,采用的方法应对这种复杂性具有良好的适应性。

考虑以上因素,飞机液压系统热特性的研究应主要包括以下内容:

1. 飞机液压系统工作环境的建模

研究飞机液压系统的热特性离不开系统的环境条件。环境条件中的温度、空气密度、空气压力、太阳辐射强度等环境因素直接影响到液压系统的传热过程。而环境条件又可分为自然环境条件和诱发环境条件。自然环境条件是指自然界中由非人为因素构成的那部分环境[5]。任何人为活动、平台、其他设备或设备自身产生的局部环境称为诱发环境[5]。飞机液压系统所处的是一种诱发环境,而这种诱发环境又受自然环境条件、飞机结构、飞行剖面等因素的影响。进行飞机液压系统环境条件的建模与仿真是进行系统热特性研究的基础。

2. 飞机液压系统材料物理特性的建模

液压系统热特性计算过程中涉及多种材料的物理特性,而这些材料的物理特性会直接影响元件和系统的压力、流量、传热等过程的计算。特别是液压油的物理特性会随油液温度和压力的变化而变化,而这种变化又会引起油液温度和压力的变化,形成一种耦合作用,对液压系统最终的热特性仿真产生较大影响。因此,材料物理特性模型是液压系统热特性计算的基础。

3. 飞机液压系统热特性数学模型的建立

飞机液压系统一般包含多套独立的子系统,各子系统结构复杂,包含的附件数量较多,各附件本身的工作原理也较为复杂。另外,整个液压系统驱动的负载形式多样,与其他系统交联也较多,这些都对系统热特性的建模与仿真带来一定的困难。在建模过程中要处理好模型详细程度的问题,单个元件数学模型过于复杂、参数过多,会使得整个液压系统的建模与仿真变得较为困难。同时还要处理好模型通用性问题,因为整个液压系统中很多附件会重复出现,如液压管路,这样就没有必要建立每一条管路的数学模型。另外,还要处理好液压系统与其他系统的关联关系描述的问题,合理的关联关系描述对反映实际物理过程、简化模型本身具有很大帮助。

4. 便于工程设计人员理解和使用的仿真实现

建模的目的是进行仿真计算,从而得到数学模型所反映出的物理规律。采用合理、先进的仿真实现手段和工具可以使仿真实现本身变得简单,而且有利于工程设计人员的理解和使用,并具有一定的开放性,便于进行改进和扩充。计算结果本身要适宜采用图表等形式呈现,要便于对模型进行修改,从而可以方便地对不同系统结构、不同飞行剖面下飞机液压系统热特性进行分析;要便于进行热设计工作的校核计算,从而方便对不同工程措施的效果进行对比与分析。

5. 先进的热设计理念和方法

进行飞机液压系统热特性建模与仿真只是进行系统热特性研究的基础和手段,而解决系统工作过程中的热特性问题还需要采用有效的热设计方法。这些方法主要包括采用效率较高的液压泵和泵源系统控制方式,液压附件采用独特的散热设计,系统中采用散热器和加热装置等。飞机液压系统的热设计是一个贯穿于飞机设计的连续的过程,包括压力温度型别选择、泵源形式选择、散热加热方式选择及系统全工况校核等内容,同液压系统的其他设计内容存在很大的耦合关系,需要引入系统的设计理念和方法。

此外,现代飞机的使用环境要求越来越苛刻,对飞机的环境适应性也提出了更高的要求,而飞机液压系统的温度环境适应性也是飞机整机环境适应性的重要组成部分,将飞机液压系统热特性的研究提升到系统温度环境适应性研究的水平上来,也是具有现实意义和较为迫切的研究内容。

1.3 液压系统热特性建模仿真的研究现状

液压系统热特性建模仿真的发展是伴随着人们对热特性问题的逐渐关注而发展起来的,也是伴随着建模和仿真技术的发展而逐渐发展起来的。这里主要对液压系统热特性建模与仿真的国内外研究现状进行综述,讨论处理这一问题时国内外使用的主要方法和手段。

1.3.1 国外研究现状

美国俄克拉何马州立大学较早的系统性地研究了液压系统的热特性问题,该大学 1964 年发表了一份工程研究报告——液压系统热设计,由 J. D. Parker 和 F. C. Mcquiston 完成[6]。该报告是与波音公司合作项目的研究成果,报告的主要内容包括:散热设计的预先考虑;液压系统的热动力分析;传热应用到液压系统的一般原则;典型液压系统的温度计算。报告中将液压元件分为 4 种典型元件,即液压泵、节流装置、混合装置、液压马达,分别建立其热特性模型,并对液压系统热传递过程进行了较为系统的研究,给出了很多经验公式和数据,最后给出了液压系统平衡油温计算和动态油温计算的方法。该报告中主要形成了功率损失法的液压系统热特性建模方法,该方法简单、实用、易于操作,被引入后对国内飞机液压系统的热设计产生了很大影响[7]。

1970 年,美国波音公司开发了计算液压系统及元件温度的仿真程序[8],其热特性计算原理主要采用了功率损失法。

1977 年,麦道公司也发布了液压系统仿真程序包[9]。其中的热响应分析程序包(HYTTHA)是一个用来对液压系统进行动态温度计算的大型仿真程序包,可以详细地计算液压系统工作过程中油液及元件各部分的温度。此外,该程序包还可以计算系统的压力和流量分布。该程序主要形成了结点法的液压系统热特性建模方法。结点法建模精度较高,可以得到油液和壳体的温度分布,但建模过程中使用的参数不易获得,应用上存在一些困难,需要试验数据支持。该方法被国内引进、吸收,多家单位开展了该程序包的移植研究工作[10],并被写入飞机设计手册[11],成为与功率损失法并存的重要的液压系统热特性仿真方法。

1980 年，AIAA 发布技术报告——太空轨道飞行器液压系统热分析及试验研究[12]。在报告中通过对试验数据的分析，提出压力、流量等效模拟的概念，并用节流装置模型和管路模型对液压系统进行压力和流量的等效仿真，采用等效电网络的概念模拟系统的传热过程，仿真结果与试验结果吻合得较好。由于数值仿真方法的不断发展，这种等效模拟的方法逐渐被淘汰，所以该方法并没有得到推广和应用。

1996 年，Slidders J. A 等研究了液压系统热特性仿真问题[13]，使用控制体的方法分析了液压元件的能量交换，并采用控制体瞬态能量平衡方程建立液压元件的热特性模型，在建模过程中还使用了传热学的最新成果。基于控制体方法建立液压系统热特性仿真模型的主要特点有：使用较为严谨的控制体瞬态能量平衡方程；避免较难获得的计算参数的使用；适用于模块化建模；考虑压力和温度的耦合作用；传热计算易于进行；考虑油液物理特性变化影响等。该方法逐渐发展成为液压系统热特性建模的主流方法。

另外，Therman E. Green 对液压系统进行了热像检测的研究，得到液压系统的热特性，并将检测结果用于液压系统的故障诊断[14]。采用功率键合图理论建立液压系统热特性模型的方法也得到了研究[15]。

除上面提到的波音公司和麦道公司推出的液压系统热特性仿真程序外，国外近几年还出现了几款商业仿真软件，可用于液压系统热特性仿真。主要有以下几种：

（1）DSHplus[16]。1972 年，国际流体动力学会（IFAS）以 RWTH Aachen研究的电力驱动液压系统仿真程序为基础，开发出 DSH 和 SIMULANT 两个程序表。1994 年 IFAS 将这两个程序表合并，并加入其多年的气动系统研究成果，形成了完整的液压—气动—控制仿真软件 DSHplus，同年德国 FLUIDON公司接管了 DSHplus。DSHplus 可实现面向液压原理图的可视化建模过程，模型直观，物理意义强，模型包含非线性特性，模型库丰富，可对液压、气动、控制和机械零件进行联合仿真。DSHplus 包含有热液压库，可以预测液压系统工作过程中油液温度的变化。

（2）AMESim[17]。1995 年法国 IMAGINE 公司推出了一种液压/机械系统建模、仿真及动力学分析软件 AMESim。AMESim 可以进行流体传动、机械、电子等领域的联合仿真，可方便地完成液压系统的热特性建模和仿真。AMESim是目前最为先进的液压仿真软件之一，已用于空客 A380 飞机的开发。AMESim 以控制体瞬态能量方程作为建立液压系统热特性模型的基础，采用软件自带的模型库可以方便地完成系统的建模、参数输入、仿真与结果后处理。

（3）EASY5[18]。EASY5（Engineering Analysis System）是由美国波音公

司开发的多领域动态系统仿真分析软件。EASY5 采用图形化建模方式,提供了强大的专业库支持,任何一个专业库都包含该专业领域常用的物理元件数学模型。EASY5 同样以控制体瞬态能量方程作为建立元件热特性数学模型的基础。采用 EASY5 进行液压系统动态仿真时,可以获取系统任一瞬时的压力、流量和温度。

另外,还有 HyPneu[19] 和 HOPSAN 等,这里不再详细说明。

以上仿真软件可以完成一般液压系统热特性的仿真,具有面向液压原理图的建模和仿真功能,除 HyPneu 外均采用控制体瞬态能量方程建立液压系统的热力学模型,考虑了油液物理特性随温度和压力的变化。另外,各软件从求解算法到仿真结果后处理等都有自己独特的地方。国外液压系统仿真软件已进入工程应用阶段,为液压系统热特性建模和仿真技术的发展建立了良好平台和持续发展的机制。

1.3.2 国内研究现状

国内对液压系统热特性建模与仿真的研究起步较晚,早期主要是引进和使用波音公司的功率损失法和麦道公司的结点法以及相关的热响应分析程序。国内液压系统热特性建模与仿真的研究基本上参考了这两种方法。

对于波音公司的功率损失法,国内较早的文献见于 1979 年胡道鑫的《飞机液压系统热设计》。主要采用功率损失法建立液压元件的热特性模型,发展出了平均油温计算法、平衡油温计算法和动态油温计算法 3 种不同用途的算法,在国内飞机液压系统设计过程中得到了较为广泛的应用[7]。

对于麦道公司的 HYTTHA 热响应分析程序包及其热特性计算方法在国内研究的较多。1985 年航空工业部 605 所开始了对 HYTTHA 的移植工作[20]。1990 年北京航空航天大学的陈少锋也进行了类似的研究工作[21]。1995 年北京航空航天大学的吴坚在航空科学基金的支持下对这一问题开展了进一步的研究[20],采用结点法建立了导管、两通控制阀、泵、分支管路等的数学模型,并编制了液压系统瞬态热分析程序 WJ,可以针对不同结构的液压系统,计算各支路的流量和各点的压力,根据系统流量和压力的计算结果,计算系统各点处的温度,同时书中也介绍了液压系统发热的静态估计方法,即系统平衡温度计算方法,该工作是国内进行通用液压系统热特性仿真程序设计的很好的尝试。1996 年,西北工业大学的吴娟研究了飞机液压系统热响应仿真分析的有关理论及程序设计问题[10],对 HYTTHA 进行了系统的移植工作,研究中采用结点法建立了管道、两通阀、单向阀、自供油箱、蓄能器、作动筒和液压泵的热力学模型,详细说明了 HYTTHA 程序包,对程序包移植设计过程中的修改、补充与调试等问题都作了说明。另外,2003 年出版的《飞机设计手册》中采用结点法来计算飞机液压系统工作过程中的温度[11]。

2004 年,北京航空航天大学的谢三保在某重点项目的支持下开展了飞机液压系统的热力学模型及数字仿真的研究[22,23],详细分析了飞机液压系统热设计的特点,说明了平均油温计算方法,而元件的瞬态热力学模型建立时采用了结点法,最后以 VC++6.0 为平台与课题组成员合作开发了面向液压系统原理图的通用仿真软件 MEHSIM[24],软件含有液压、气动、机械、电气、测量等模块,采用 Microsoft Access 建立数据库,采用 MFC 实现图形化的输入界面,可以实现面向液压原理图的液压系统仿真。该研究在国内较早地进行了面向液压原理图的液压系统热特性仿真程序的设计,取得了较好的效果。

国内其他机构对液压系统的热特性建模及仿真问题也进行了大量的研究工作,但从热特性模型建立的角度来看,都采用了与功率损失法和结点法大致相同的方法,主要有:1994 年李丽等进行了工程机械传动系统热平衡分析的研究[25];2001 年连晋毅等进行了大功率履带式推土机传动系统的热平衡分析研究[26];2003 年南京航空航天大学的苏向辉进行了基于热分析的飞机液压系统数值预测研究[27];2006 年李昆等进行液压系统动态热仿真研究[28];2008 年王剑鹏等进行了 50 型轮式装载机液压系统热平衡分析与验证研究[29,30]。

北京航空航天大学的李成功在国内较早地采用控制体瞬态能量方程建立液压元件的热力学模型。2005 年李成功进行了液压系统热特性计算的研究[31]。2006 年李成功进行了柱塞泵热力学建模与仿真的研究[32],推导了控制体瞬态能量方程和控制体压力变化方程,对柱塞泵进行了详细的热力学分析,建立了柱塞泵的热力学模型,对包含柱塞泵的简单液压系统进行了仿真计算,仿真结果与实验结果吻合。2008 年李成功对液压系统的热特性建模与仿真问题作了进一步的研究[33],给出了液压系统的热特性建模方法,并进行了仿真计算。同年,出版了《液压系统建模与仿真分析》[34]一书,书中论述了液压元件模型建立、液压油模型建立及采用的积分算法等,采用 C++语言建立了仿真模型,得到了较好的仿真结果。较为遗憾的是未能实现面向液压原理图的建模过程,使仿真程序的使用和推广受到了较大的限制。以控制体瞬态能量方程和压力变化方程为基础进行液压系统热特性建模与仿真的研究在国内开展的时间不长,其技术积累和工程实践经验较少,而该方法也是目前进行液压系统热特性建模及仿真的主流方法,被多款先进的液压系统仿真软件采用。

随着计算流体动力学(Computational Fluid Dynamics,CFD)方法的推广和应用,国内采用 CFD 方法对液压元件热特性的研究也相继展开。2000 年潘社卫等采用雷诺方程、连续方程和能量方程建立液压马达滑靴副模型,对滑靴副流场进行了网格划分,并进行了仿真计算,得到了不同条件下的温度等值线图和黏度分布图,并得到了黏温效应对滑靴副抗倾侧力的影响规律[35]。2006年刘晓红等进行了液压滑阀径向间隙温度场的CFD研究[36,37],建立了计算流体力学的二维模型,对不同工作压力、不同径向间隙、不同开口量间隙内的温度分布进行了分析,得到了各种情况下径向间隙内的温度场分布。采用CFD方法研究液压元件的热特性可以得到较为详细的元件内流场分布情况,但该方法仅限于较为简单的液压元件,复杂液压元件的建模和仿真计算比较困难,更不适合于整个液压系统的热特性建模与仿真。

国外液压系统热特性仿真软件的应用研究在国内也陆续展开。2006年北京航空航天大学的卢宁采用AMESim对双压力柱塞泵的数字建模与热分析进行了研究[38],利用AMESim仿真软件建立了双压力柱塞泵的仿真模型,着重分析了液压系统在高、低两种压力下的流量特性、动态特性和温升特性。2008年王莉等采用EASY5对某型飞机液压系统进行了热特性分析[39],针对采用空气-液压油散热器无法满足介质工作温度要求的问题,采用EASY5进行了计算分析,提出了解决方案,并进行了试验验证。2009年空军工程大学的段飞蛟采用AMESim进行了某型飞机液压系统热力学特性仿真分析研究[40,41],利用AMESim建立了某型飞机主液压系统的负载、液压元件和环境温度的仿真模型;在此基础上,建立了某型飞机改装前后主液压系统的温度仿真模型;针对该型飞机典型的飞行剖面,对液压系统改装前后的温升情况进行了仿真和对比分析。另外,段飞蛟还采用AMESim进行了恒压轴向柱塞泵动态特性的仿真研究[42]。

国内相关大学和机构针对液压系统的仿真问题,开发了自己的液压系统仿真程序或软件[43,44]。如浙江大学引进德国液压仿真软件DSH二次开发推出的SIMUL/ZD,北京航空航天大学研制出的FPS通用仿真程序[45],上海交通大学自主研制开发的HYCAD[46],浙江大学流体传动与控制研究所与183厂合作开发的DLYSIM[47]。另外,采用通用仿真工具MATLAB进行液压系统仿真的研究也得到了一定的发展[48,49]。但以上的仿真程序或软件未见具有液压系统热特性仿真功能的报道。

国内针对液压油物理特性随压力和温度变化的建模与仿真问题也开展了一定的研究工作[50,51]。

液压系统热特性建模与仿真国内外发展情况对比如图1.2所示。

图1.2给出了各主要液压系统热特性建模与仿真方法出现的时间,从国内外情况对比可知:

(1)国外以"线"为特点,工业部门对液压系统热特性建模与仿真长期关注,技术积累深厚,形成了商业化的仿真工具,方法较为成熟,形成了持续发展的机制。

（2）国内以"点"为特点,对液压系统热特性建模与仿真没有进行长期研究,方法较为简单,没有形成商业化仿真软件,不利于持续发展。

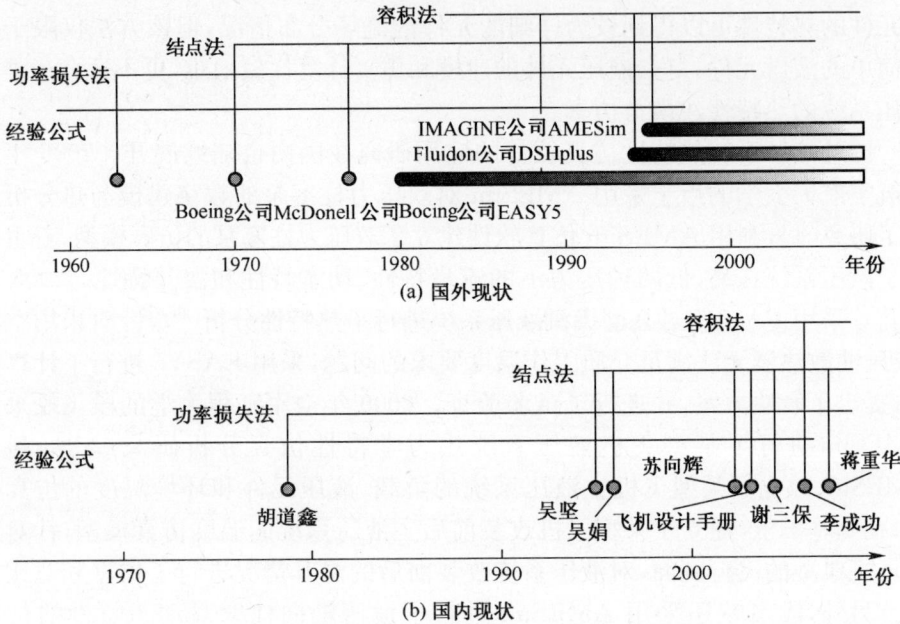

(a) 国外现状

(b) 国内现状

图 1.2　液压系统热特性建模与仿真的国内外对比

（3）国内外对液压系统热特性建模与仿真的试验研究开展得较少。

（4）国内无论是建模方法还是仿真实现上同国外还存在一定的差距。

1.4　液压系统热特性建模的功率损失法

鉴于功率损失法和结点法在早期液压系统热特性建模问题研究中的重要作用和广泛应用,本节和下节对这两种方法进行简要的介绍。在了解这两种方法后可同本书重点讨论的液压系统热特性建模的控制体法进行对比,从而了解各种方法的主要特点。

功率损失法的核心思想是认为油液流过液压元件时产生的功率损失全部转化为热量被油液吸收。例如,油液流过一个节流元件,其进出口压差为 Δp ,不考虑热传递时功率损失法可表述为

$$q\Delta p = q\rho C_{\mathrm{p}}\Delta T \tag{1.1}$$

式中：q 为油液流量；ρ 为油液密度；C_{p} 为油液比热容；ΔT 为油液出口和进口的温差。整理后可写为

$$\Delta T = \frac{\Delta p}{\rho C_{\mathrm{p}}} \tag{1.2}$$

从式(1.2)可知，节流元件出口和进口的温差正比于进出口的压差，与其他因素无关。在本书第 6 章的分析中可以发现，功率损失法采用的温度计算方程不考虑流体的动能和势能，不考虑动态过程，并且忽略了流体流动功的影响，是一种简化的计算方程，存在系统性的误差。但也正是由于这种简化使得功率损失法的计算公式变得简单，使用较为方便。另外，功率损失法不考虑温度变化的动态过程，全部使用稳态方程计算，不考虑压力和温度计算之间的耦合影响，不考虑油液物理特性的变化。功率损失法适宜于液压系统的温度估算。

1.4.1　液压元件的热力学方程

功率损失法中将液压元件分为 5 类，即节流装置、导管、汇流装置、液压泵和液压马达。应用能量守恒原理，建立元件在热平衡状态下的热力学方程。

1. 节流装置

液压系统的各种压力阀、流量阀、方向阀、液压伺服机构、液电阀及油滤等对于热力学计算来说均可以看成是节流装置，如图 1.3 所示。

油液通过节流装置的能量损失应全部转化为热能，根据能量守恒有

$$(p_{\mathrm{i}} - p_{\mathrm{e}})q_{\mathrm{i}} = q_{\mathrm{i}}\rho C_{\mathrm{p}}(T_{\mathrm{e}} - T_{\mathrm{i}}) + Q_{\mathrm{js}} \tag{1.3}$$

整理得

$$T_{\mathrm{e}} = \frac{(p_{\mathrm{i}} - p_{\mathrm{e}})}{\rho C_{\mathrm{p}}} - \frac{Q_{\mathrm{js}}}{q_{\mathrm{i}}\rho C_{\mathrm{p}}} + T_{\mathrm{i}} \tag{1.4}$$

式中：T_{i} 为节流装置的进口温度；p_{i} 为节流装置的进口压力；T_{e} 为节装流置的出口温度；p_{e} 为节流装置的出口压力；ρ 为油液密度；C_{p} 为油液的定压比热容；q_{i} 为通过节流装置的油液流量；Q_{js} 为节流装置的散热流。

2. 导管

假设流经导管的压力损失很小，略去不计，如图 1.4 所示。

对于非绝热表面的导管，稳定流动时的热平衡方程为

$$q_{\mathrm{g}}\rho C_{\mathrm{p}}(T_{\mathrm{i}} - T_{\mathrm{e}}) = u_{\mathrm{g}}A_{\mathrm{g}}(T_{\mathrm{g}} - T_{\mathrm{gH}}) \tag{1.5}$$

将 $T_{\mathrm{g}} = (T_{\mathrm{i}} + T_{\mathrm{e}})/2$ 代入式(1.5)，整理后得

$$T_{\mathrm{e}} = \frac{(2q_{\mathrm{g}}\rho C_{\mathrm{p}} - u_{\mathrm{g}}A_{\mathrm{g}})T_{\mathrm{i}} + 2u_{\mathrm{g}}A_{\mathrm{g}}T_{\mathrm{gH}}}{2q_{\mathrm{g}}\rho C_{\mathrm{p}} + u_{\mathrm{g}}A_{\mathrm{g}}} \tag{1.6}$$

式中：q_{g} 为导管的流量；u_{g} 为导管的传热系数；A_{g} 为导管的传热面积；T_{gH} 为

导管的环境温度；T_g 为导管的平均温度。

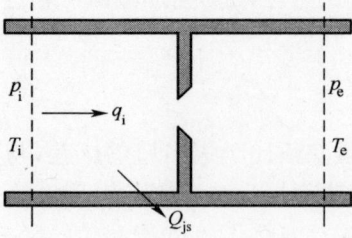

图 1.3　节流装置　　　　　　　　　　　图 1.4　导管

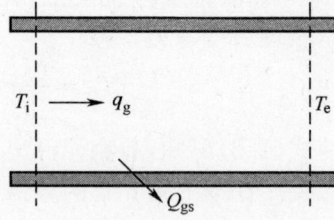

3. 汇流装置

汇流装置是有两股或两股以上的油液进入并混合成一股油液流出的元件，如多通接头等。若略去汇流装置中的压力损失及对外界的热交换，由能量守恒原理得

$$\sum_{k=1}^{n} q_{ik}\rho_{ik}C_{pik}T_{ik} = \left(\sum_{k=1}^{n} q_{ik}\rho_{ik}C_{pik}\right) T_e \tag{1.7}$$

式中：T_{ik} 为汇流装置的各进口油液温度；q_{ik} 为各进口油液流量；C_{pik} 为各进口油液比热容；ρ_{ik} 为各进口油液密度；T_e 为汇流装置的出口温度。

若不计密度 ρ 及比热容 C_p 随温度 T 的变化，即

$$\rho_{i1} = \rho_{i2} = \cdots = \rho_{in}; \quad C_{pi1} = C_{pi2} = \cdots = C_{pin} \tag{1.8}$$

出口温度可表示为

$$T_e = \frac{\sum_{k=1}^{n} q_{ik}T_{ik}}{\sum_{k=1}^{n} q_{ik}} \tag{1.9}$$

4. 液压泵

液压泵工作时存在热交换，如图 1.5 所示。

稳定流动时液压泵的热力平衡方程为

$$M\omega(1-\eta) = q_i\rho C_p(T_e - T_i) + q_o\rho C_p(T_o - T_e) + Q_{ps} \tag{1.10}$$

设 $p_o = p_i$，油液从液压泵出口流向回油口时按绝热节流过程处理，有

$$q_o\rho C_p(T_o - T_e) = q_o(p_e - p_i) \tag{1.11}$$

泵效率与泵的压力与流量间的关系可表示为

$$M\omega\eta = (p_e - p_i)q_e \tag{1.12}$$

将式(1.11)和式(1.12)代入式(1.10)，并设 $p_o = p_i$，即得

12

$$T_e = \frac{(p_e - p_i)[(1-\eta)q_e - \eta q_o]}{\rho C_p q_i \eta} - \frac{Q_{ps}}{\rho C_p q_i} + T_i \tag{1.13}$$

$$T_o = \frac{(p_e - p_i)q_e}{\rho C_p q_i \eta} - \frac{Q_{ps}}{\rho C_p q_i} + T_i \tag{1.14}$$

5. 液压马达

液压马达如图 1.6 所示。

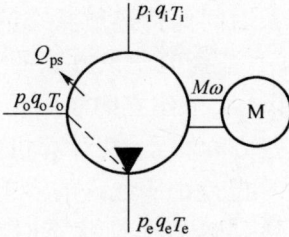

图 1.5　液压泵

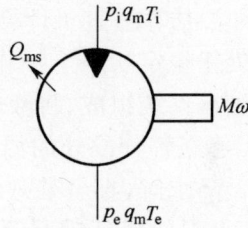

图 1.6　液压马达

液压马达与液压泵相反,输入液压能,输出机械能。其输入功率为 $(p_i - p_e)q_m$,液压马达的效率为 η。则输入功率中,无用功率部分为 $(p_i - p_e)q_m(1-\eta)$,将全部转变为热能,其中散热流为 Q_{ms}。在非绝热稳定流动下,液压马达的热力平衡方程为

$$(p_i - p_e)q_m(1-\eta) = \rho C_p q_m (T_e - T_i) + Q_{ms} \tag{1.15}$$

马达的出口温度可表示为

$$T_e = \frac{(p_i - p_e)(1-\eta)}{\rho C_p} - \frac{Q_m}{\rho C_p q_m} + T_i \tag{1.16}$$

以上数学模型是在热平衡状态下建立的。功率损失法建模过程中并不涉及系统的压力和流量计算,所以还需采用一定的方法计算系统各时刻的压力和流量,作为热特性计算的基础。

1.4.2　液压系统油温估算方法

功率损失法中液压系统油温估算的方法分为 3 种:平均油温估算、平衡油温估算和动态油温估算,下面分别予以说明。

1. 液压系统的平均油温估算

平均油温估算的基本思想认为,整个油箱的油温代表了整个液压系统油温的平均值。考虑系统工作过程中的生热和不同区域的散热,得平均油温 T_a 的变化为

$$T_a = \left[\frac{Q_r - Q_s}{\sum u_i A_i} + \frac{\sum u_i A_i T_{Hi}}{\sum u_i A_i} \right] \left(1 - e^{-\frac{\sum u_i A_i}{\sum C_{pi} m_i} \Delta \tau} \right) + T_{a0} e^{-\frac{\sum u_i A_i}{\sum C_{pi} m_i} \Delta \tau} \quad (1.17)$$

式中，Q_r 为系统的生热流；Q_s 为散热器的散热流；u_i、A_i、T_{Hi} 分别为第 i 区域的传热系数、传热面积和环境温度；$C_{pi} m_i$ 为第 i 区域的热容；T_{a0} 为油箱的初始温度；$\Delta \tau$ 为微元时间。

2. 液压系统的平衡油温估算

平衡油温估算适宜于计算轰炸机、运输机等长时间保持巡航状态的飞机，液压系统处于稳定状态下工作，系统油温达到某一平衡值。该方法的主要思路是根据液压系统组成，将液压系统分段，采用 1.4.1 节建立的液压元件的热力学方程，建立各分段处的温度计算方程，将这些方程联立，在计算机上用迭代法进行循环求解，直至某一位置相邻两次的计算温差小于允许的容差为止。此时，计算得到的温度就是系统在某一工况下达到热力平衡状态时的各处温度。

3. 液压系统的动态油温估算

对于歼击机、强击机来说，其飞行速度、高度以及发动机工作状态的变化较大，从而使系统温度随着时间发生变化，这时可以采用动态油温估算法估算系统的动态油温。动态油温估算法是平均油温估算和平衡油温估算相结合的一种方法。其主要思路是，由平均油温估算方法计算出某一时刻油箱的温度，再由平衡油温估算时建立的各处温度计算方程计算系统各处的温度，然后转入下一时刻的计算，直至计算结束，得到系统各处油温的动态变化。动态油温估算只是工程上的一种近似的计算方法，在理论上并不严谨。

1.5 液压系统热特性建模的结点法

液压系统工作过程中的功率通过油液进行传递，功率的消耗有一部分转换成热量。因此液压系统可以被认为是由一些热源及散热装置组成，散热装置除了指各种形式的散热器之外，还包括各元件的外壳结构等。液压系统的温升就是由液压系统发热与散热的平衡所决定的。

液压系统各个元件中都充满油液，油液与元件结构并非一体，它们之间存在热交换。可以将与大气相接触的容器壁简化成一个外部质量结点，简称壁结点。壁结点表示了元件结构在对流、辐射、传导 3 种传热方式作用下其温度的变化。将容器内的流体简化成一个流体质量结点，简称油结点。油结点表示一定质量的油液在容器中流入流出时其热量的变化。每个结点都是一个具有同一温度的集中质量,所有的热交换方程都是对这些结点写出的。对每种结点所需考虑的热交换过程略有不同。图 1.7 所示为典型元件的结点法热特性模型[10],不过由于具体结构与功能的差异,元件的结点数可能多于两个。

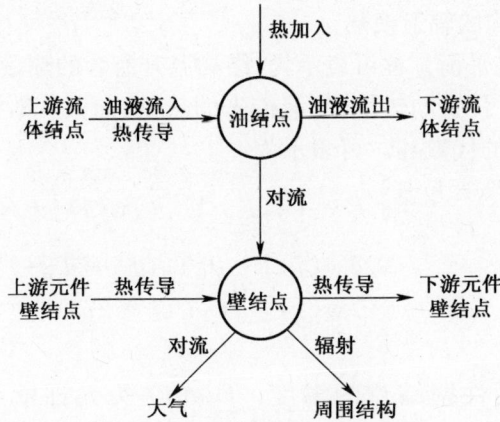

图 1.7　结点法热特性模型

对于油结点,热平衡方程建立时应考虑:

(1) 与上游流体的传导换热。

(2) 由流体质量传递引起的热交换。

(3) 与壁结点的对流换热。

(4) 与内部质量结点的对流换热。

因此,油结点热平衡方程可表示为:油液温升吸收的热量等于上油流体传导的热量、向壁结点对流走的热量、油液带进和带走的热量、损失所产生的热量的代数和。可表示为

$$\frac{M_F C_{pF}[T_F(J) - T_{F0}(J)]}{\Delta t} = \Delta H + \dot{M}_F C_{pF}[T_F(J-1) - T_F(J)]$$
$$+ \dot{M}_F C_{pF}[T_F(J+1) - T_F(J)]$$
$$+ R_F[T_F(J-1) - T_F(J)] + B[T_W(J) - T_F(J)]$$

(1.18)

式中:$T_F(J)$ 为油结点的温度;$T_{F0}(J)$ 为油结点的初始温度;$T_F(J-1)$ 为上游相邻元件的流体温度;$T_F(J+1)$ 为下游相邻元件流体的温度,且有 $T_F(J+1) = T_F(J)$;R_F 为流体之间的传导系数;B 为流体与壁之间的对流换热系数;M_F、$\dot{M}_F$ 分别为流体结点质量和流体结点质量流量;C_{pF} 为流体的比热容;ΔH 为由于压力损失或其他原因而产生的热量;Δt 为时间增量;$T_W(J)$ 为壁结点的温度。

15

对于壁结点,热平衡方程建立时应考虑:

(1) 与相邻壁结点的传导换热。

(2) 与外部大气的对流换热。

(3) 与内部流体的对流换热。

(4) 与周围结构的辐射换热。

因此,壁结点热平衡方程可表示为:结构温升所含的热量等于上游元件传来的热量、向下游元件传走的热量、油液传来的热量、向大气对流走的热量和向周围辐射传走的热量的代数和。可表示为

$$\frac{M_W C_{pW}[T_W(J) - T_{W0}(J)]}{\Delta t} = R_W[T_W(J-1) - T_W(J)] + R_W[T_W(J+1) -$$
$$T_W(J)] + B[T_F(J) - T_W(J)] + B_\alpha[T_A -$$
$$T_W(J)] + C[(T_S + 273)^4 - (T_W(J) + 273)^4]$$
(1.19)

式中:$T_W(J)$ 为元件壁结点的温度;$T_{W0}(J)$ 为元件壁结点的初始温度;$T_W(J-1)$、$T_W(J+1)$ 分别为上游相邻元件的壁温度以及下游相邻元件的壁温度;T_A、T_S 分别为大气及周围结构温度;R_W 为相邻元件之间的传导系数;B、B_α 分别为流体与壁之间、大气与壁之间的对流换热系数;C 为热辐射系数,$C = \sigma K \varepsilon A$,其中 σ 为斯忒藩—玻尔兹曼常数,K 为辐射形状系数,ε 为热发射系数,A 为热辐射面积;M_W 为壁结点质量;C_{pW} 为元件壁的比热容;Δt 为时间增量。

下面以单向阀为例来说明结点法建立液压元件热特性模型的过程[11]。单向阀两端分别与入口导管 L_1 和出口导管 L_2 连接。单向阀由壳体、阀芯和弹簧组成。因此,在数学模型中将它分解成 3 个结点,即壳结点(W)、流体结点(F)和阀芯结点(M)。

油液通过单向阀时有压力损失,这部分损失将转化为热,并假设全部热量都由油液吸收,因此,单向阀的结点图如图 1.8 所示,图中已表示出了全部热传递关系。

对流体结点有

$$(M_F C_{pF} / \Delta t)(T_F - T_{F0}) = E + (G + R_3)[T_F(L_1) - T_F] +$$
$$B_1(T_W - T_F) + B_2(T_M - T_F) \quad (1.20)$$

式中:M_F 为流体结点质量;C_{pF} 为流体比热容;Δt 为时间步长;T_F 为流体温度;T_{F0} 为流体初始温度;E 为损失生热;G 为质量传递换热系数;$G = q\rho C_{pF}$;R_3 为热传导系数;$T_F(L_1)$ 为上油流体结点;B_1、B_2 为对流换热系数;T_W、T_M 分别为壳结点和阀芯结点温度。

16

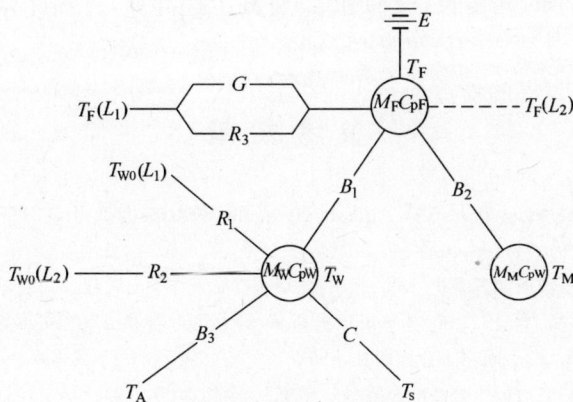

图 1.8　单向阀结点图

对壳结点有

$$(M_W C_{pW}/\Delta t)(T_W - T_{W0}) = R_1[T_{W0}(L_1) - T_W] + R_2[T_{W0}(L_2) - T_W]$$
$$+ B_1(T_F - T_W) + B_3(T_A - T_W) +$$
$$C[T_S^4 - (T_W + 273)^4] \tag{1.21}$$

式中：M_W 为壳结点质量；C_{pW} 为壳体比热容；T_{W0} 为壳体初始温度；$T_{W0}(L_1)$ 为上一壳体温度；$T_{W0}(L_2)$ 为下一壳体温度；R_1、R_2 为热传导系数；B_3 为对流换热系数；T_A 为空气温度；C 为辐射换热系数；T_S 周围结构温度。

对阀芯结点有

$$(M_M C_{pM}/\Delta t)(T_M - T_{M0}) = B_2(T_F - T_M) \tag{1.22}$$

式中：M_M 为阀芯结点质量；C_{pM} 为阀芯结点比热容；T_{M10} 为阀芯初始温度。

结点法建立液压系统热特性模型时并不包含系统的压力和流量计算，所以还需要采用一定的仿真方法首先求得系统的压力和流量，作为结点法计算的基础。

得到了所有元件的结点温度计算方程，可以将这些方程联立进行求解，就可以得到系统各处、元件各部分的温度变化。对于一个大型的液压系统，采用结点法建立系统的热特性仿真模型，方程的数量将是非常可观的。

采用结点法计算液压系统温度的步骤如下[11]：

(1) 给定系统的初始值。

(2) 用稳态程序计算系统的压力、流量分布。

(3) 用导管方程组计算出导管的壁温和油温。

(4) 计算出全部液压附件的壁温、油温和内部结点温度。

17

（5）增加一个时间步长，返回到（2）重复上述计算，直到计算结束。

参 考 文 献

[1] Billet A B. Supersonic Transport Aircraft Hydraulic Systems[J]. J. AIRCRAFT, 1964，1(1)：17 -23.

[2] 王占林. 飞机高压液压能源系统[M]. 北京：北京航空航天大学出版社，2004.

[3] Т. М. 巴史塔，В. М. 鲁让，Г. И. 扎奥尼珂夫斯基，等. 飞行器液压系统可靠性[M]. 吴金玉，王德英，陈子玉，等，译，北京：航空工业出版社，1992.

[4] 肖其新. 高低温对电液伺服阀性能影响[J]. 机械工程师，2008，(10)：21 - 23.

[5] GJB4239—2001. 装备环境工程通用要求[S].

[6] Parker J D, Mcquiston F C. Thermal Design of Hydraulic systems[R]. Oklahoma University Mechanical Engineering Institue，1964.

[7] 胡道鑫. 飞机液压系统热设计[M]. 611 研究所，1979.

[8] Engelhardt J. Thermal simulation of an aircraft fluid power system with hydraulic - electrical power conversion units[A]. Proc of 1st FPNI - PhD Symp[C]，2000.

[9] Levek R, Monroe J Performer. Aircraft Hydraulic System Dynamic Analysis. Volume VII. Transient Thermal Analysis (HYTTHA) Computer Program User Manual[R]. Mcdonnell Aircraft Co St Louis Mo，Feb，1977，125p.

[10] 吴娟. 飞机液压系统热响应仿真分析与程序设计[D]. 西安：西北工业大学，1966.

[11] 王永熙. 飞机设计手册第 12 册：飞行控制系统和液压系统设计[M]. 北京：北京航空工业出版社，2003.

[12] Daniher C E, Jr, Thermal Analysis and Testing of the Space Shuttle Orbiter Hydraulic System[A]. Proceedings of 18th AIAA Aerospace Sciences Meeting[C]，California，1980.

[13] Sidders J A, Tilley D G, Chapple P J. Thermal - hydraulic performance prediction in fluid power systems[A]. Proceedings of the Institution of Mechanical Engineers (IMechE)，Institution of Mechanical Engineers[C]，London，1996.

[14] Therman E. Green, John R Snell Jr. Thermographic inspection of hydraulic system[J]. SPIE 1996，2766：25 - 30.

[15] Montbrun Di Filippo J, Delgado M, Chocron I. Modeling and simulation of a thermo - hydraulic system[J]. IEEE System Man and Cybernetics，1993，1：561 - 566.

[16] FLUIDON GmbH. DSHplus User Manuals[Z]，2008.

[17] IMAGINE S. A. AMESim 4. 2 User Manuals：Thermal - Hydraulic library[Z]，2004.

[18] MSC. EASY5. Thermal Hydraulics Library User Guide[Z]，2005.

[19] BarDyne Inc. HyPneu thermal manual[Z]，2004.

[20] 吴坚. 高温高压液压系统瞬态热分析[D]. 北京：北京航空航天大学，1995.

[21] 陈少锋. 高温高压新型航空液压系统分析研究[D]. 北京：北京航空航天大学，1990.

[22] 谢三保，焦宗夏. 飞机液压系统温度仿真计算与分析[J]. 机床与液压，2005，33(5)：67 - 68.

[23] 谢三保．飞机液压系统的热力学模型及数字仿真研究[D]．北京：北京航空航天大学，2004.

[24] 陈丽莎，李成功，李忠明，等．液压系统仿真软件 MEHSIM 的开发[J]．液压气动与密封，2007，(2)：15-18.

[25] 李丽，苏平，许纯新．工程机械传动系统热平衡分析[J]．工程机械，1994，15(10)：7-10.

[26] 连晋毅，史清录，孙大刚．对大功率履带式推土机传动系统的热平衡分析[J]．建筑机械，2001，(11)：44-46.

[27] Su Xianghui, Xu Feng, Ang Haisong. Numerical Predeiction of Aircraft Hydraulic System Based on Thermal Dynamic Analysis[J]. Transcations of Nanjing University of Aeronautics and Astronautics, 2003, 20(2)：159-164.

[28] 李昆，高亚奎．液压系统动态热仿真研究[A]．第 12 界中国航空学会年会论文集[C]，2007.

[29] 王建鹏，秦四成，田中笑．50 型轮式装载机液压系统热平衡分析与验证[J]．工程机械，2008，39(9)：54-57.

[30] 王建鹏．50 型轮式装载机液压系统热平衡分析[D]．长春：吉林大学，2006.

[31] Li C G, Li Z M, Zhou R S, et al. Temperature calculation in hydraulic systems[A]. Proc. of 6th international conference on fluid power transmission and control (ICFP 2005)[C], 2005.

[32] Li C G, Jiao Z X. Thermal - hydraulic Modeling and Simulation of Piston Pump[J]. CHINESE JOURNAL OF AERONAUTICS, 2006, 19(4)：354-358.

[33] Li C G, Jiao Z X. Calculation Method for Thermal Hydraulic System Simulation [J]. Journal of Heat Transfer, 2008, 130(8)：084503-084507.

[34] 李成功，和彦森．液压系统建模与仿真分析[M]．北京：航空工业出版社，2008.

[35] 潘社卫，金朝铭，陈卓如．液压马达滑靴副流场的数字模型研究[A]．第一届全国流体动力及控制工程学术会议论文集[C]，2000.

[36] 刘晓红，柯坚，刘恒龙．液压滑阀径向间隙温度场的 CFD 研究[J]．机械工程学报，2006，42(增)：231-234.

[37] 刘晓红，柯坚，于兰英，等．液压滑阀径向间隙内温度分布的研究[J]．机床与液压，2006，34(11)：107-109.

[38] 卢宁，付永领，孙新学．基于 AMESim 的双压力柱塞泵的数字建模与热分析[J]．北京航空航天大学学报，2006，32(6)：1055-1058.

[39] 王莉，姜曼琳．某型飞机液压系统热计算分析与应用[A]．中国航空学会控制与应用第十三届学术年会论文集[C]，2008.

[40] 段飞蛟．基于 AMESim 的某型飞机液压系统热力学特性仿真分析[D]．西安：空军工程大学，2009.

[41] 段飞蛟．基于 AMESim 的某型飞机液压系统温度仿真[J]．机床与液压，2009，37(7)：218-220.

[42] 段飞蛟．基于 AMESim 的恒压力轴向柱塞泵动态特性仿真[J]．机床与液压，2008，36(11)：160-162.

[43] 邓习树，李自光．当前液压系统仿真技术发展现状及趋势[J]．机床与液压，2003，31(1)：20-22.

[44] 王勇，张勇，李从心等．液压仿真软件的研究进展[J]．系统仿真学报，1998，10(10)：54-57.

[45] 陈元炎，李培滋．流体传动与控制系统通用数字仿真语言 FPS[J]．液压与气动，1984，(1)：2-4.

[46] 张海平，钟延修．能自动从图编程的液压系统仿真软件包 HYCAD[A]．中国机械工程学会第三次液压 CAD 与计算机控制学术讨论会论文集[C]，1987.

[47] 夏吉飞，陈鹰，徐立．DLYSIM 仿真软件系统及改进[J]．液压与气动，1994，(4)：13-15.

19

［48］王欣,宋晓光,薛林. 基于 Matlab/Simulink 的键合图在液压系统动态仿真中的应用[J]. 机床与液压,2007,35(6):123-124,127.

［49］韩虎,刘印锋,孙成通,等. 基于 MATLAB 液压系统的仿真技术研究与应用[J]. 液压气动与密封,2007,(3):3-4.

［50］陈海泉,谷穴华,孙玉清. 液压介质的仿真[J]. 大连海事大学学报,2002,28(2):91-93.

［51］时培民,王幼民,王立涛. 液压油数字建模与仿真[J]. 农业机械学报,2007,38(12):148-151.

第 2 章　现代飞机液压系统

了解现代飞机液压系统的主要特点和基本组成,是进行液压系统设计的基础,也是开展热特性建模仿真与热设计的基础。本章对现代飞机液压系统进行简要介绍,主要包括飞机液压系统的功用、主要技术特点,泵源系统、控制装置、执行装置和辅助装置,最后,介绍几种典型的飞机液压回路与系统。

2.1　飞机液压系统的功用

液压系统早在 20 世纪 30 年代就在飞机上使用,最早用于飞机起落架的收放。液压助力器的使用极大地改进了飞机操纵系统的性能,减轻了飞行员的负担,也开创了飞机上液压系统使用的新局面。而飞机由亚声速进入超声速阶段,人工操纵飞机已经变得不可能,只有液压操纵系统才能克服这种由于气动力变化而引起的操纵力变化。随着航空工业的进步,飞机上液压系统驱动的负载数量和种类也越来越多,液压系统本身的功率也越来越大。

液压系统对于现代飞机来说是至关重要的。液压系统承担了飞机升降舵、方向舵等飞行控制系统的操纵,同时还承担襟副翼、减速板等飞机起飞着陆系统动作的执行,另外液压系统还用于飞机起落架收放、机轮刹车等通用系统,是飞机上至关重要的动作执行系统。而且由于液压系统具有重量轻、体积小、功率密度大、成本低、可靠性高、维护简单等特点,使得液压系统也成为飞机上不可替代的动作执行系统。到目前为止,还没有任何其他类型的执行机构,包括全电执行机构,可以完全替代液压系统的工作。

现代飞机液压系统主要驱动的负载及功用如图 2.1 所示[1]。

图 2.1 所示的只是飞机液压系统常见的驱动负载类型,对于一些特殊设计的液压系统,其驱动的负载还可能更多。从液压系统驱动的负载来看,液压系统是飞机安全性的关键影响因素,特别对于主飞行控制系统的驱动,任何的故障或错误都可能造成灾难性的后果。因此液压系统设计时如何保证安全是其设计过程中的关键问题。

2.2　现代飞机液压系统的主要技术特点

较高的安全性要求以及适用于飞机平台装载和使用使飞机液压系统必须具备一些独特的特点。主要表现为普遍采用余度技术、高压化、大功率、高功率密度等。

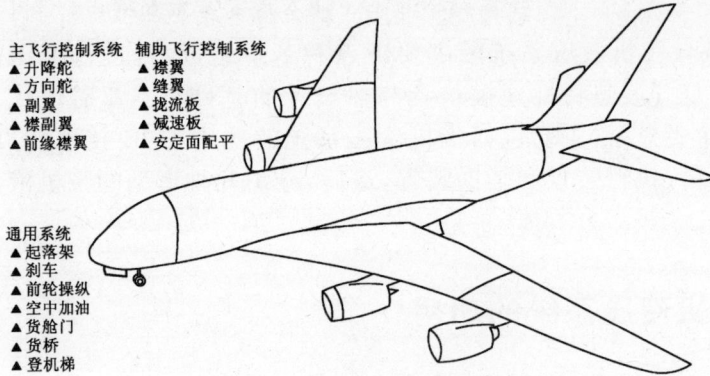

主飞行控制系统　辅助飞行控制系统
▲升降舵　　　　▲襟翼
▲方向舵　　　　▲缝翼
▲副翼　　　　　▲扰流板
▲襟副翼　　　　▲减速板
▲前缘襟翼　　　▲安定面配平

通用系统
▲起落架
▲刹车
▲前轮操纵
▲空中加油
▲货舱门
▲货桥
▲登机梯

图 2.1　飞机液压系统驱动负载

2.2.1　余度技术

飞机液压系统对于飞机安全飞行、实现预定设计功能有至关重要的作用。因此,不允许因为液压系统单个元件的故障而影响到飞机的安全和预定功能的实现。为保证液压系统可靠工作,现代飞机大多装有两套或多套相互独立的液压系统,分别称为主液压系统和助力液压系统(或 1 号液压系统和 2 号液压系统)。并且对于同一负载,采用独立的不同单元进行驱动。这种增加一定数量的相同单元来组成系统,或采用多套相同的系统完成同一功能的方法就称为余度技术。美国军用标准 MIL—F—9490D 定义余度为:指需要出现两个或两个以上的独立故障,而不是一个单独故障,才能引起既定的不希望的工作状态的一种设计方法。

以 Su-27 飞机液压能源系统为例说明余度设计的基本原理[2]。Su-27 飞机液压能源系统由 1 号、2 号两个独立的分系统组成。1 号液压能源系统可以同时为平尾、方向舵、襟副翼、前缘襟翼等液压装置供压。此外,还给左进气道调节板、起落架、前轮转弯、应急刹车等装置供压。2 号液压能源系统可以同时为平尾、方向舵、襟副翼、前缘襟翼等装置供压。此外,还给右进气道调节板、减速板、主刹车、坡度限制器等装置供压。对于影响飞行安全的同一负载,有两套液压能

22

源系统同时供压,当有一套液压系统故障时,另一套液压系统可以接替工作,保障飞机飞行的安全,并完成预定的功能。对于很多民航飞机,其液压能源系统往往由 3 套以上的独立液压能源系统组成,在出现两套系统同时故障的情况下,还可以保证飞机的安全,达到了故障工作/故障安全的水平。

余度技术可以大幅地提高液压系统的可靠性,设某单套系统的失效率为 $\lambda = 2 \times 10^{-3}$,不同结构和不同余度管理方式下系统的可靠性比较如表 2.1 所列。

表 2.1　不同结构和管理方式的余度系统可靠性比较[2]

结构	余度管理	安全可靠性		任务可靠性		可靠性等级
无余度	—	λ	2×10^{-3}	λ	2×10^{-3}	一次故障危险
二余度	比较监控	2λ	4×10^{-3}	2λ	4×10^{-3}	故障安全
三余度	比较监控	$3\lambda^2$	12×10^{-6}	$3\lambda^2$	6×10^{-3}	故障工作/故障安全
四余度	比较监控	$4\lambda^3$	32×10^{-9}	4λ	8×10^{-3}	故障工作/故障工作/故障安全
二余度	自监控	λ^2	4×10^{-6}	2λ	4×10^{-3}	故障工作/故障安全
三余度	自监控	λ^3	8×10^{-9}	3λ	6×10^{-3}	故障工作/故障工作/故障安全

余度设计虽然极大地提高了液压系统的可靠性,但多套相同功能的液压系统的设计,也大大增加了系统的附件数量、维护和使用成本,使得系统结构复杂、质量增加。

2.2.2　较高的温度压力型别

早期飞机液压系统的工作压力较低,美国 C-47 飞机液压系统的工作压力为 6.9MPa。随着飞机飞行速度的不断增加、机动性的不断提高,要求飞机液压系统向着高压化的方向发展。从 20 世纪 50 年代,飞机上已开始使用 21MPa 的液压系统,20 世纪 70 年代中期,美国和欧洲的一些国家已开始使用 28MPa 的液压系统。至此,21MPa 和 28MPa 压力水平的液压系统被世界上大部分军用和民用飞机使用,并保持了 40 余年不变。飞机液压系统的工作压力还会向更高的水平上发展,在 20 世纪 90 年代,新研制的阵风战斗机和 V-22 飞机上已经装备了工作压力为 34.5MPa 的恒压液压系统。另外,56MPa 压力的液压系统的飞行试验已经完成,通过试验可知,56MPa 液压系统相比于 21MPa 的液压系统,其重量可减少 30%,体积可减小 40%[2]。

伴随着飞机液压系统功率和工作压力的提高,液压系统的工作温度也在不断上升。较高的工作压力必然导致系统功率损失的增加,从而导致系统温度不断升高。飞机液压系统压力从 21MPa 提高到 56MPa,温度会从现在的 110℃ 升高到 180℃,温度升高会给液压系统的正常工作带来全面的影响。

2.2.3 较高的功率及功率密度

飞机不断向高速、高机动性、高可靠性方向的发展,不仅要求飞机液压系统的体积和重量减小,而且由于液压驱动负载功能的增多以及舵面偏转速度要求的增加,还要求液压系统的功率不断增加,这就要求飞机液压系统具有更高的功率和功率密度,即功率重量比。

美国几种飞机的液压系统功率及功率重量比如图 2.2 所示。

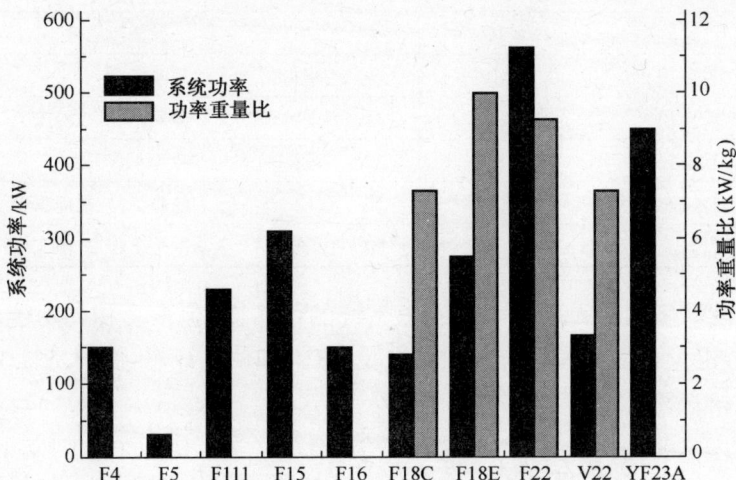

图 2.2　美国几种飞机液压系统功率及功率重量比[2]

液压系统较高的功率重量比是任何其他驱动方式不能比拟的,也是液压系统作为飞机驱动系统最大的优势之一。随着飞机向高压化方向发展,液压系统的功率重量比还将进一步提高。

2.3　飞机液压泵源系统

泵源系统为飞机液压系统提供一定压力和流量的稳定的液压油。泵源系统的核心是液压泵,其本质是一种能量转换装置,将飞机发动机或电动机输出的机械能转换为液压能。飞机液压系统使用的液压泵主要有柱塞泵和齿轮泵两种形式。对于高压系统一般使用柱塞泵,早期飞机液压系统也使用齿轮泵,另外飞机燃油系统、滑油系统、液冷系统广泛使用齿轮泵。

2.3.1 航空高压液压泵

1. 柱塞泵

柱塞泵是依靠密封工作油腔的容积变化来进行工作的。当液压泵运转时，油腔的容积不断由小逐渐增大，形成真空，油箱中的油液被吸入油腔。当油腔容积由大逐渐减小时，油液被挤压在密封工作油腔中，压力升高，供给系统工作。飞机液压系统使用的柱塞泵有斜盘式柱塞泵和斜轴式柱塞泵两种。斜轴式柱塞泵由于结构复杂、工艺性差且不能实现通轴式结构、变量机构复杂，在现代液压领域的应用逐渐减少。这里以斜盘式柱塞泵为例说明柱塞泵的工作过程。

图 2.3 所示为一斜盘式轴向柱塞泵的工作原理。柱塞沿轴向均布在转子上，并能在其中自由滑动，斜盘（倾角为 θ）和分油盘固定不动，传动轴带动转子和柱塞旋转，柱塞在油液压力作用下（或靠机械装置）始终紧靠在斜盘上。当转子按图示方向旋转时，柱塞在自下往上回转的半周内逐渐向外伸出，密封工作腔容积不断增大而产生真空，油液便从分油盘的吸油区吸入；柱塞在自上而下回转的半周内又逐渐往里推入，将油液经分油盘的排油区压向系统。转子运转一周，柱塞往复运动一次，完成一次吸油和排油，转子不断地旋转，液压泵便连续地吸油和排油。

当液压泵的出口压力较低时，斜盘在弹簧的作用下保持最大倾斜角，分油活门在弹簧作用下处于左端位置，伺服活塞右端容腔与泵回油腔相通，液压泵处于最大供油工作状态。当液压泵出口压力增大到一定值时，油液压力作用于分油活门的左端面，使分油活门克服弹簧力右移，高压油液进入伺服活塞的右端容腔，使伺服活塞移动，斜盘倾角减小，泵的供油量减少。当斜盘倾角为零时，柱塞往复运动终止，且不供给系统油液，使液压泵处于卸荷状态。

这种由出口压力控制斜盘（或转子）倾角，从而控制流量的液压泵也称为压力控制泵。这种泵的出口压力和流量有一一对应的关系，称为泵的压力—流量特性。泵的压力—流量特性曲线可由实验测定，在一定转速条件下，一般如图 2.4 所示。该曲线由两段组成，ab 段基本为直线，斜盘角度保持最大，压力—流量特性取决于泄流。因泄流流量与压力成正比，故流量随压力升高而直线下降。b 点压力称为全流量压力。bc 段曲线除与泄流有关外，主要取决于供油量调节特性。压力增大时，斜盘角度和流量迅速减小。斜盘角度减小到某一值时，理论排油量等于泄流量，压力达到最大，该压力称为零流量压力。在使用中 c 点压力也称最大压力。

2. 齿轮泵

齿轮泵也是飞机上常用的一种液压泵，与柱塞泵相比较，它的特点是结构简单,体积较小,重量较轻,供油量脉动较大且不能自动调节,效率较低(0.6～0.7)。齿轮泵通常作为定量泵使用,它由卸荷阀实现自动卸荷。

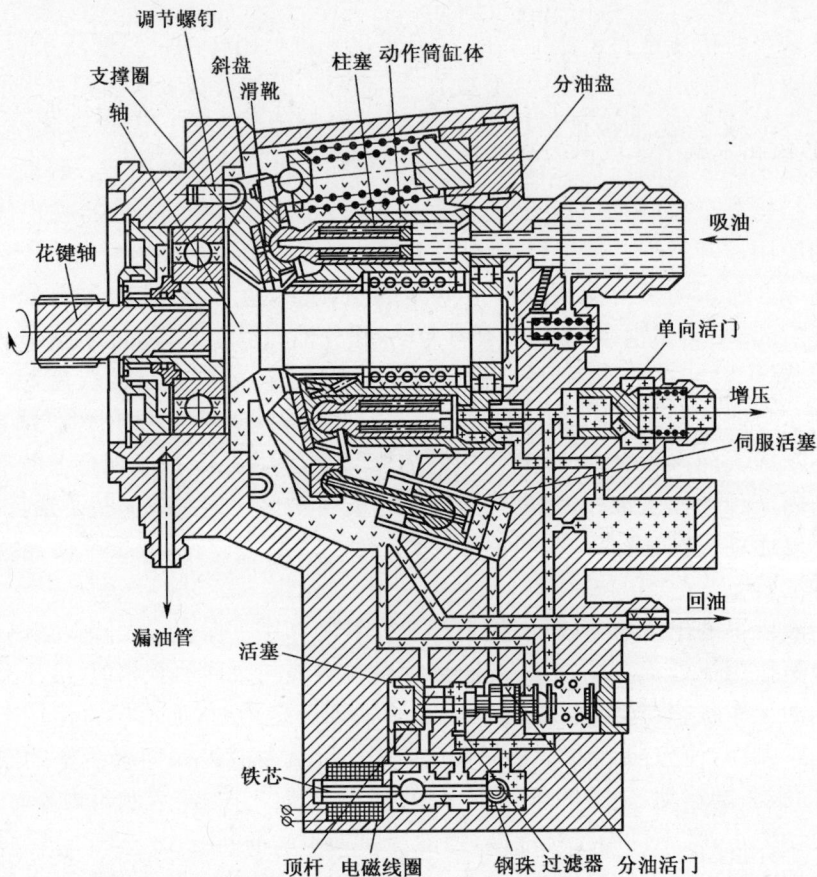

图 2.3　斜盘式轴向柱塞泵工作原理

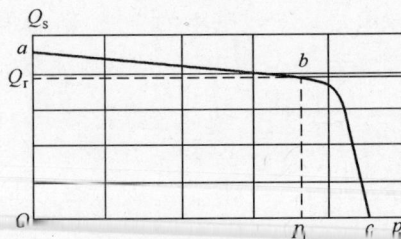

图 2.4　斜盘式轴向柱塞泵压力—流量曲线

齿轮泵由壳体和一对齿轮(主动齿轮和从动齿轮)两个基本部分组成,如图 2.5 所示。当主动齿轮顺时针方向转动时,从动齿轮被带着按逆时针方向转动。在吸油入口处,齿与齿互相脱开,齿谷容积(即工作腔)逐渐空出,把油液从进口吸入。在齿轮旋转过程中,齿谷中的油液被带到排油口 B 处,齿与齿啮合,把油液从齿谷中挤出。可见,齿轮每转一圈,每个齿谷完成一次吸油和排油,齿轮连续转动,齿轮泵就不断地供给系统具有一定压力的油液。

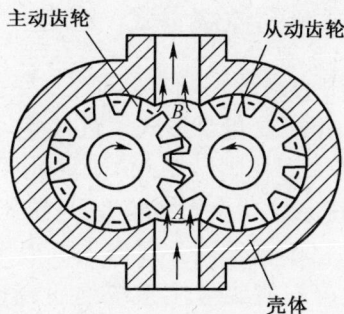

图 2.5　齿轮泵原理

2.3.2　飞机液压泵的驱动方式

飞机液压泵有 4 种驱动形式:发动机驱动泵(EDP)、电动马达驱动泵(EMDP)、空气驱动泵(ADP)和冲压空气涡轮驱动泵(RAT)。下面分别说明这 4 种驱动形式的工作原理和主要特点。

1. 发动机驱动泵

发动机驱动是飞机液压泵最常用也是最主要的一种驱动形式。发动机驱动泵安装在发动机附件机匣的齿轮箱上,由发动机转子通过附件齿轮系来驱动液压泵的工作。当转子转动时,液压泵便开始工作,发动机停车时,液压泵停止工作。

2. 电动马达驱动泵

电动马达驱动泵由交流电动马达驱动,由发动机的发电机供电。对于双发飞机,为了提高液压系统的可靠性,电动马达驱动泵一般采用对侧发动机的发电机供电。例如,波音 737 中,A 系统的 EDP 由左发动机驱动,那么 A 系统的 EMDP 则由右发动机的发电机供电。B 系统情况与此相同。

3. 空气驱动泵

空气驱动泵一般在大型客机上使用,由引气装置引气来驱动涡轮工作,涡轮的转动通过传动齿轮箱带动泵工作。

4. 冲压空气涡轮驱动泵

冲压空气涡轮驱动泵一般作为液压系统中的应急压力源使用,在系统中所有泵都失效的情况下,采用冲压空气涡轮驱动泵供飞机操纵系统工作。冲压空气涡轮驱动泵靠高速气流冲击涡轮叶片使涡轮叶片旋转来驱动泵工作。在正常情况下,RAT 是收进的,在飞行过程中,当满足一定条件的时候,RAT 可以自动放出,作为应急泵源使用。

2.3.3 飞机液压系统泵源的控制方式

飞机液压系统先后采用的泵源控制方式有[2]:定量泵+溢流阀形式;定量泵+溢流阀+蓄能器形式;恒压变量泵形式。近几年,提出了负载敏感泵形式、双级压力变量泵和智能泵等泵源控制形式。由于定量泵+溢流阀形式和定量泵+溢流阀+蓄能器形式的泵源系统功率损失较大、系统压力波动较大,不能适应现代飞机对泵源系统的要求,已不再采用。现代飞机液压系统泵源主要采用恒压变量泵形式。负载敏感泵用于机载液压系统的研究也取得了一定的成果[2]。另外,美国、英国等国家积极开展了双级压力变量泵和智能泵的研究工作,其双级压力变量泵已准备在飞机上使用,而智能泵也已达到实用水平[2,3]。我国这方面的研究工作开展得较晚,双级恒压变量泵已开发出原理样机[3],智能泵的研究也进入原理样机的开发阶段[4,5],但还未达到工程应用的水平。

双级恒压变量泵通过双级调节恒压变量泵的输出压力来实现双级压力调节。负载敏感泵通过负载敏感阀使变量泵输出压力和负载压力保持恒定的差值,实现负载敏感控制。智能泵通过无级调节恒压变量泵输出压力和流量来实现泵的智能化。可以说无论是双级恒压变量泵形式、负载敏感泵形式,还是智能泵形式都是以变量泵为基础。

1. 恒压变量泵形式

恒压变量泵原理如图 2.6 所示。

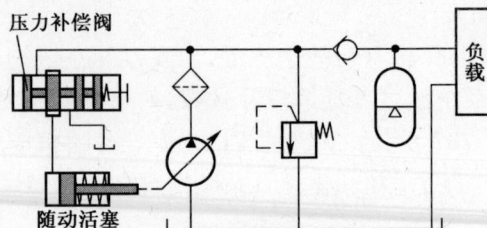

图 2.6 恒压变量泵原理

恒压变量泵工作过程中,泵出口高压油液经泵调节机构改变泵斜盘倾角,实现泵出口压力的恒压控制。恒压变量泵出口压力恒定,有利于伺服控制机构的工作,输出流量可根据负载需要自动调节,效率较高。

2. 双级恒压变量泵形式

双级恒压变量泵原理如图 2.7 所示。

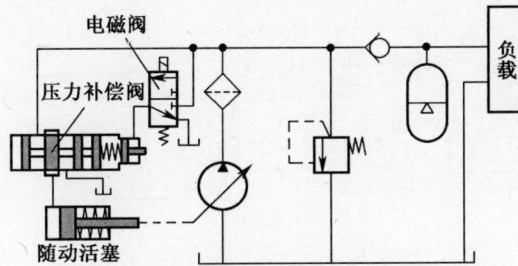

图 2.7　双级恒压变量泵原理

双级恒压变量泵的实现形式有多种,这里给出其中一种。电磁阀通电后作用于压力补偿阀阀芯弹簧,使阀芯弹簧受压,从而使泵的出口压力增加。双级恒压变量泵可以在高压和低压之间进行切换。

3. 负载敏感泵形式

负载敏感泵原理如图 2.8 所示[6]。

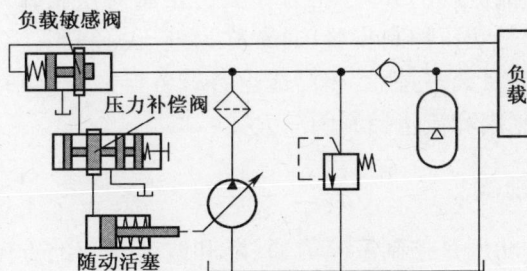

图 2.8　负载敏感泵原理

负载敏感泵通过负载敏感阀来感受液压系统负载需求,通过压力补偿阀控制随动活塞,改变泵排量,从而实现负载敏感控制。负载敏感泵输出的压力流量由负载情况确定,由于负载敏感泵需要较长负载反馈回路,所以这种形式在飞机上的使用受到了限制。但如果采用电信号来传递负载压力信号,可以解决负载反馈的问题。

4. 智能泵形式

智能泵原理如图 2.9 所示。

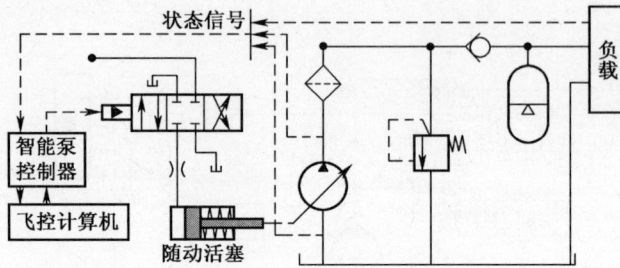

图 2.9　智能泵原理

智能泵工作过程中智能泵控制器采集泵和负载工作状态信号,传给飞控计算机,飞控计算机采用一定的控制算法对伺服阀进行控制,从而控制泵输出的流量和压力,达到泵的智能控制。智能泵工作过程中有 4 种工作模式:变压力工作、变流量工作、恒功率工作和负载敏感工作。

2.4　飞机液压系统的主要控制装置

液压系统中油液流动的方向、压力和流量是需要控制和调节的。完成这些控制和调节作用的是液压控制装置,通常称为液压控制阀。液压控制阀的功用多种多样,其种类名目繁多,性能和构造也各式各样。按其功用不同,可分成方向控制阀、压力控制阀和流量控制阀三大类。

2.4.1　方向控制阀

方向控制阀的功用是控制液流的通、断和改变液流的方向或通路。这类阀有单向阀和换向阀两种类型,单向阀可分为普通单向阀、液控单向阀、机控单向阀等;换向阀可分为手动阀、液动阀、机动阀、电磁阀和液电阀等,飞机液压系统中以液电阀应用最多。

1. 单向阀

单向阀的功用是使油液只能沿一个方向流通而不得反流。因而要求它在"流通"方向上阻力很小,而在反方向上密封性很好,并且动作要迅速、灵敏,工作时无撞击及噪声。单向阀常用的有钢球式和锥阀式两种,如图 2.10 所示。图中单向阀都由阀芯(钢球或锥体)、弹簧、阀体等组成。当油液在"流通"方向上(如图中箭头所示方向)流过时,能推开阀芯而通过。当反向流过时,阀芯在弹簧力及油压力作用下紧压在阀座上,截断了通道。为了减小在"流通"方向上的阻力,压紧阀芯的弹簧要尽可能地软,只要能克服阀芯摩擦阻力即可。

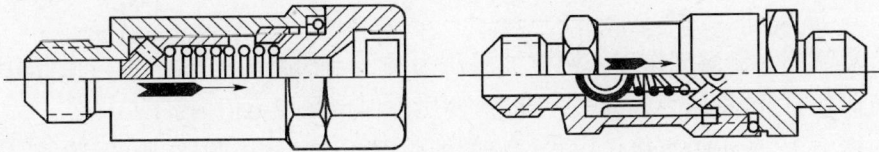

图 2.10　单向阀工作原理

另外,还有液控单向阀、机控单向阀等,这里不再介绍。

2. 换向阀

换向阀用来变换液压系统中液流的方向,它可以按预定的信号使执行机构的油路换向,从而实现正向或反向运动。换向阀按其结构可分为转动型和移动型两类。目前飞机液压系统常用的换向阀主要是滑阀式的移动换向阀。

滑阀式换向阀是靠移动阀芯,改变阀芯在阀体内的相对位置来改变液流方向的,如图 2.11 所示。阀体孔有 5 条沉割槽,每条沉割槽均有通油孔,P 为进油口,A、B 为工作油口,O 为回油口。阀芯是有 3 个凸肩的圆柱体,阀芯与阀体相配合,并可在阀体内轴向移动。当阀芯处于图 2.11(a)所示位置时,油口 P 通 B、A 通 O。此时,压力油从 P 进入,经 B 输出,回油从 A 流入,经 O 回油箱。当阀芯处于图 2.11(b)所示位置时,油口 P 通 A、B 通 O。此时,压力油从 P 经 A 输出,回油从 B 经 O 回油箱,改变了油流的方向,从而改变了执行元件的运动方向。

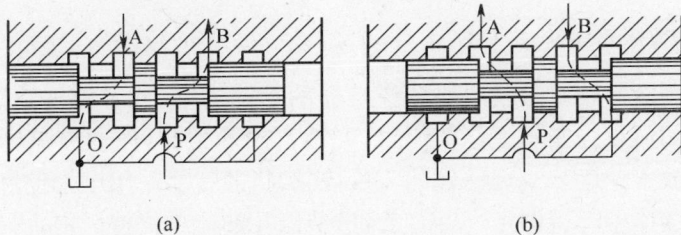

(a)　　　　　　　　　　(b)

图 2.11　滑阀工作原理

2.4.2 压力控制阀

压力控制阀用来调节或限制液压系统压力,主要有溢流阀、减压阀、压力继电器等。它们都是根据液压作用力和弹簧力平衡原理进行工作的。从结构上看,一般压力阀常分为直接作用式和间接作用式两类,后者多用于压力高、流量大的场合。

1. 溢流阀

溢流阀是靠溢流作用来调节油路压力的。当油路压力超过某一规定值时,溢流阀便打开,将压力油溢去一部分,使压力保持在规定值内。

图 2.12 所示为直接作用式溢流阀的原理。这种阀由阀体、阀芯、弹簧、调压螺钉组成。下部的进油口与液压系统压力油路相通,右面的出油口与回油路相通,弹簧将锥形阀芯压在阀座上。当压力油路的压力 p_1 超过规定值,便克服弹簧力,将阀口打开,向出油口溢流(压力 p_2);当压力降下来后,阀口又关闭。这样便可将压力 p_1 保持在规定值内。拧动调压螺钉,改变弹簧的作用力,可调整溢流阀控制的压力。阀芯上的阻尼孔 A 在阀芯运动时起阻尼作用,防止阀芯振动。

2. 减压阀

减压阀用来降低液压系统的压力,使系统中某一传动部分的需用压力低于系统的工作压力,这样,在共用一个压力源的系统中,可用减压阀来获得各个传动部分所需要的不同压力。减压阀一般分为定值减压阀和定差减压阀两类。定值减压阀在降低系统压力的同时保持其出口压力为定值;定差减压阀则在降低压力的同时保持进、出口两端压力差为定值。减压阀在结构上也分为单级式和二级式两种。

图 2.13 所示为定差减压阀的工作原理,油液顺箭头方向流动,因流经阀口而产生压力损失,使其出口压力 p_2 小于进口压力 p_1,故起到减压作用。

2.4.3 流量控制阀

流量控制阀常用来限制或协调执行器的运动速度,或者实现精确的速度控制。最简单的流量控制阀就是节流器,如放下起落架时,使油液流经节流器,以限制起落架放下速度。实现精确的流量控制时,通常要采用压力控制阀,使工作节流孔两边的压差保持恒定,从而使流过节流孔的流量保持恒定。另外,还有带压力补偿的流量控制阀、定容积阀等。节流器这里就不再介绍,主要了解带压力补偿的流量控制阀和定容积阀。

调压
螺钉

阀芯

p_2

A

p_1

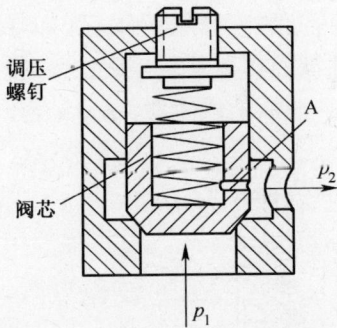

图 2.12　溢流阀工作原理

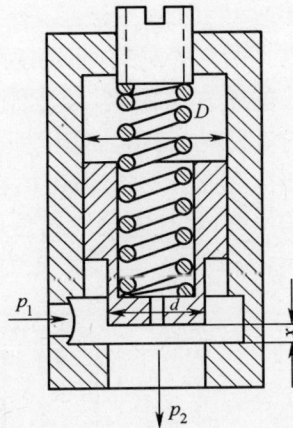

D

p_1

d

x

p_2

图 2.13　定差减压阀工作原理

1. 带压力补偿的流量控制阀

要实现比较精确的定流量控制,应使节流孔两边的压差保持恒定,带压力补偿的流量控制阀便是基于这一原理设计的。带压力补偿的流量控制阀有两种形式,如图 2.14 所示,分别为常用型和旁路型。

常用型压力补偿流量控制阀由压力补偿阀和节流孔组成。压力补偿阀感受节流孔两端压差和调定的弹簧力,当负载流量变化或负载压力变化时,压力控制阀改变开度,以保持流量控制节流孔两端压差,从而保持流量为调定值。

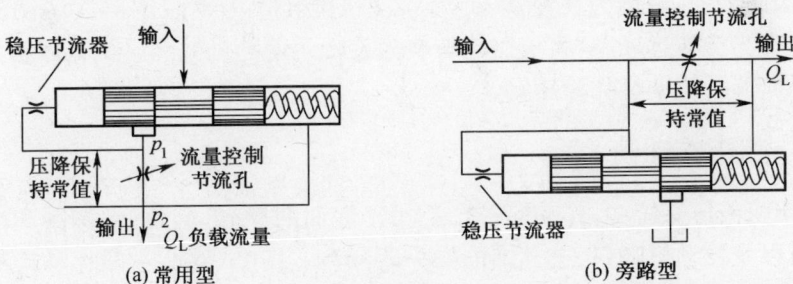

稳压节流器　输入

压降保
持常值

p_1　流量控制
节流孔

输出

p_2
Q_L 负载流量

(a) 常用型

流量控制节流孔

输入　　　　　　　　　　输出
　　　　　　　　　　　　Q_L

压降保
持常值

稳压节流器

(b) 旁路型

图 2.14　带压力补偿的流量控制阀工作原理

2. 定容积阀

定容积阀也称定量器。它能在通过一定容积的油液后自动堵死油路,将已损坏的工作管路与供油管路隔离开来,以防止因液压油漏完而使整个系统失效。

定容积阀的工作原理如图 2.15 所示,当油液流过时,由于节流孔 a 的节流

33

作用,A、B两腔形成一定的压力差,在这个压力差作用下,油液经节流孔 b 以一定速度进入活塞的左腔,活塞逐渐向右移动,在正常情况下,活塞尚未移动到底,传动部分的工作已完成,油液停止流动,A、B 腔压差消失,活塞也就不再右移。油液反向流动时,又将活塞推回左端。当该阀后面的工作管路损坏(如导管爆破)漏油时,油液会不断地流动,在通过该阀的油液容积达到某一定值时,活塞移动到右端位置,与其连接的阀芯正好堵住出油口,油液就停止泄流。

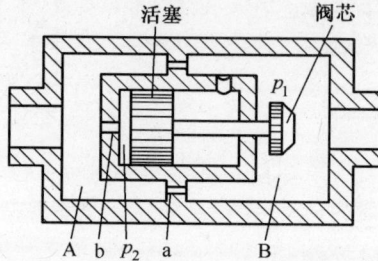

图 2.15　定容积阀工作原理

2.5　飞机液压系统的主要执行装置

液压执行装置是液压系统中将液压能转换为机械能的液压元件。液压执行装置分为两大类:一类为往复运动型,将液压能转换为直线或摇摆运动的机械能;另一类为旋转运动型,将液压能转换为旋转运动的机械能。往复运动型如液压作动筒,旋转运动型如液压马达。

2.5.1　液压作动筒

在飞机液压系统中,作动筒被广泛用于舵面的操纵,起落架、襟翼和减速板的收放,以及发动机喷口、进气锥的操纵等场合。图 2.16 所示是作动筒的工作原理。它由筒体 1、活塞 2、活塞杆 3、端盖 4、密封件 5、进出管道 6 等组成。当筒体固定时,若筒体左腔输入液压油,油液压力升高到足以克服外界负载时,活塞就开始向右运动。若连续不断地供给油液,则活塞以一定的速度连续运动。由此可知,作动筒工作的物理本质在于利用油液压力来克服负载,由油液流量决定运动速度。所以,输入作动筒的油液压力和流量,是作动筒的输入参数,是液压功率。作动筒的输出力和速度(或位移)是其输出参数,是机械功率。若将活塞杆用铰链固定(筒体不固定),则向作动筒输入压力油时,筒体运动,其工作原理

34

与上述筒体固定时相同。

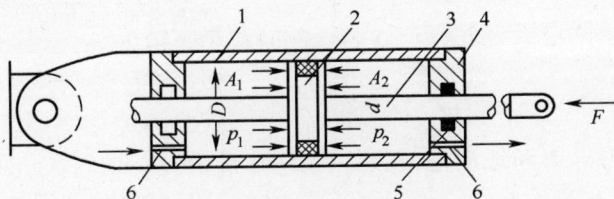

图 2.16　作动筒工作原理
1—筒体；2—活塞；3—活塞杆；4—端盖；5—密封件；6—进出管道。

2.5.2　液压马达

　　液压泵将带动它转动的机械能转换成油液的压力能，为液压系统提供一定压力和流量的液体。而液压马达则是把油液的压力能转换成机械能，以驱动工作机构实现旋转运动，因此按职能来说，液压马达属于执行元件。

　　由于液压泵和液压马达都是压力能与旋转形式机械能的能量转换元件，因此，从工作原理上说，它们一般是可逆的，即只要输入压力油，就可以输出转速和扭矩，或反之。这样液压马达的构造、原理、性能与液压泵十分类似，但具体结构还是有些差异，这里不再赘述。

2.6　飞机液压系统的辅助装置

　　液压辅助装置包括液压导管、管接头、蓄压器、油滤、油箱、各种传感器和测量设备等，它们都是液压系统不可缺少的组成部分。从液压系统承担的职能看，它们只起辅助性的作用，但是，它们在系统中数量多、分布广、影响大，如果这些辅助装置工作不正常，就会影响系统的性能，破坏系统的正常工作，甚至导致严重事故。

2.6.1　液压油箱

　　液压油箱的主要功用是存储液压油，另外油箱还具有散热、分离油液中空气、沉淀油液中杂质等作用。由于现代飞机飞行高度高、速度快、机动性强，为了防止在高空出现吸油气穴现象，现代飞机一般都采用增压油箱。增压油箱分为引气增压油箱和自增压油箱两种形式。

　　1. 引气增压油箱[8]

　　引气增压油箱原理如图 2.17 所示，它将飞机气源系统的增压空气引入油箱,为油箱增压。

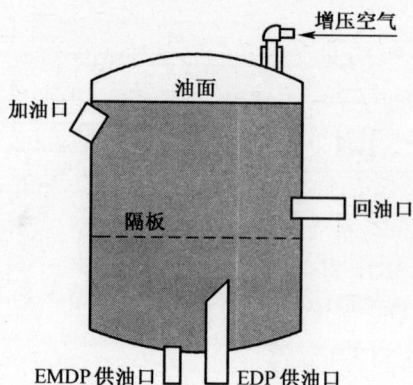

图 2.17　引气增压油箱原理

2. 自增压油箱

自增压油箱利用液压系统的高压油作用于油箱的增压活塞上,通过油液压力推动活塞为液压油增压。油箱增压压力取决于大小两个活塞的面积比。自增压油箱的原理如图 2.18 所示。

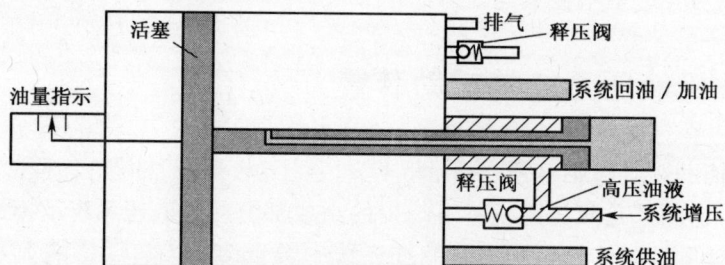

图 2.18　自增压油箱原理

2.6.2　液压蓄压器

液压系统一般都有蓄压器,它的工作直接影响液压系统的工作性能。其功用主要有:在间隙工作的泵源系统中,用于储能和向系统供能;作为应急能源,在泵源故障时,向系统提供液压能;在定流量泵系统中,蓄压器和卸荷阀配合工作,保证系统稳定供压,延长卸荷时间,避免频繁卸荷;在变量泵系统中,主要用于稳压,吸收冲击压力,提高系统的响应能力。蓄压器的储能元件有弹簧和气压容腔两种。飞机上的蓄压器主要是用气压容腔作储能元件,称为气压式蓄压器。气压式蓄压器又有活塞式和隔膜式之分。

1. 活塞式蓄压器

如图 2.19 所示，它由活塞、壳体、充气接头和液压接头等组成。活塞上装有密封胶圈，将蓄压器分隔为气室和油室。活塞凹部面向气室，以尽可能地增大气室容积，减小蓄压器的尺寸和重量。

在气室内预先充入一定压力的气体，当供压部分的压力增加到大于充气压力时，油液压力推动活塞压缩气体，促使油室容积增大，气室容积相应减小，从而储存高压油液和提高气体压力。当系统压力降到小于气体被压缩后的压力时，气体膨胀推动活塞，气室容积增大，油室容积相应减小，从而排出油液并使气体压力降低。根据气体膨胀时压力降低程度的不同，蓄压器的能量可以部分或全部加以利用。

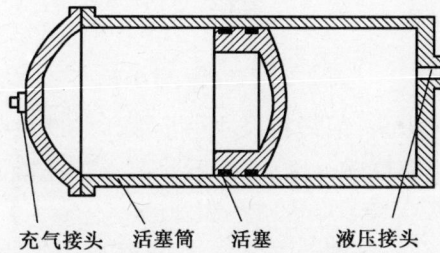

充气接头　活塞筒　活塞　液压接头

图 2.19　活塞式蓄压器

活塞式蓄压器结构简单，安装固定方便，使用寿命长，但在低温时密封性较差，且因活塞质量和摩擦力的影响，传递压力的灵敏性较差。

2. 隔膜式蓄压器

如图 2.20 所示，这种蓄压器一般为球形结构，隔膜由橡胶材料制成，通常厚度为 1.5mm～3mm，其形状多为袋式，故称胶囊。为了防止当油液全部排出时隔膜可能被压入通油接头，故在底部装有孔板。在安装橡胶隔膜时，盖板的固定紧度要适当；否则容易发生渗漏现象或挤坏隔膜口框。

隔膜式蓄压器的工作原理与活塞式相同，它的密封性较好，传递压力的灵敏度也较好。

2.6.3　液压油滤

液压油滤的功用就是利用过滤材料（器）流通孔尺寸与介质中颗粒污物尺寸不同，把一定尺寸的污粒阻挡在过滤材料（器）的表面或内部，以保持油液的清洁。液压油滤过滤污粒尺寸的大小与过滤介质的材料有关，由液压系统对污染

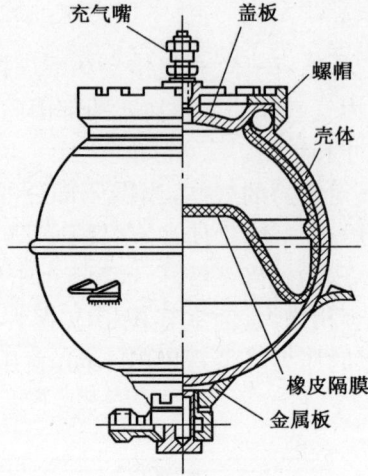

图 2.20 隔膜式蓄压器

度的要求决定。从理论上讲，当污粒尺寸小于液压元件最小配合间隙的 $1/3$ 时，则污粒对元件的工作没有影响。因此，一般只要求油滤能阻挡 $h_{min}/3$ 以上尺寸的污粒即可。

　　除了在油箱加油口、液压泵的吸油管路、系统回油管路和重要附件进油口处常用网状油滤，现代飞机液压系统中常用的是纸质油滤、烧结油滤或磁性油滤。

　　图 2.21 所示为一种纸质油滤。它由两层过滤介质组成，外层是由滤纸折成波纹形的纸滤芯支持在网状滤架上，内层是由钢丝绕制而成的钢丝滤芯。

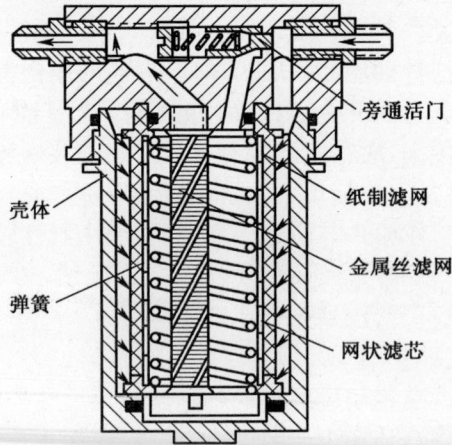

图 2.21　液压油滤原理

为了提高滤纸的强度和耐温能力,滤纸都在耐油的树脂中浸泡过,并在滤纸后面加衬一层织布或细铜网。为了使钢丝之间形成一定的缝隙,在钢丝上开有许多细小的突刺。

油液进入油滤后,首先经过纸滤,再经过钢丝滤后方能流出。油液中若有少量较大的污粒,由于油液流速方向发生变化,会自动地沉淀到油滤的底部。大部分污粒被阻挡和吸附在滤纸上。在正常工作时,钢丝滤只能起辅助过滤作用,一旦纸滤损坏时,便担负起主要过滤作用,并阻挡纸滤脱落的碎末侵入系统。为了防止因纸滤被污物阻塞而丧失流通能力,油滤装有旁通阀,当纸滤内外压力差达到某一规定值时,旁通阀开启,油液通过旁通阀经钢丝滤后去系统工作。

纸质油滤的绝对过滤率可达 $5\mu m$,但压力损失较大,因纸质滤芯无法清洗,故需定期更换滤芯。

2.7　典型飞机液压回路与系统

2.7.1　飞机液压舵机

液压舵机的功用是将输入的电信号转变为驱动负载工作的位移信号,并使输出位移信号的变化精确地跟踪输入电信号的变化。

液压舵机的典型结构如图 2.22 所示,其主要由电液伺服阀、液压作动筒和位移传感器组成。电液伺服阀又由力矩马达和双级液压放大器组成。当控制电流输入力矩马达时会引起挡板的偏转,挡板的偏转作为喷嘴挡板阀的输入量,经喷嘴挡板阀放大会引起滑阀两端的压差,滑阀两端的压差会引起滑阀的移动,使控制窗口的高压油进入作动筒,克服负载使舵面偏转。同时,滑阀的移动经反馈杆作用于喷嘴挡板阀,实现伺服阀的闭环控制。舵机的控制回路如图 2.23 所示。

液压舵机的应用是飞机飞行自动控制的基础。一般情况下,液压舵机由于电液伺服阀的输出功率较小,大多数不用于直接驱动舵面,通常舵面仍由助力器驱动,而助力器的输入端再与液压舵机的输出端连接。图 2.24 表示了液压舵机、液压助力器和驾驶杆、自动驾驶仪系统的关系,这种复合形式使得飞机既能由驾驶员人工操纵,又能受自动驾驶仪的自动控制。

液压技术在飞行操纵系统中应用的最新阶段是电传操纵系统。电传操纵系统是将操纵控制指令完全依靠电信号传递,无机械传动杆系。电传操纵技术在飞机上的应用又是在采用余度技术的前提下实现的,余度技术的使用保持了较高的可靠性。图 2.25 所示的舵面操纵系统便是三余度系统。它有 3 个通道,

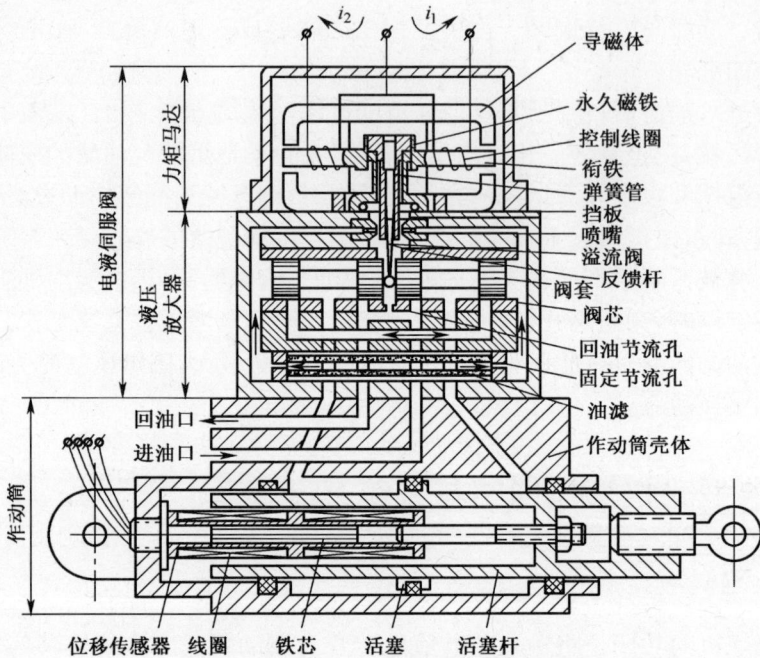

图 2.22 液压舵机原理

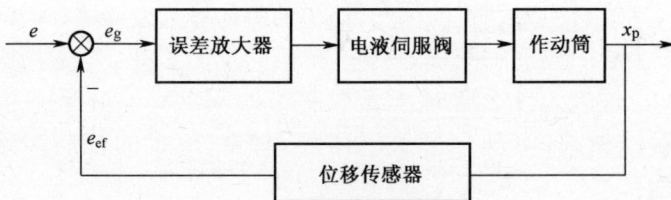

图 2.23 液压舵机的控制回路

每个通道由自动驾驶仪、放大器和液压舵机组成。3 个通道综合后,以单一信号输出,去操纵动力舵机,即液压助力器。当一个通道乃至两个通道出现故障时,故障通道可被切除,余下的通道仍可完成正常的操纵,从而大大提高了系统的工作可靠性。由于电气信号的传输、监测和转换都很方便,而且液压舵机仅用于操纵动力舵机的滑阀,可以做得很小,故采用多通道不会在系统复杂性和重量方面带来严重问题。因此,飞行性能和飞行控制技术的发展对操纵系统提出了余度要求,而液压舵机为实现余度操纵提供了物质基础。

40

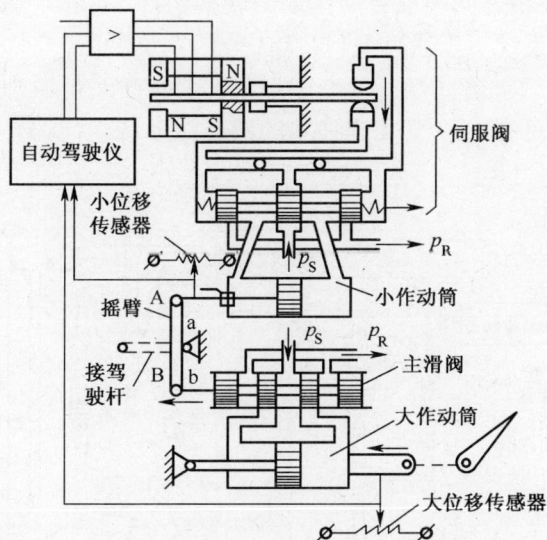

图 2.24　液压舵机的应用

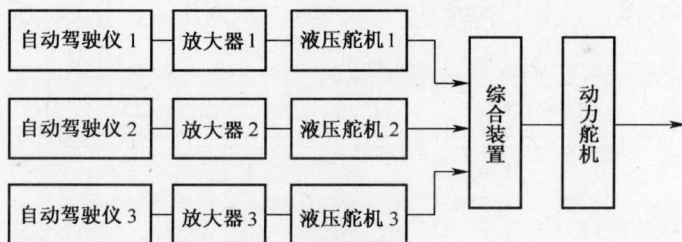

图 2.25　三余度舵面操纵系统

2.7.2　飞机液压能源系统

飞机液压能源系统的功用是为飞机液压执行机构可靠地提供所需压力和流量的油液。为了保证安全、可靠地供压，现代飞机液压能源系统普遍采用余度设计，具有 2 套～4 套完全独立的液压系统。即每个液压源具有自己单独的供压元件，可以独立地为液压执行机构供压。

为了提高供压的可靠性，飞机液压能源系统中每个单独的液压源还要配备多个液压泵，而且不同液压泵还会选取不同的驱动方式，如发动机驱动（EDP）、电动机驱动（EMDP）、空气驱动（ADP）、冲压空气涡轮驱动（RAT）等。另外，一

41

般在两个主液压系统之间还设有液压动力转换组件(PTU),当一个液压系统失效时,另一个液压系统可以通过 PTU 为失效的系统供压。

图 2.26 所示为波音 737 - 800 飞机的液压能源系统原理[10]。波音 737 - 800 飞机液压能源系统由 3 套完全独立的液压源系统组成,分别称为 A 系统、B 系统和备用系统。

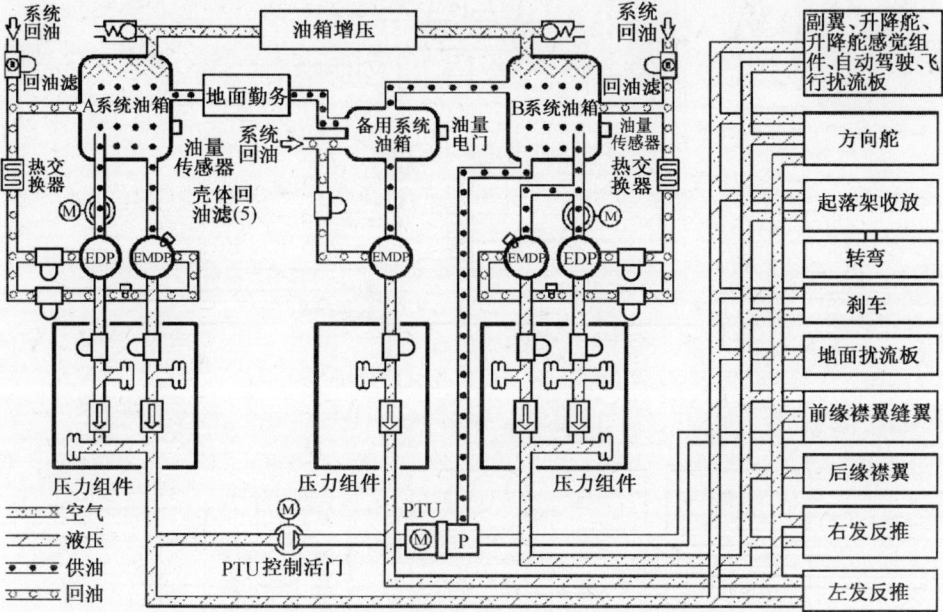

图 2.26 波音 737 - 800 飞机液压能源系统

A 系统和 B 系统为主液压系统,其组成基本相同,主要由发动机驱动泵(EDP)、电动马达驱动泵(EMDP)、增压油箱、压力组件、回油滤组件、热交换器等组成。备用液压系统主要由油箱、电动马达驱动泵(EMDP)、壳体回油滤组件和备用液压系统组件组成。

发动机驱动泵(EDP)是一个带有电磁控制释压活门的变量压力补偿柱塞泵,具有正常模式和释压模式两种工作状态。电动马达驱动泵(EMDP)由带滑油冷却的三相 115V 交流马达、离心泵和单级变量压力补偿液压泵组成,为主液压系统供压。液压系统采用引气增压油箱,由空气增压系统来的空气经限流嘴为油箱增压。压力组件主要用于将液压泵出口的增压油液分配到用压系统,对油液进行过滤、检测泵出口压力,并对系统进行过压保护。热交换器将 EDP 和 EMDP 的壳体回油中的热量传给燃油箱中的燃油。回油滤组件主要进行发动机壳体回油油液的过滤。

2.7.3 飞机全机液压系统

波音 737-800 飞机全机液压系统如图 2.27 所示,其主要由主液压系统(A系统和 B 系统)、辅助液压系统、液压指示系统、地面勤务系统等组成。

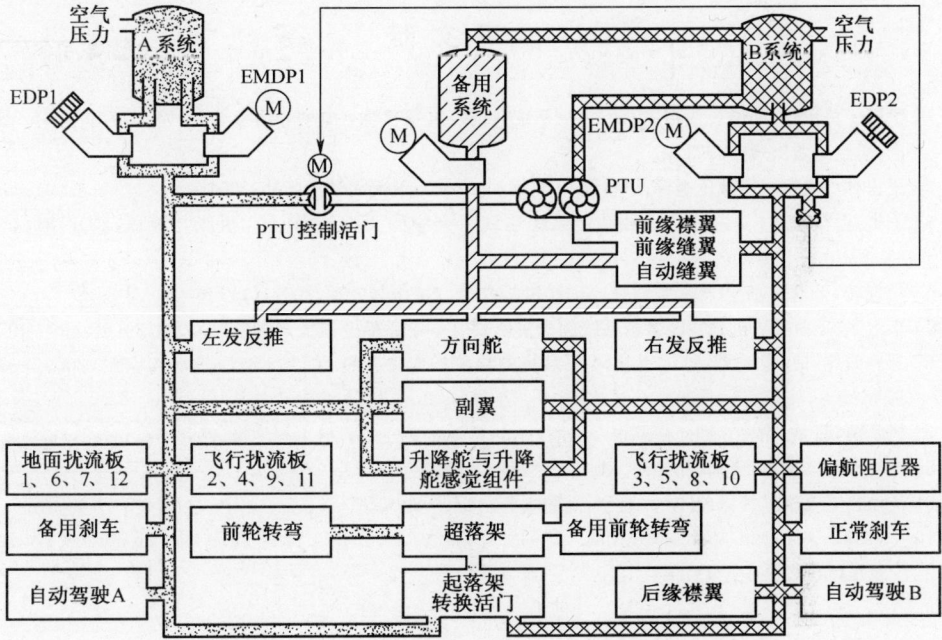

图 2.27 波音 737-800 飞机全机液压系统功能图

A 液压系统为动力转换组件(PTU),左侧反推装置,起落架收放,前轮转弯,备用刹车,副翼,自动驾驶仪 A,升降舵,升降舵载荷感觉器,2 号、4 号、9 号和 11 号飞行扰流板,1 号、6 号,7 号和 12 号地面扰流板及方向舵供压。

B 液压系统为右侧反推装置,备用起落架放下系统,备用前轮转弯,正常刹车,副翼,自动驾驶仪 B,升降舵,升降舵载荷器,3 号、5 号、8 号和 10 号飞行扰流板,方向舵,后缘襟翼,前缘襟翼和缝翼等系统供压。

备用液压系统为两侧的反推装置、备用方向舵系统、前缘襟翼和缝翼提供备用压力。

液压动力转换组件(PTU)只向前缘襟翼、缝翼和自动缝翼提供液压压力,当 B 液压系统的发动机驱动泵压力低于正常值时,PTU 压力可用于正常或自动缝翼操作。

液压指示系统主要用于液压系统各个参数的指示与警告。主要包括液压油量指示系统、液压压力指示系统、液压泵低压警告系统、液压油超温警告系统。

地面勤务系统的主要功用是从中央油口为所有的液压油箱加油。

参 考 文 献

[1] 伊恩·莫伊尔,阿伦·西布里奇.飞机系统:机械、电气和航空电子分系统综合[M].凌和生,译.北京:航空工业出版社,2011.

[2] 王占林.飞机高压液压能源系统[M].北京:北京航空航天大学出版社,2004.

[3] 王世富,马俊功,王占林.机载智能泵源系统研究中的关键技术[J].机床与液压,2003,31(4):85-87.

[4] 马俊功,王世富,王占林.智能泵原理样机研究[J].液压与气动,2002,(11):6-8.

[5] 李运华,王占林.机载智能泵源系统的开发研制[J].北京航空航天大学学报,2004,30(6):493-497.

[6] 王秀霞,苏珉,崔红霞,等.飞机液压系统的温度控制方法研究[J].液压气动与密封,2009,(2):12-14.

[7] 杨华勇,张斌,徐兵.轴向柱塞泵/马达技术的发展演变[J].机械工程学报,2008,44(10):1-8.

[8] 李艳军.飞机液压传动与控制[M].北京:科学出版社,2009.

[9] 沈燕良.飞机系统原理[M].北京:国防工业出版社,2007.

[10] B737-600/700/800/900 AMM. 1999-2005. PART I. CHAPTER 29. Hydraulic Power. BOEING COMPANY.

第3章 液压系统的传热学理论和计算方法

本章介绍液压系统热特性建模中涉及的传热学基本原理和传热计算的方法,包括 3 种基本的热传递方式:热传导、对流换热和辐射换热。在说明传热原理的同时,重点讨论液压系统热特性建模过程中传热问题的计算。最后简要讨论换热器的热计算方法。

3.1 热传导

3.1.1 热传导的基本概念

依靠分子、原子及自由电子等微观粒子之间的相互作用,能量从高能粒子向相邻的低能粒子的传递过程称为热传导[1]。热传导可发生在固体内部、相邻的固体之间以及气体和液体内部。在气体和液体中,热传导是分子随机运动而产生的碰撞和扩散的结果。而固体又可分为导电固体和非导电固体,导电固体中热传导主要是由自由电子运动引起的,非导电固体中热传导是通过晶格结构的振动来实现的。

物体导热的快慢与物体本身的形状、厚度、材料特性及温差有关。考察如图 3.1 所示的大型平板的导热问题。平板厚度为 Δx,表面积为 A,平板两侧的温差为 $\Delta T = T_2 - T_1$。

通过试验发现,单位时间内通过平板的导热热量与平板的温差和面积成正比,与平板的厚度成反比,即

$$\dot{Q} = -kA\,\frac{\Delta T}{\Delta x} \tag{3.1}$$

式中:$\dot{Q}$ 为单位时间内通过给定面积的热量,称为热流量(W);k 为材料的导热系数,是表征材料导热性能的参数(W/(m·K) 或 W/(m·℃));负号表示热量的传递方向与温度升高的方向相反。

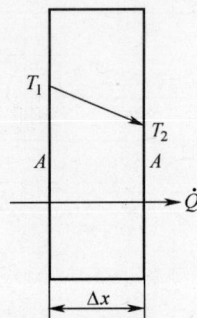

图 3.1 大型平板的导热问题

当 $\Delta x \to 0$ 时，式(3.1)可以写成微分方程的形式，即

$$\dot{Q} = -kA\frac{\mathrm{d}T}{\mathrm{d}x} \tag{3.2}$$

式中：$\mathrm{d}T/\mathrm{d}x$ 为温度梯度。

式(3.2)即为傅里叶导热定律，又称为导热基本定律，由 J. Fourier 于 1822 年首次提出。单位面积通过的热流量称为热流密度，可表示为

$$q = -k\frac{\mathrm{d}T}{\mathrm{d}x} \tag{3.3}$$

傅里叶定律更完备的矢量表达式在热传导计算时给出，或可参考相关文献。下面重点讨论傅里叶定律中两个重要概念：导热系数和温度梯度。

3.1.2　材料的导热系数

材料的导热系数是表征材料的导热性能的参数，是材料的一种物理属性。通过式(3.2)可知，材料的导热系数可表示为

$$k = -\frac{\dot{Q}}{A\dfrac{\mathrm{d}T}{\mathrm{d}x}} \tag{3.4}$$

因此，材料的导热系数可定义为在单位温差作用下，通过单位面积，单位厚度材料的热流量。当材料的导热系数较大时说明材料是好的热导体；反之，说明材料的导热能力较差。

一些常用材料室温下的导热系数如表 3.1 所列。

表 3.1　常用材料室温下的导热系数

材　料	导热系数/(W/(m·℃))	材　料	导热系数/(W/(m·℃))
金刚石	2300	玻璃	0.78
银	429	水	0.613
铜	401	木材	0.17
金	317	软橡胶	0.13
铝	237	玻璃光学纤维	0.043
铁	80.2	空气	0.026
汞	8.54	泡沫塑料	0.026

从表 3.1 中可知，银的导热系数为 429W/(m·℃)，其物理含义为对于 1m 厚的银板，在 1℃ 的温差作用下，通过 1m² 面积上的热流量为 429W。

不同材料的导热系数差异较大，可以从 $10^{-4}\sim10^{3}$ 范围内变化，在室温下，不

同材料的导热系数范围如图 3.2 所示[1]。

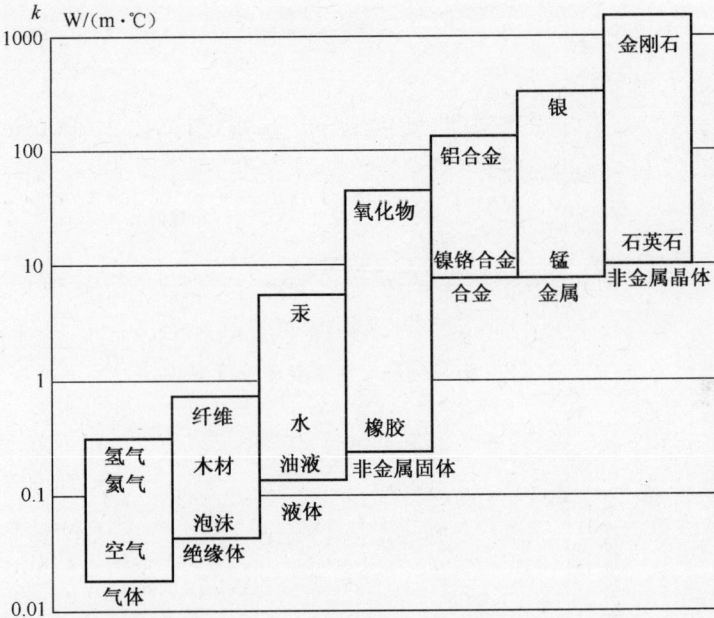

图 3.2　不同材料的导热系数

　　材料的导热系数还随自身温度的变化而变化,且对于气体、液体和固体,温度对其导热系数的影响机理是不同的。

　　对于气体,导热是依靠分子之间的随机运动产生的碰撞完成的,而分子随机运动的动能可以用温度表述,当物体内或物体之间存在温差时,说明分子动能存在差别,就会产生热量的传递。动能理论认为,气体的导热系数与绝对温度的开方成正比,与分子量的开方成反比。所以,对于气体当温度升高时,其导热系数增大。对于液体,因为液体分子之间的距离较小,分子之间的作用力更强,所以液体的导热系数通常位于气体和固体之间。液体的导热系数随温度的变化比较复杂,不同液体材料具有不同的特性。对于固体,导热是通过晶格结构的振动和自由电子的传输完成的。对于大部分固体材料,导热系数随温度的升高而下降。但也有一些固体存在其导热系数随温度升高而升高的特性。常见金属、液体和气体的导热系数随温度的变化如图 3.3 至图 3.5 所示。

　　液压系统中常用材料在室温下的导热系数如表 3.2 所列。

　　在液压系统热特性建模过程中会涉及材料导热系数随温度变化数学模型建立的问题,这些内容将在后续章节中详细讨论。

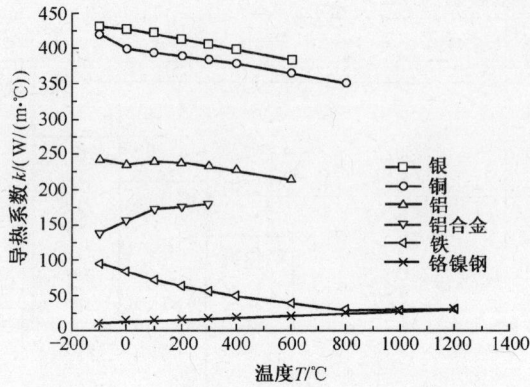

图 3.3 金属材料导热系数随温度变化

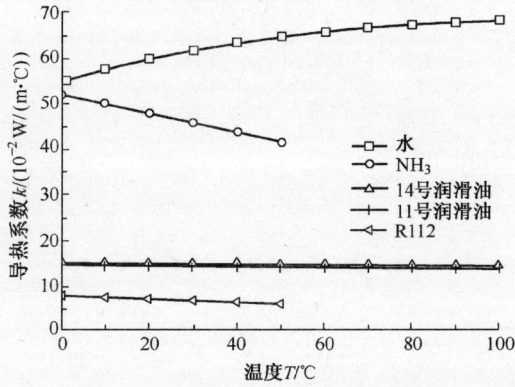

图 3.4 液体材料导热系数随温度变化

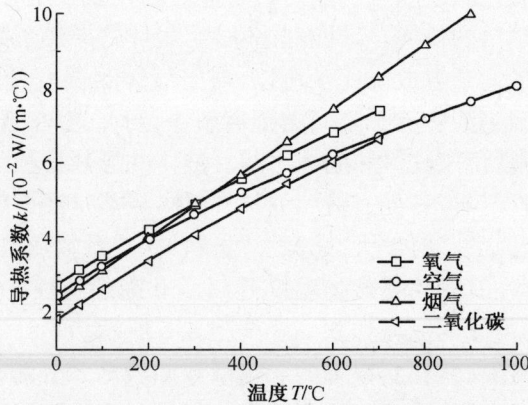

图 3.5 气体材料导热系数随温度变化

表 3.2　液压系统中常用材料在室温下的导热系数（300K）

材　料	导热系数/(W/(m·℃))	材　料	导热系数/(W/(m·℃))
纯铝	237	碳钢(0.5%C)	49.85
铝合金 2024 - T6	177	碳钢(1.0%C)	43.2
铝合金 96Al - 4Cu	169	碳钢(1.5%C)	36.7
铝合金 92Al - 8Mg	162	铬钢(0.18%C,0.65%Cr)	37.7
纯铁	80.2	铬钢(0.16%C,1%Cr)	42.3
阿姆口铁	73.2	铬钢(0.2%C,1.02%Cr)	48.9
灰铸铁(3%C)	39.2	铬钢(5%Cr)	36.1
不锈钢 AISI302	15.1	铬钢(13%Cr)	26.8
不锈钢 AISI304	14.9	铬钢(17%Cr)	22
不锈钢 AISI316	13.4	液压油(MIL - H - 83282)	0.174
不锈钢 AISI347	14.2	空气×10⁻²	2.67

3.1.3　温度场和温度梯度

温度场是指某一瞬间,空间(或物体内)所有各点温度分布的总称,一般来说,温度场是空间和时间的函数,即

$$T = f(x, y, z, \tau) \tag{3.5}$$

式中: x, y, z 为空间直角坐标; τ 为时间。

温度场随时间变化称为非稳态温度场;反之则为稳态温度场,稳态温度场的表达式为

$$T = f(x, y, z) \tag{3.6}$$

式(3.6)表示的是随 x, y, z 3 个坐标变化的三维温度场。如果温度场只和两个或一个坐标有关,则称为二维或一维温度场,可分别表示为

$$T = f(x, y) \tag{3.7}$$

$$T = f(x) \tag{3.8}$$

温度场除用上述数学式表示外,还可以用等温面(线)表示。等温面就是在同一时刻,温度场中所有温度相同的点相连接所构成的面,不同的等温面与同一平面的交线,称为等温线,它是一簇曲线。在同一时刻,物体内任一点的温度不可能具有一个以上的不同值。所以,两个不同温度的等温面(线)不可能相交,它们或是物体内的封闭曲面(线),或者终止于物体的边界上。

根据等温面的定义,在等温面上不存在温差,故没有热量传递。如图 3.6 所示,温度梯度是表示温度场内某一点(O 点)等温面的法线方向的温度变化率,它是一个矢量,其方向与给定点等温面的法线方向一致(朝向温度增加方向),其模等于该点等温面法线方向的温度变化率,记为

$$\text{grad} T = \frac{\partial T}{\partial n}\boldsymbol{n} \qquad (3.9)$$

式中:$\boldsymbol{n}$ 为等温面法线法向的单位矢量;$\partial T/\partial n$ 为法线方向的温度方向导数,即法线方向的温度变化率。

温度梯度的定义与坐标系无关,它是由物体内的温度分布决定的。当温度场被确定时,场内各点的温度梯度也被确定。

温度梯度在直角坐标系中可表示为它在 3 个坐标轴的分量之和,即

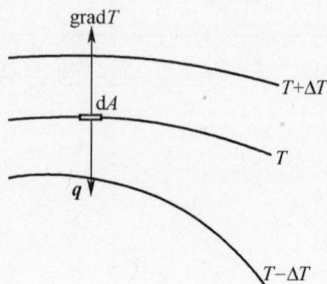

图 3.6 等温线和温度梯度

$$\text{grad} T = \frac{\partial T}{\partial x}\boldsymbol{i} + \frac{\partial T}{\partial y}\boldsymbol{j} + \frac{\partial T}{\partial z}\boldsymbol{k} \qquad (3.10)$$

式中:$\boldsymbol{i}$、$\boldsymbol{j}$、$\boldsymbol{k}$ 分别为 3 个坐标轴方向的单位矢量;$\frac{\partial T}{\partial x}$、$\frac{\partial T}{\partial y}$、$\frac{\partial T}{\partial z}$ 分别为温度梯度在对应坐标轴上的投影。

对于一维稳态温度场,温度梯度可表示为

$$\text{grad} T = \frac{\partial T}{\partial x}\boldsymbol{i} \qquad (3.11)$$

当 x 坐标轴方向与温度梯度方向(指向温度增加的方向)一致时,$\frac{\partial T}{\partial x}$ 则为正值;反之为负值。与温度梯度的大小相等、方向相反的矢量,称为温度降度。

有了温度梯度的定义,通过空间一点的导热量也是一个矢量,可表示为

$$\dot{Q} = -k\left(A_x \frac{\partial T}{\partial x}\boldsymbol{i} + A_y \frac{\partial T}{\partial y}\boldsymbol{j} + A_x \frac{\partial T}{\partial z}\boldsymbol{z}\right) \qquad (3.12)$$

通过空间一点的热流密度可表示为

$$\boldsymbol{q} = -k\,\text{grad} T = -k\frac{\partial T}{\partial n}\boldsymbol{n} \qquad (3.13)$$

式中:$\boldsymbol{n}$ 为通过该点的等温线(面)的法向单位矢量,指向温度升高的方向。

3.2 热传导的计算

建立热传导计算的微分方程是进行热传导计算的基础,本节首先讨论导热微分方程,在此基础上对常见的稳态和非稳态两类导热问题的计算进行讨论。

3.2.1 导热微分方程

这里首先讨论直角坐标系下的导热微分方程。在导热物体中选取一个微元

平行六面体作为控制体进行分析,如图 3.7 所示。控制体长为 Δx、宽为 Δy、高为 Δz,并假定所研究的物体为各向同性的连续介质,其密度为 ρ,比热容为 C_p。

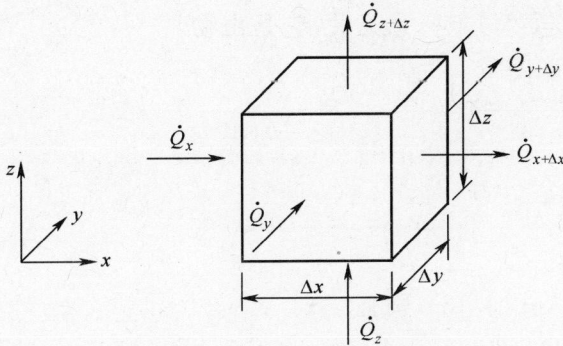

图 3.7　微元控制体导热分析

那么在 Δt 时间内,通过热传导传入控制体的热流量减去传出控制体的热流量,再加上控制体自身的生热率就等于控制体内能的变化率,即

$$\dot{Q}_x + \dot{Q}_y + \dot{Q}_x - \dot{Q}_{x+\Delta x} - \dot{Q}_{y+\Delta y} - \dot{Q}_{z+\Delta z} + \dot{G} = \frac{\Delta E}{\Delta t} \tag{3.14}$$

式中:$\dot{Q}_x$、$\dot{Q}_y$、$\dot{Q}_z$ 分别为 x 方向、y 方向和 z 方向传入控制体的热流量;$\dot{Q}_{x+\Delta x}$、$\dot{Q}_{y+\Delta y}$、$\dot{Q}_{z+\Delta z}$ 分别为 x 方向、y 方向和 z 方向传出控制体的热流量;$\dot{G}$ 为控制体的生热率,且有

$$\dot{G} = \dot{g}\Delta x \Delta y \Delta z \tag{3.15}$$

式(3.14)中 ΔE 为控制体的内能,且有

$$\Delta E = E_{t+\Delta t} - E_t = mC_p(T_{t+\Delta t} - T_t) = \rho C_p \Delta x \Delta y \Delta z (T_{t+\Delta t} - T_t) \tag{3.16}$$

代入式(3.14)有

$$\dot{Q}_x + \dot{Q}_y + \dot{Q}_x - \dot{Q}_{x+\Delta x} - \dot{Q}_{y+\Delta y} - \dot{Q}_{z+\Delta z} + \dot{g}\Delta x \Delta y \Delta z =$$
$$\rho C_p \Delta x \Delta y \Delta z \frac{(T_{t+\Delta t} - T_t)}{\Delta t} \tag{3.17}$$

上式两边同除 $\Delta x \Delta y \Delta z$ 有

$$-\frac{1}{\Delta y \Delta z}\frac{\dot{Q}_{x+\Delta x} - \dot{Q}_x}{\Delta x} - \frac{1}{\Delta x \Delta z}\frac{\dot{Q}_{y+\Delta y} - \dot{Q}_y}{\Delta y} - \frac{1}{\Delta x \Delta y}\frac{\dot{Q}_{z+\Delta z} - \dot{Q}_z}{\Delta z} + \dot{g} =$$

$$\rho C_{\mathrm{p}} \frac{(T_{t+\Delta t} - T_t)}{\Delta t} \tag{3.18}$$

当 $\Delta x \to 0$，$\Delta y \to 0$，$\Delta z \to 0$，$\Delta t \to 0$ 时，由傅里叶定律有以下关系

$$\lim_{\Delta x \to 0} \frac{1}{\Delta y \Delta z} \frac{\dot{Q}_{x+\Delta x} - \dot{Q}_x}{\Delta x} = \frac{1}{\Delta y \Delta z} \frac{\partial \dot{Q}_x}{\partial x} = \frac{1}{\Delta y \Delta z} \frac{\partial}{\partial x}\left(-k\Delta y \Delta z \frac{\partial T}{\partial x}\right) = -\frac{\partial}{\partial x}\left(k \frac{\partial T}{\partial x}\right)$$

$$\lim_{\Delta y \to 0} \frac{1}{\Delta x \Delta z} \frac{\dot{Q}_{y+\Delta y} - \dot{Q}_y}{\Delta y} = \frac{1}{\Delta x \Delta z} \frac{\partial \dot{Q}_y}{\partial y} = \frac{1}{\Delta x \Delta z} \frac{\partial}{\partial x}\left(-k\Delta x \Delta z \frac{\partial T}{\partial y}\right) = -\frac{\partial}{\partial y}\left(k \frac{\partial T}{\partial y}\right)$$

$$\lim_{\Delta z \to 0} \frac{1}{\Delta x \Delta y} \frac{\dot{Q}_{z+\Delta z} - \dot{Q}_z}{\Delta z} = \frac{1}{\Delta x \Delta y} \frac{\partial \dot{Q}_z}{\partial z} = \frac{1}{\Delta x \Delta y} \frac{\partial}{\partial x}\left(-k\Delta x \Delta y \frac{\partial T}{\partial z}\right) = -\frac{\partial}{\partial z}\left(k \frac{\partial T}{\partial z}\right)$$

$$\tag{3.19}$$

式(3.19)代入式(3.18)，则有

$$\frac{\partial}{\partial x}\left(k \frac{\partial T}{\partial x}\right) + \frac{\partial}{\partial y}\left(k \frac{\partial T}{\partial y}\right) + \frac{\partial}{\partial z}\left(k \frac{\partial T}{\partial z}\right) + \dot{g} = \rho C_{\mathrm{p}} \frac{\partial T}{\partial t} \tag{3.20}$$

定义 $\alpha = k/\rho C_{\mathrm{p}}$ 为热扩散率，则式(3.20)可写成

$$\frac{\partial^2 T}{\partial^2 x} + \frac{\partial^2 T}{\partial^2 y} + \frac{\partial^2 T}{\partial^2 z} + \frac{\dot{g}}{k} = \frac{1}{\alpha} \frac{\partial T}{\partial t} \tag{3.21}$$

式(3.21)即为直角坐标系下三维非稳态导热微分方程的一般形式，针对具体情况可作以下简化：

(1) 稳态，有

$$\frac{\partial^2 T}{\partial^2 x} + \frac{\partial^2 T}{\partial^2 y} + \frac{\partial^2 T}{\partial^2 z} + \frac{\dot{g}}{k} = 0 \tag{3.22}$$

(2) 瞬态，无内热源，有

$$\frac{\partial^2 T}{\partial^2 x} + \frac{\partial^2 T}{\partial^2 y} + \frac{\partial^2 T}{\partial^2 z} = \frac{1}{\alpha} \frac{\partial T}{\partial t} \tag{3.23}$$

(3) 稳态，无内热源，有

$$\frac{\partial^2 T}{\partial^2 x} + \frac{\partial^2 T}{\partial^2 y} + \frac{\partial^2 T}{\partial^2 z} = 0 \tag{3.24}$$

圆柱坐标系中导热微分方程为

$$\frac{1}{r} \frac{\partial}{\partial r}\left(kr \frac{\partial T}{\partial r}\right) + \frac{1}{r^2} \frac{\partial}{\partial \phi}\left(kr \frac{\partial T}{\partial \phi}\right) + \frac{\partial}{\partial z}\left(k \frac{\partial T}{\partial z}\right) + \dot{g} = \rho C_{\mathrm{p}} \frac{\partial T}{\partial t} \tag{3.25}$$

球坐标系中导热微分方程为

$$\frac{1}{r^2} \frac{\partial}{\partial r}\left(kr^2 \frac{\partial T}{\partial r}\right) + \frac{1}{r^2 \sin^2\theta} \frac{\partial}{\partial \phi}\left(k \frac{\partial T}{\partial \phi}\right) + \frac{1}{r^2 \sin\theta} \frac{\partial}{\partial \theta}\left(k\sin\theta \frac{\partial T}{\partial \theta}\right) + \dot{g} = \rho C_{\mathrm{p}} \frac{\partial T}{\partial t}$$

$$\tag{3.26}$$

导热微分方程是对所有导热问题都适用的数学描述,所有导热问题的计算都可以归结为导热微分方程的求解。对于液压系统的热特性计算,傅里叶导热定律及导热微分方程也是完全适用的。导热微分方程的求解需要特定的定解条件,对于稳态导热问题,定解条件为边界条件。对于非稳态导热问题,定解条件包括边界条件和初始条件。下面分稳态导热问题和非稳态导热问题两类,对一些常见导热问题的计算方法进行讨论。

3.2.2 常见的稳态导热问题计算

本节讨论常见的稳态导热问题的分析解,特别是一维稳态问题的分析解。

1. 大型平板导热

考虑厚度为 L 的一个大型平板,材料的导热系数为 k,表面积为 A,平板两侧的温度分别为 T_1 和 T_2,且保持不变,如图 3.8 所示。

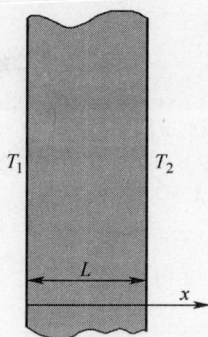

图 3.8 大型平板导热问题

此问题为稳态导热问题,当平板尺寸与其厚度相比足够大时,可认为是一维导热问题,且无内热源,导热系数为常数,这样导热微分方程可写为

$$\frac{\mathrm{d}^2 T}{\mathrm{d}^2 x} = 0 \tag{3.27}$$

式(3.27)对 x 进行两次积分,则有

$$T(x) = C_1 x + C_2 \tag{3.28}$$

根据边界条件有

$$T(0) = T_1 \tag{3.29}$$

$$T(L) = T_2 \tag{3.30}$$

代入式(3.28),则有

$$C_1 = \frac{T_2 - T_1}{L} \tag{3.31}$$

$$C_2 = T_1 \tag{3.32}$$

那么平板内温度沿 x 轴的分布可表示为

$$T(x) = \frac{T_2 - T_1}{L} x + T_1 \tag{3.33}$$

整个平板的热流量为

$$\dot{Q} = -kA \frac{\mathrm{d}T}{\mathrm{d}x} = kA \frac{T_1 - T_2}{L} \tag{3.34}$$

2. 管道的导热

考虑长度为 L 的直管道,其内径为 r_1,外径为 r_2,材料导热系数为 k,管道内壁和外壁的温度分别为 T_1 和 T_2,且保持不变,如图 3.9 所示。

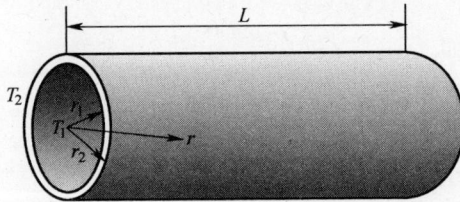

图 3.9 管道导热问题

由于管道内、外壁温度不变,此问题为稳态导热问题,无内热源,导热系数为常数,由圆柱坐标的导热微分方程可知

$$\frac{\mathrm{d}}{\mathrm{d}r} \left(r \frac{\mathrm{d}T}{\mathrm{d}r} \right) = 0 \tag{3.35}$$

式(3.35)对 r 两次积分有

$$T(r) = C_1 \ln r + C_2 \tag{3.36}$$

根据边界条件有

$$T(r_1) = T_1 \tag{3.37}$$

$$T(r_2) = T_2 \tag{3.38}$$

将边界条件代入式(3.36),求解有

$$C_1 = \frac{T_2 - T_1}{\ln(r_2/r_1)} \tag{3.39}$$

$$C_2 = T_1 - \frac{T_2 - T_1}{\ln(r_2/r_1)} \ln r_1 \tag{3.40}$$

管道内温度沿半径方向的分布可表示为

$$T(r) = \frac{\ln(r/r_1)}{\ln(r_2/r_1)} (T_2 - T_1) + T_1 \tag{3.41}$$

54

整个管道的热流量为

$$\dot{Q} = -kA \frac{dT}{dx} = 2\pi k L \frac{T_1 - T_2}{\ln(r_2/r_1)} \tag{3.42}$$

3. 球形壳体导热

考虑一个球形壳体,其内径为 r_1,外径为 r_2,材料的导热系数为 k,球壳内壁和外壁的温度分别是 T_1 和 T_2,且保持不变,如图 3.10 所示。

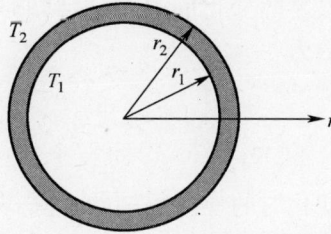

图 3.10 球壳导热问题

此问题也是一维稳态导热问题,且无内热源,导热系数为常数。由球坐标系中的导热微分方程可知

$$\frac{d}{dr}\left(r^2 \frac{dT}{dr}\right) = 0 \tag{3.43}$$

对式(3.43)进行两次积分,则有

$$T(r) = -\frac{C_1}{r} + C_2 \tag{3.44}$$

根据边界条件有

$$T(r_1) = T_1 \tag{3.45}$$

$$T(r_2) = T_2 \tag{3.46}$$

将边界条件代入式(3.44),求解有

$$C_1 = -\frac{r_1 r_2}{r_2 - r_1}(T_1 - T_2) \tag{3.47}$$

$$C_2 = \frac{r_2 T_2 - r_1 T_1}{r_2 - r_1} \tag{3.48}$$

球壳内半径方向上温度分布可表示为

$$T(r) = \frac{r_1 r_2}{r(r_2 - r_1)}(T_1 - T_2) + \frac{r_2 T_2 - r_1 T_1}{r_2 - r_1} \tag{3.49}$$

球壳上的热流量为

$$\dot{Q} = -kA \frac{dT}{dr} = 4\pi k r_1 r_2 \frac{T_1 - T_2}{r_2 - r_1} \tag{3.50}$$

4. 考虑导热系数随温度变化的导热问题

本章第一节对材料的导热系数进行了讨论，从前面的讨论中可知，材料的导热系数随温度的变化而变化。大部分情况下，讨论的传热问题温度变化范围不大，在不大的温度变化范围内，材料的导热系数随温度变化较为缓慢，可以采用导热系数的平均值进行计算，不会带来较大误差。但当温度变化范围较大或需要进行较为精确的计算时，就要考虑材料导热系数随温度的变化。

当材料的导热系数随温度的变化的关系是已知时，温度从 T_1 到 T_2 变化，材料的平均导热系数可表示为

$$k_{\text{ave}} = \frac{\int_{T_1}^{T_2} k(T)\,\mathrm{d}T}{T_2 - T_1} \tag{3.51}$$

考虑导热系数随温度变化时的导热问题的计算，只需将原有热流量公式中的常数 k 替换为 k_{ave} 即可。这样，通过平板、管道和球壳的热流量可写成

$$\dot{Q} = k_{\text{ave}} A \frac{T_1 - T_2}{L} = \frac{A}{L} \int_{T_2}^{T_1} k(T)\,\mathrm{d}T \tag{3.52}$$

$$\dot{Q} = 2\pi k_{\text{ave}} L \frac{T_1 - T_2}{\ln(r_2/r_1)} = \frac{2\pi L}{\ln(r_2/r_1)} \int_{T_2}^{T_1} k(T)\,\mathrm{d}T \tag{3.53}$$

$$\dot{Q} = 4\pi k_{\text{ave}} r_1 r_2 \frac{T_1 - T_2}{r_2 - r_1} = \frac{4\pi r_1 r_2}{r_2 - r_1} \int_{T_2}^{T_1} k(T)\,\mathrm{d}T \tag{3.54}$$

温度变化范围不大时，材料的导热系数随温度变化可用线性关系表示，即

$$k(T) = k_0(1 + \beta T) \tag{3.55}$$

那么，导热系数在 $T_1 \sim T_2$ 范围内的平均值可表示为

$$k_{\text{ave}} = \frac{\int_{T_1}^{T_2} k_0(1 + \beta T)\,\mathrm{d}T}{T_2 - T_1} = k_0\left(1 + \beta \frac{T_2 + T_1}{2}\right) \tag{3.56}$$

当导热物体是由两个等温边界组成，而求解的目的是为了获得等温面之间物体所传导的热量时，可以采用形状因子法计算，等温面之间热流量的形状因子法表达式为

$$\dot{Q} = Sk(T_1 - T_2) \tag{3.57}$$

式中：S 为形状因子。

形状因子法适用于一维、二维和三维问题中两个等温面之间的导热热流量的计算，通过分析或数值计算的方法已经得到工程上常见的不同导热结构的形状因子表达式，可参考相关文献。

关于二维和三维导热问题的求解，已超出本书的讨论范围，可参考相关文献。

3.2.3 常见的非稳态导热问题计算

物体内各处温度随时间而变化的导热过程称为非稳态导热。非稳态导热问题的求解要比稳态导热问题的求解复杂得多。这里主要讨论非稳态导热问题求解的集中参数方法,并对其他非稳态导热问题进行简要的说明。

1. 非稳态导热问题求解的集中参数方法

虽然自然界中没有一种物体的导热系数为无穷大,但是,在处理某些非稳态导热问题时,仍可以假定物体的内部热阻很小,可以忽略不计。也就是说,物体内部的温度在任何时刻都是均匀一致的,仅是时间 t 的一元函数,与坐标位置无关。即把物体原来连续分布的质量和热容量汇集到一点上,因而只有一个温度,这种忽略物体内部热阻的分析方法称为集中参数方法。集中参数方法具有重要的工程应用价值。实际上,当物体的加热或冷却比较缓慢(对流换热系数小)时,如果物体的导热系数 k 相当大,或者物体的几何尺寸比较小,这类导热问题都可以简化为内部热阻可以被忽略的非稳态导热问题,可以采用集中参数方法进行求解。

集中参数法主要研究物体温度随时间及外界环境的变化关系。外界环境有对流换热环境、辐射换热环境和对流与辐射的复合换热环境,环境温度有恒温和变温两种。

采用集中参数方法处理导热问题需要满足一定的条件,从而保证计算过程中误差不至于过大。判断是否适用集中参数方法计算的特征数就是毕渥数。

首先定义特征长度为

$$L_c = \frac{V}{A_s} \tag{3.58}$$

式中: V 为物体的体积; A_s 为物体的表面积。

那么,毕渥数的定义为

$$Bi = \frac{hL_c}{k} \tag{3.59}$$

毕渥数的定义还可以写成

$$Bi = \frac{hL_c}{k} = \frac{h}{k/L_c} \frac{\Delta T}{\Delta T} \tag{3.60}$$

从式(3.60)可知,毕渥数的物理含义为物体表面传热量与物体内部导热量的比值,毕渥数越小,说明物体表面传热量越小,内部导热量越大,即外部热阻越大,内部热阻越小,毕渥数越小,采用集中参数法对导热问题进行分析与实际情况就越接近。

考虑到传热问题计算中本身存在 $\pm 20\%$ 的计算误差,一般认为当 $Bi \leqslant$

0.1,而且物体温度与环境温度的差值小于自身温度 5% 时,采用集中参数方法可以得到较为准确的计算结果。在使用集中参数法之前,首先要计算毕渥数,并判断毕渥数是否满足要求。

考虑有一物体,质量为 m ,体积为 V ,表面积为 A ,密度为 ρ ,比热容为 C_p ,初始温度为 T_i ,在 $t=0$ 时刻,将物体放入温度为 T_∞ 的液体中,物体同液体之间的对流换热系数为 h ,如图 3.11 所示。

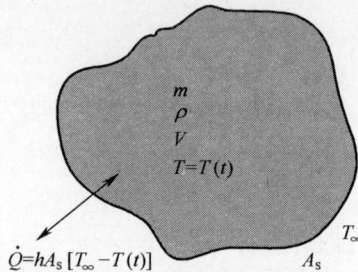

图 3.11　集中参数法分析导热问题

忽略物体内部的导热热阻,以 T 表示任意时刻物体内部的平均温度,根据能量守恒定律,在时间 $\mathrm{d}t$ 内对流传入的热量等于物体内能的增加量,即

$$hA_s(T_\infty - T)\,\mathrm{d}t = \rho V C_p \mathrm{d}T \tag{3.61}$$

由 $\mathrm{d}T = \mathrm{d}(T - T_\infty)$,经分离后,式(3.61)变成

$$\frac{\mathrm{d}T}{T - T_\infty} = \frac{\mathrm{d}(T - t_\infty)}{T - T_\infty} = -\frac{hA_s}{\rho V C_p}\mathrm{d}t \tag{3.62}$$

初始条件为

$$t = 0, T = T_i \tag{3.63}$$

根据初始条件,式(3.62)的解为

$$\frac{T(t) - T_\infty}{T_i - T_\infty} = \mathrm{e}^{-bt} \tag{3.64}$$

式中:

$$b = \frac{hA_s}{\rho V C_p} \tag{3.65}$$

2. 考虑内部热阻的一维非稳态导热问题求解

当物体的内部热阻不可忽略时,不能用集中参数法进行求解,往往需要借助于计算机进行数值计算,但对于几何形状和边界条件不复杂的情况,仍可用导热微分方程和定解条件求解,画成专用的诺谟图供查找使用。

对于图 3.12 所示的 3 种简单一维非稳态导热问题,其外部环境温度为 T_∞ ,初始温度为 T_i ,物体与环境的换热系数为 h 。

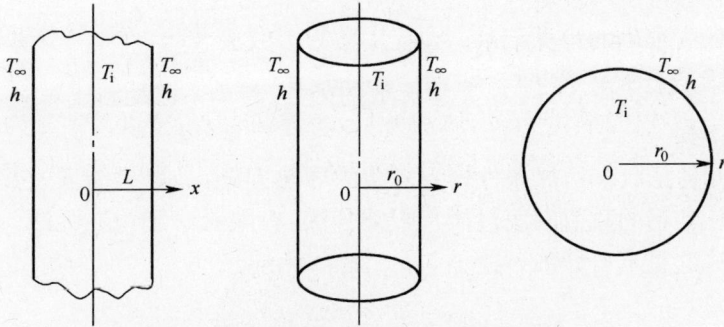

图 3.12　3 种简单的一维非稳态导热问题

为了简化问题,定义以下无量纲量:

无量纲温度为

$$\theta(x,t) = \frac{T(x,t) - T_\infty}{T_i - T_\infty}$$

无量纲距离为

$$X = \frac{x}{L} \quad 或 \quad X = \frac{r}{r_0}$$

无量纲传热系数(毕渥数)为

$$Bi = \frac{hL}{k}$$

无量纲时间(傅里叶数)为

$$\tau = \frac{\alpha t}{L^2}$$

以上式中,L 为平板厚度的一半或管道、球体的半径,$\alpha = k/\rho C_p$。

代入无量纲量对导热微分方程进行求解,采用分离变量法,将偏微分方程的解表示为两个独立的单变量函数的乘积,使其转化为两个常微分方程进行求解,其结果是一个无穷级数解,实际计算表明,当 $\tau > 0.2$ 时,无穷级数解从第二项起可以忽略不计,其引起的误差小于 2%。这样,3 种简单的一维非稳态导热问题的解如下:

(1) 平板

$$\theta(x,t) = \frac{T(x,t) - T_\infty}{T_i - T_\infty} = A_1 e^{-\lambda_1^2 \tau} \cos\left(\frac{\lambda_1 x}{L}\right) \tag{3.66}$$

(2) 管路

$$\theta(x,t) = \frac{T(r,t) - T_\infty}{T_i - T_\infty} = A_1 e^{-\lambda_1^2 \tau} J_0\left(\frac{\lambda_1 r}{r_0}\right) \tag{3.67}$$

(3) 球体

59

$$\theta(x,t) = \frac{T(r,t) - T_\infty}{T_i - T_\infty} = A_1 e^{-\lambda_1^2 \tau} \frac{\sin(\lambda_1 r/r_0)}{\lambda_1 r/r_0} \tag{3.68}$$

以上 3 个公式中，A_1、λ_1 是毕渥数的函数，其关系已经制成对应表格，可以通过查表得到。

对于几何形状和边界条件较为复杂的导热问题，一般只能通过数值计算的方法求解。常用的数值解法包括有限差分法、有限元法和边界元法。导热问题的数值解法这里不再详细讨论。

3.3 对流换热

固体表面与其相邻液体或气体的换热称为对流换热，对流换热是热传导和流体流动换热的综合换热过程。液压系统工作时存在大量的对流换热过程，如液压油在管路内流动时与管壁的换热、管壁或液压元件壳体与周围空气之间的换热等。对流换热按有无流体相变可分为有相变对流换热和无相变对流换热，这里只讨论无相变的对流换热过程。

对流换热是由热对流和导热构成的复杂的热量传递过程。流体的流动可以使冷热流体进行掺混，从而提高固体表面的热传导效率。因此对流换热的效率要远大于热传导，而且流体流动速度越大，对流换热效率越高。影响对流换热过程的因素主要包括以下几个方面：

1. 流动的起因

流动的起因可以是浮升力，此时的对流换热称为自然对流换热，也可以是外力作用，如泵、风机等，此时的对流换热称为强迫对流换热。

2. 流动的速度

当流型不变时，速度增加，边界层的厚度减小，对流换热的热阻也减小，对流换热系数增大。同时，速度增加，雷诺数也增大，导致流动从层流转变为紊流。由于紊流内部流体微团的相互掺混作用，对流换热作用增强。所以，对同一流体、同一种传热面，紊流时对流换热系数一般要大于层流时的对流换热系数。

3. 流体有无相变

无相变时，流体仅仅改变显热，壁面与流体之间有较大的温差；有相变时，流体吸收或放出汽化潜热。对同一种流体，汽化潜热要比热容大得多，所以，有相变时的对流换热系数要比无相变时的大。

4. 固体壁面的形状、大小和位置

壁面的形状、大小和位置直接影响流体的流动状态、速度分布和温度分布，因此也影响对流换热系数。

5. 流体热物理性质

影响对流换热的流体物理性质参数主要有导热系数 k、比热容 C_p、密度 ρ、动力黏度 μ（或运动黏度 ν）和体积膨胀系数 β。导热系数 k 越大，则流体内部、流体与壁面之间的导热热阻就越小，换热系数则越大，故气体的对流换热系数一般比液体的小。从能量输运来看，比热容 C_p 和密度 ρ 大的流体，其单位体积能携带更多的热量，即以对流作用转移热量的能力越大，故换热系数也越大。流体的黏度对换热也有较大影响，黏度大，流速低，流动往往处于层流状态，其对流换热系数也较小。流体的体胀系数 β 直接影响自然对流换热过程。

因此，对流换热过程的描述和很多参数有关，但也可以简化为牛顿冷却公式表示为

$$\dot{Q} = hA_s(T_s - T_\infty) \tag{3.69}$$

式中：h 为表面传热系数；A_s 为换热面积；T_s 为固体表面温度；T_∞ 为远离固体表面的流体温度。

这样描述对流换热过程的关键就是表面传热系数 h，表面传热系数 h 可以定性地表示为

$$h = f(v, L, \mu, k, \rho, C_p, \beta) \tag{3.70}$$

式中：L 为固体的特征长度。

研究对流换热的目的就是通过理论分析方法和相似理论指导的实验方法，求得不同条件下对流换热系数 h 的具体函数表达式。

对流换热问题完整的数学描写包括对流换热微分方程组和定解条件。对流换热微分方程组包括质量守恒、动量守恒和能量守恒的数学表达式，包括 4 个方程、4 个未知数，是封闭方程。但针对实际问题在数学上对流换热微分方程组的求解却非常困难，直到引入热边界层的概念，对流换热问题的分析求解才得到相应的发展，但面对一些复杂问题时，还是存在很大困难。

研究对流换热过程的目的是得到对流换热表面传热系数的计算公式。由于数学上的困难，分析方法只能得到个别简单对流换热问题的分析解，所以，在相似原理指导下的实验法是获得表面传热系数的主要方法。因此这里重点对通过实验法获得的表面传热系数计算公式进行讨论，不再对对流换热微分方程组的建立和求解进行说明。

3.4　对流换热的实验关联式

对流换热的实验关联式是在相似原理指导下通过一定数量的对流换热实验

得到实验结果,并按相似原理,将对流换热的实验结果整理成相似准则数之间的一种函数关系。

3.4.1 对流换热实验关联式中的相似准则数

要理解和使用对流换热的实验关联式,首先要理解相似准则数。常用的相似准则数如下:

1. 努塞尔数 Nu

努塞尔数的定义为

$$Nu = \frac{hL}{k} \tag{3.71}$$

式中: h 为表面传热系数; L 为特征长度; k 为流体的导热系数。

努塞尔数表示壁面上流体无量纲的温度梯度,得到努塞尔数,表面传热系数可表示为

$$h = \frac{Nuk}{L} \tag{3.72}$$

2. 毕渥数 Bi

毕渥数的定义为

$$Bi = \frac{hL}{k} \tag{3.73}$$

式中: h 为表面传热系数; L 为特征长度; k 为固体内的导热系数。

毕渥数表示固体内部导热热阻与其边界上换热热阻之比。

3. 傅里叶数 Fo

傅里叶数的定义为

$$Fo = \frac{\alpha t}{L^2} \tag{3.74}$$

式中: $\alpha = k/\rho C_p$; t 为时间; L 为特征长度。

傅里叶数表示非稳态过程的无量纲时间。

4. 格拉晓夫数 Gr

格拉晓夫数的定义为

$$Gr = \frac{gL^3 \beta \Delta T}{\nu^2} \tag{3.75}$$

式中: g 为重力加速度,取 9.8m/s^2 ; L 为特征长度; β 为流体的体积膨胀系数; $\Delta T = T_w - T_\infty$ 为固体表面温度与流体温度的差; ν 为流体的运动黏度。

格拉晓夫数是流体浮升力与黏性力之比的度量,用于自然对流换热的计算。

5. 雷诺数 Re

雷诺数的定义为

$$Re = \frac{vL}{\nu} \qquad (3.76)$$

式中：v 为流体速度；L 为特征长度；ν 为流体的运动黏度。

雷诺数是惯性力与黏性力之比的度量，用于强迫对流换热的计算。

6. 普朗特数 Pr

普朗特数的定义为

$$Pr = \frac{\mu C_p}{k} \qquad (3.77)$$

式中：μ 为动力黏度；C_p 为比热容；k 为流体的导热系数。

普朗特数是流体动量扩散能力与热量扩散能力之比的一种度量。

7. 斯坦顿数 St

斯坦顿数的定义为

$$St = \frac{Nu}{RePr} \qquad (3.78)$$

斯坦顿数是一种修正的努塞尔数，可认为是流体实际的换热热流密度与流体可传递最大热流密度之比，得到了斯坦顿数，表面传热系数可表示为

$$h = \frac{Nuk}{L} = \frac{StRePrk}{L} \qquad (3.79)$$

8. j 因子

j 因子的定义为

$$j = StPr^{2/3} \qquad (3.80)$$

j 因子是一种无量纲的表面传热系数，已知 j 因子可以求得表面传热系数。

有了相似准则数，对流换热的实验结果一般可以整理成以下 3 种形式，即

$$Nu = f(Re, Pr) \qquad (3.81)$$

$$St = f(Re, Pr) \qquad (3.82)$$

$$j = f(Re, Pr) \qquad (3.83)$$

需要指出，不同类型的对流换热过程有不同的关联式，同一类型的对流换热过程，参数的范围不同时关联式也不同。有时，即使对流换热的类型相同，参数的范围相同，关联式也可能不同。在选择和应用关联式时应注意以下几点：

（1）根据对流换热的类型和参数的范围选择所需要的关联式。当参数已超越关联式的使用范围时，不能把关联式外推后应用。

（2）按规定方式选取特征温度 T_f。根据特征温度来查取流体的物性参数，特征温度常采用流体的平均温度 T_∞、壁面温度 T_s 和热边界层平均温度 $T_m =$

$(T_\infty + T_\mathrm{s})/2$。

（3）按规定方式选取特征长度 L。不同场合选用的特征长度不同,管内强迫对流时选用导管的内径 d_i,纵掠平壁时选用平壁沿流动方向上的长度 L,横掠单管和管束时选用管道的外径 d_0。

（4）按规定方式计算特征速度 v_c。纵掠平壁时选用主流流速 v_∞,管内强迫流动选用管内流体平均温度下的流动截面平均流速 v_f,横掠单管时选用未流速度 v_0,横掠管束时选用流体平均温度下的管间最大流速 $v_{f_{\max}}$。

（5）正确选用各种修正系数。由于对流换热的复杂性,实验研究时先将一些次要因素忽略,得出实验关联式,然后再由另外的实验分别单独研究这些次要因素的影响,得到各种相应的修正系数对关联式加以修正。例如,管内强迫对流紊流换热,先研究温差 $(t_\mathrm{w} - t_\mathrm{f})$ 较小时长管的对流换热系数,当温差较大时用温度修正系数 c_t,来考虑边界层内温度分布对换热系数 h 的影响。

（6）工程上大多关心整个对流换热面的对流换热量,因此,主要关心平均换热系数 $\bar{h}$。这时特征尺寸取板长或圆管直径,努塞尔数表示为 $\overline{Nu}$。但在计算局部换热时,往往关心局部对流换热系数 h_x。这时平壁的特征尺寸取计算点与换热面前缘处的距离 x,努塞尔数表示为 Nu_x。

下面分强迫对流换热和自然对流换热两部分,讨论常用的对流换热实验关联式。

3.4.2 强迫对流换热的实验关联式

强迫对流换热是液压系统中普遍使用的一种换热形式,强迫对流换热又可分为外部强迫对流换热和内部强迫对流换热。下面就对不同形式的强迫对流换热的实验关联式进行讨论。

1. 流体流过平板的强迫对流换热实验关联式

流体流过长度为 L 平板的强迫对流换热过程如图 3.13 所示。

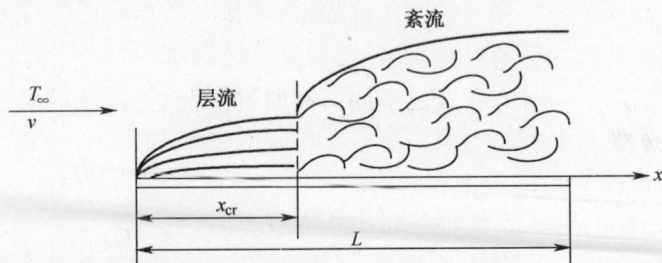

图 3.13　流体流过平板的强迫对流换热

流体以速度 v 和温度 T_∞ 流过平板，在速度附面层的作用下，沿 x 轴方向上流体开始为层流流动，经过 x_{cr} 的距离后流体流动变为紊流。而对于流体而言，层流流动和紊流流动的表面传热系数不同。在传热计算中并不关心平板上某一点的传热系数，而更关心整个平板上传热系数的平均值，所以以下给出的实验关联式为流体在某一状态下或整个换热表面的平均换热系数。

　　流体不同流动状态下，平板强迫对流换热的实验关联式为

　　对于层流，有

$$Nu = \frac{hL}{k} = 0.664\, Re_L^{0.5}\, Pr^{1/3} \qquad Re_L < 5 \times 10^5 \qquad (3.84)$$

　　对于紊流，有

$$Nu = \frac{hL}{k} = 0.037\, Re_L^{0.8}\, Pr^{1/3} \qquad \left. \begin{matrix} 0.6 \leqslant Pr \leqslant 60 \\ 5 \times 10^5 \leqslant Re_L \leqslant 10^7 \end{matrix} \right\} \qquad (3.85)$$

　　当平板的长度 $L \leqslant x_{cr}$ 时，可以采用层流对流换热的实验关联式，当平板的长度足够长，其层流流动阶段可以忽略时，可以采用紊流对流实验关联式。而平板的长度必须同时考虑层流和紊流流动阶段时，整个平板上的平均强迫对流实验关联式为

$$Nu = \frac{hL}{k} = (0.037\, Re_L^{0.8} - 871)\, Pr^{1/3} \qquad \left. \begin{matrix} 0.6 \leqslant Pr \leqslant 60 \\ 5 \times 10^5 \leqslant Re_L \leqslant 10^7 \end{matrix} \right\}$$

$$(3.86)$$

式中：特征长度取平板长度 L；特征温度取流体温度 T_∞。

　　2. 流体外掠流过圆柱和球体的强迫对流换热的实验关联式

　　流体外掠流过圆柱的强迫对流换热的实验关联式可表示为

$$Nu = \frac{hD}{k} = 0.3 + \frac{0.62\, Re^{1/2}\, Pr^{1/3}}{[1 + (0.4/Pr)^{2/3}]^{1/4}} \left[1 + \left(\frac{Re}{282000}\right)^{5/8}\right]^{4/5} \quad RePr > 0.2$$

$$(3.87)$$

式中：特征长度取圆柱直径 D；特征温度取平均温度 $T_m = (T_\infty + T_s)/2$。

　　另外，流体外掠流过不同截面形状的柱状物体的实验关联式还可以整理成以下形式，即

$$Nu = \frac{hD}{k} = C Re^m Pr^n \qquad (3.88)$$

式中，$n = 1/3$，特征长度 D、参数 C 和 m 依据流动情况不同而不同，特征温度取平均温度 $T_m = (T_\infty + T_s)/2$。不同情况下，参数 C 和 m 以及特征长度 D 取值总结如表 3.3 所列。

　　流体外掠流过球体的强迫对流换热的实验关联式可表示为

$$Nu = \frac{hD}{k} = 2 + \left[0.4\,Re^{0.5} + 0.06\,Re^{2/3}\right] Pr^{0.4} \left(\frac{\mu_\infty}{\mu_s}\right)^{1/4} \qquad \binom{3.5 \leqslant Re \leqslant 80000}{0.7 \leqslant Pr \leqslant 380}$$

$$(3.89)$$

式中:特征长度取球体直径 D;特征温度取流体温度 T_∞;μ_s 计算时取球体温度 T_s。

表 3.3　流体外掠流过不同截面形状柱状体的努塞尔数

截面形状	流体	Re 范围	努塞尔数 Nu
圆	空气或液体	0.4~4	$Nu = 0.989Re^{0.330}Pr^{1/3}$
		4~40	$Nu = 0.911Re^{0.385}Pr^{1/3}$
		40~4000	$Nu = 0.683Re^{0.466}Pr^{1/3}$
		4000~40000	$Nu = 0.193Re^{0.618}Pr^{1/3}$
		40000~400000	$Nu = 0.027Re^{0.805}Pr^{1/3}$
正方形	空气	5000~100000	$Nu = 0.102Re^{0.675}Pr^{1/3}$
正方形	空气	5000~10000	$Nu = 0.246Re^{0.588}Pr^{1/3}$
垂直平板	空气	4000~15000	$Nu = 0.228Re^{0.731}Pr^{1/3}$
椭圆	空气	2500~15000	$Nu = 0.248Re^{0.612}Pr^{1/3}$

3. 流体在管道内层流流动的强迫对流换热实验关联式

流体在管道内流动分为层流和紊流两种流动状态,这两种流动状态下换热计算的实验关联式是不同的。而管道的截面形状又可分为圆形截面和非圆形截面,经常使用的是圆形截面的实验关联式。

对于充分发展的层流流动,在不考虑进口段影响下,常见圆形和非圆形截面

66

管道内层流流动的强迫对流换热的努塞尔数总结如表3.4所列。

表3.4 管道内充分发展的层流流动强迫对流换热的努塞尔数

截面形状	a/b 或 θ	Nu	
		T_s 为常数	$\dot{q}_s$ 为常数
圆形	—	3.66	4.36
矩形	1	2.98	3.61
	2	3.39	4.12
	3	3.96	4.79
	4	4.44	5.33
	6	5.14	6.05
	8	5.60	6.49
	∞	7.54	8.24
椭圆	1	3.66	4.36
	2	3.74	4.56
	4	3.79	4.88
	8	3.72	5.09
	16	3.65	5.18
三角形	10°	1.61	2.45
	30°	2.26	2.91
	60°	2.47	3.11
	90°	2.34	2.98
	120°	2.00	2.68

表3.4中，T_s 为常数一栏是在管道温度保持不变的情况下得到的实验关联式，$\dot{q}_s$ 为常数一栏是在管道热流密度不变的情况下得到的实验关联式。表中除圆形截面外，其他界面的特征长度取 $D=4A_s/p$，式中，A_s 为截面面积，p 为截面周长。T_s 为常数时特征温度取流体进出口温度的平均值。

对于需要考虑进口段的圆形管道内的层流流动，T_s 为常数时的实验关联式为

$$Nu = \frac{hD}{k} = 3.66 + \frac{0.065(D/L)RePr}{1+0.04\left[(D/L)RePr\right]^{2/3}} \qquad (3.90)$$

当管壁温度和流体温度相差较大时，需要考虑黏度变化对换热影响时，圆形管道内的层流流动换热实验关联式为

$$Nu = \frac{hD}{k} = 1.86 \left(\frac{RePrD}{L}\right) \left(\frac{\mu_b}{\mu_s}\right)^{0.14} \tag{3.91}$$

式中：特征温度取进出口油液的平均温度；μ_s 计算时取管壁温度。

4. 流体在管道内紊流流动的强迫对流换热的实验关联式

一般认为，当管道内流体的雷诺数 $Re > 10000$ 时，管道内流体处于充分紊流状态，对于光滑管道，紊流流动时的摩擦系数可表示为

$$f = (0.790 \ln Re - 1.64)^{-2} \quad 10^4 < Re < 10^6 \tag{3.92}$$

这样紊流流动的强迫对流换热的实验关联式可表示为

$$Nu = \frac{hD}{k} = 0.125 f \, Re \, Pr^{1/3} \tag{3.93}$$

式(3.93)对于粗糙管道也同样适用。对于充分发展的光滑管内的紊流流动，其摩擦系数可写成以下形式，即

$$f = 0.184 \, Re^{-2} \tag{3.94}$$

那么管道内紊流流动的强迫对流换热实验关联式为

$$Nu = \frac{hD}{k} = 0.023 \, Re^{0.8} \, Pr^{1/3} \quad \left(\begin{matrix} 0.7 \leqslant Pr \leqslant 160 \\ Re > 10000 \end{matrix}\right) \tag{3.95}$$

式(3.95)也可以改造成流体加热或冷却时都适用的形式，即

$$Nu = \frac{hD}{k} = 0.023 \, Re^{0.8} \, Pr^n \tag{3.96}$$

当流体被加热时取 $n = 0.4$，当流体被冷却时取 $n = 0.3$。以上式中特征温度取流体进出管口的平均温度。

采用式(3.96)计算流体与管壁之间的表面换热系数可以将误差控制在25%以内，要想得到更精确的结果可以采用式(3.97)，即

$$Nu = \frac{hD}{k} = \frac{(f/8)(Re - 1000) Pr}{1 + 12.7 (f/8)^{0.5} (Pr^{2/3} - 1)} \quad \left(\begin{matrix} 0.5 \leqslant Pr \leqslant 2000 \\ 3 \times 10^3 < Re < 5 \times 10^6 \end{matrix}\right)$$
$$\tag{3.97}$$

对于管壁温度与流体温度差值较大的情况，需要考虑黏度对换热过程的影响，此时可采用一些修正系数对换热计算结果进行修正。

紊流流动时进口段长度一般小于10倍的管径，进口段对紊流流动换热过程的影响可以忽略不计。紊流流动的换热过程对管道截面形状也不敏感，所以圆形管道得到的实验关联式也可用于非圆形管道的计算，但此时特征长度取 $D = 4A_s/p$，式中，A_s 为截面面积，p 为截面周长。

3.4.3　自然对流换热的实验关联式

在静止状态、无强制散热设备作用下,液压元件、管路与周围空气的换热是一种自然对流换热过程。自然对流换热过程是由流体自身温度场的不均匀引起的,不均匀的温度场可以造成不均匀的密度场,从而引起较轻的流体上升、较重的流体下降的对流流动。自然对流换热过程可分为大空间自然对流换热和有限空间自然对流换热。换热面上边界层的形成和发展不受周围物体干扰时的自然对流换热,称为大空间自然对流换热;否则称为有限空间自然对流换热。大空间和有限空间是相对而言的,只要边界层的形成和发展不受干扰,不论空间的大小如何,其换热仍可按大空间自然对流换热来处理。讨论自然对流换热的实验关联式主要是用于液压元件、管路与周围空气的对流换热计算,所以这里主要讨论大空间自然对流换热计算的实验关联式。

大部分自然对流换热的实验关联式可以写成以下形式,即

$$Nu = \frac{hL}{k} = C\,(GrPr)^n = CRa^n \tag{3.98}$$

式中:$Ra = GrPr$,称为瑞利数;C 和 n 为常数。

1. 竖平板或竖圆柱的自然对流换热实验关联式

竖平板或竖圆柱的自然对流换热情形如图 3.14 所示。

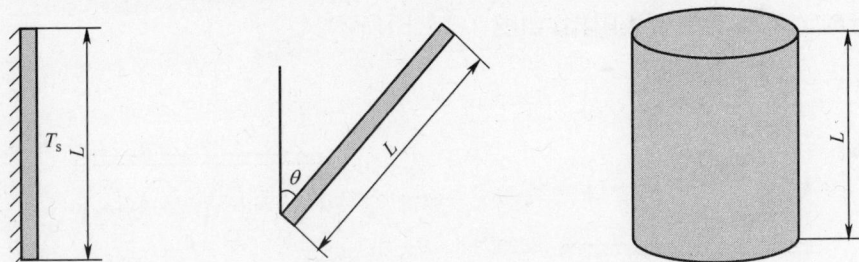

图 3.14　竖平板或竖圆柱的自然对流换热

对于竖直平板,可采用以下公式,即

$$Nu = \frac{hL}{k} = \begin{cases} 0.59\,Ra^{1/4} & 10^4 < Ra < 10^9 \\ 0.11\,Ra^{1/3} & 10^9 < Ra < 10^{13} \end{cases} \tag{3.99}$$

适用于整个瑞利数范围的更精确的公式为

$$Nu = \frac{hL}{k} = \left\{ 0.825 + \frac{0.387\,Ra^{1/6}}{\left[1 + (0.492/Pr)^{9/16}\right]^{8/27}} \right\}^2 \tag{3.100}$$

69

式(3.100)中 L 的取值如图 3.14 所示,特征温度取 $T_f = (T_s + T_\infty)/2$。

对于倾斜的直板,也可采用竖直平板的对流换热关联式,此时 Gr 中的重力加速度 g 应用 $g\cos\theta$ 代替,且适用于 $Ra < 10^9$ 的范围内。

对于竖圆柱,当满足 $D \geqslant \dfrac{35L}{Gr^{1/4}}$ 时,可采用竖直平板对流换热关联式计算。

2. 水平圆柱的自然对流换热实验关联式

水平圆柱的自然对流换热实验关联式可表示为

$$Nu = \frac{hD}{k} = \begin{cases} 0.48\, Ra^{1/4} & 10^4 < Gr < 5.76 \times 10^8 \\ 0.045\, Ra^{0.37} & 5.76 \times 10^8 < Gr < 4.65 \times 10^9 \\ 0.10\, Ra^{1/3} & 4.65 \times 10^9 < Gr \end{cases}$$

(3.101)

适用于整个瑞利数范围内的公式可表示为

$$Nu = \frac{hD}{k} = \left\{ 0.6 + \frac{0.387\, Ra^{1/6}}{\left[1 + (0.559/Pr)^{9/16}\right]^{8/27}} \right\}^2$$

(3.102)

3. 水平平板的自然对流换热实验关联式

水平平板的自然对流换热分两种情况:流体流动不受平板阻挡和流体流动受平板阻挡。当平板上表面加热流体或平板下表面冷却流体,此时流体流动不受平板阻挡,如图 3.15(a)所示。当流体下表面加热流体或流体上表面冷却流体,此时流体流动受平板阻挡,如图 3.15(b)所示。

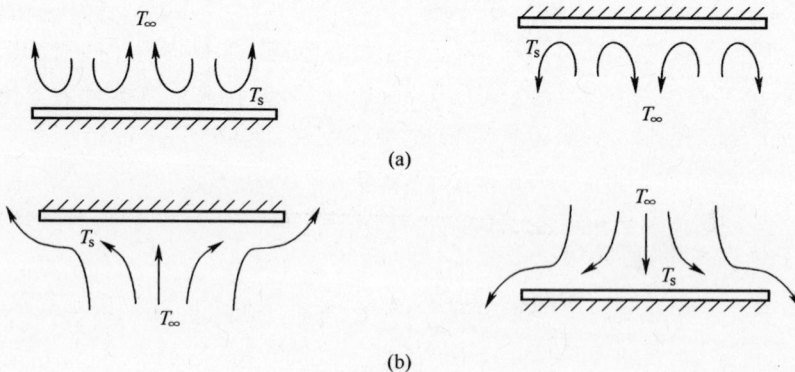

(a)

(b)

图 3.15 水平平板的自然对流换热

流体流动不受平板阻挡时对流换热实验关联式为

$$Nu = \frac{hL}{k} = \begin{cases} 0.54 \, Ra^{1/4} & 10^4 < Ra < 10^7 \\ 0.15 \, Ra^{1/3} & 10^7 < Ra < 10^{11} \end{cases} \qquad (3.103)$$

流体流动受平板阻挡时对流换热实验关联式为

$$Nu = \frac{hL}{k} = 0.27 \, Ra^{1/4} \qquad 10^5 < Ra < 10^{10} \qquad (3.104)$$

以上两式中,特征长度取 $L = A_s/p$,A_s 为平板面积,p 为平板周长。

3.5 辐射换热

物体通过电磁波来传递能量的方式称为辐射。其中因热的原因而发出辐射能的现象称为热辐射。辐射能是依靠电磁波在真空或介质中传播的。从传热的观点看,热辐射也是物体之间能量交换的一种方式,当两物体温度不同时,可以通过热辐射的互相发射和吸收而进行能量的交换,这种换热方式叫做辐射换热。如果两物体温度相同,热辐射现象仍然存在,只不过每个物体在同一时间内放出和吸收的能量相等。液压系统各元件工作过程中和周围环境存在辐射换热现象。

与导热和对流换热相比,辐射换热有其特殊之处。首先,辐射换热是依赖于电磁波来传递能量的,它不需要中间介质,物体之间不接触也能进行辐射换热。其次,物体在辐射换热过程中,不但有能量的传递,即高温物体的能量传向低温物体,而且还有能量形式的转化,即由物体内能转化为辐射能,再由辐射能转化为另一个物体的内能。最后,导热热流或对流热流只与两物体温度差的一次方成正比,而辐射热流与两物体温度差的 3 次方至 5 次方成正比。

热辐射的电磁波波长包括从零到无穷大的范围,称为波谱。而对于一般的工程问题,有实际意义的波长范围为 $0.38\mu m \sim 100\mu m$,而且大部分能量集中于 $0.76\mu m \sim 20\mu m$ 范围内。由于太阳辐射大部分能量集中于 $0.2\mu m \sim 2\mu m$ 范围内,考虑太阳辐射时,热辐射的主要波长范围为 $0.1\mu m \sim 100\mu m$。

3.5.1 黑体和灰体

当热辐射的能量投射到物体表面上时会发生吸收、反射和穿透现象,如图 3.16 所示。

设反射的能量用 G_ρ 表示,吸收的能量用 G_α 表示,穿透的能量用 G_τ 表示,总的入射能用 G 表示,那么有

$$G = G_\rho + G_\alpha + G_\tau \qquad (3.105)$$

两边同除以 G ,有

$$\frac{G_\rho}{G} + \frac{G_\alpha}{G} + \frac{G_\tau}{G} = 1 \qquad (3.106)$$

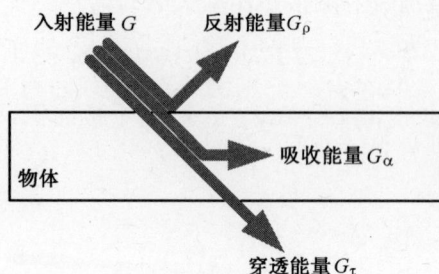

图 3.16　入射能量的反射、吸收和穿透

这样可以定义百分比 $\dfrac{G_\rho}{G}$、$\dfrac{G_\alpha}{G}$、$\dfrac{G_\tau}{G}$ 分别为物体的反射率、吸收率和穿透率，也称为反射比、吸收比和穿透比，分别用 ρ、α、τ 表示，且有

$$\alpha + \rho + \tau = 1 \qquad (3.107)$$

对于固体和液体而言，一般认为辐射能量不能穿透，则有

$$\alpha + \rho = 1 \qquad (3.108)$$

对于气体而言，其反射能量可以忽略，则有

$$\alpha + \tau = 1 \qquad (3.109)$$

将吸收率 $\alpha = 1$ 的物体称为绝对黑体，那么黑体是指能吸收投射到其上的来自空间各个方向、各种波长的全部辐射能量的物体。在自然界并不存在黑体，它仅仅是一个理想的表面。在辐射分析中，常常把物体的辐射与黑体辐射相比较，找出与黑体辐射的偏离，然后加以修正，因此，黑体在辐射分析中有特殊的地位。

实际物体对辐射的吸收能力还与投射辐射的波长分布有关，这是由于实际物体对不同波长的辐射能吸收比不同。设实际物体对于不同波长的吸收率用 α_λ 表示，假设某物体的光谱吸收比 α_λ 虽然小于1，但它是一个不随投射辐射的波长而变化的常数，即 $\alpha = \alpha_\lambda =$ 常数，把这种物体称为灰体。

3.5.2　斯忒藩—玻尔兹曼定律

为了表述黑体表面在一定温度下向外辐射能量的多少，需要采用辐射力的概念。辐射力指单位时间内单位面积向其上半球空间的所用方向辐射出去的全部波长范围内的能量，用 E_b 表示。黑体的辐射力可表示为物体热力学温度的函数，即

$$E_b = \sigma T^4 \qquad\qquad (3.110)$$

式(3.110)即为斯忒藩—玻尔兹曼定律,式中 $\sigma = 5.67 \times 10^{-8}$ W/(m·K^4),称为斯忒藩—玻尔兹曼常数,或黑体辐射常数,T 为热力学温度。

实际物体的辐射力总是小于黑体的辐射力,两者的比值称为实际物体的发射率,或黑度。设实际物体的辐射力用 E 表示,则发射率为

$$\varepsilon = \frac{E}{E_b} \qquad\qquad (3.111)$$

3.5.3　基尔霍夫定律

考虑由一个面积为 A_s 的小物体,其发射率为 ε,吸收率为 α,温度为 T,被一个温度同样为 T 的大空间包围,如图 3.17 所示。

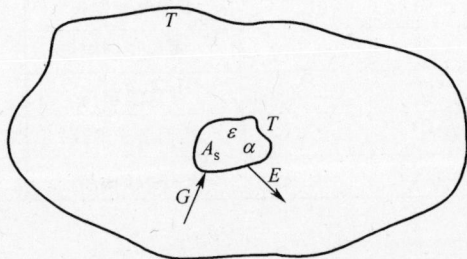

图 3.17　同温度小物体与大空间的辐射换热

对于一个封闭的大型空间,无论空间表面材料的特性如何,辐射经过表面材料的多次反射和吸收后,可认为辐射能完全被吸收。所以,对于一个温度恒为 T 的大型封闭空间,可以认为其是一个黑体。而小物体对它的干扰可以忽略不计。这样大型空间的辐射力可表示为

$$G = \sigma T^4 \qquad\qquad (3.112)$$

那么小物体吸收的辐射力可表示为

$$G_{abs} = \alpha G = \alpha \sigma T^4 \qquad\qquad (3.113)$$

由发射率的定义,小物体发射的能量可表示为

$$E_{emit} = \varepsilon \sigma T^4 \qquad\qquad (3.114)$$

由于小物体处于热平衡状态,则小物体吸收的能量和发射的能量相等,有

$$A_s \alpha \sigma T^4 = A_s \varepsilon \sigma T^4 \qquad\qquad (3.115)$$

那么有

$$\alpha = \varepsilon \qquad\qquad (3.116)$$

式(3.116)可表述为任意物体对黑体投入辐射的吸收比等于同温度下该物

体的发射率,这就是基尔霍夫定律的主要内容,基尔霍夫定律还可以扩展到非热平衡状态,即对于灰体,无论投入辐射是否来自黑体,也无论是否处于热平衡条件,其吸收比恒等于同温度下的发射率。

另外需要注意的是,当计算物体表面对太阳能的吸收时,一般不能把物体作为灰体,即不能把物体在常温下的发射率作为对太阳能的吸收比,此时需要采用材料对太阳辐射的吸收比进行计算。

常用材料的发射率以及对太阳辐射的吸收比见表3.5。

表3.5 常用材料的发射率和对太阳辐射的吸收比

材料表面	发射率 300K	太阳辐射吸收比	材料表面	发射率 300K	太阳辐射吸收比
黑色油漆	0.98	0.98	抛光的铝板	0.03	0.09
白色油漆丙烯酸	0.90	0.26	电极氧化铝板	0.84	0.14
白色油漆氧化锌	0.93	0.16	石英保护层铝板	0.37	0.11
无光泽不锈钢	0.21	0.50	薄金属铝片	0.05	0.15
新的电镀金属薄板	0.13	0.65	镜面磨光的钢	0.05	0.41
氧化的金属薄板	0.28	0.80	生锈表面的钢	0.92	0.89

3.6 辐射换热的计算

辐射换热的计算较为复杂,在数学上辐射换热问题不是采用微分方程而是采用积分方程或积分微分方程描述。如果辐射与导热或对流的作用同时存在,由于不同温度幂的微分项和积分项都出现,因而得出的是非线性积分微分方程,这种方程一般来说求解十分困难,实际工程计算都做了某些简化,采用数值方法求解。由于黑体、灰体、发射率等概念的引进,才使得辐射换热问题的计算大为简化。

辐射换热问题复杂的另一个因素是工程上各种材料的辐射性质比导热计算中所用到的材料物质属性(如导热系数)更难以准确地计算。例如,固体的辐射性质和表面粗糙度、抛光程度、材料纯度、表面覆盖层的厚度、物体的温度以及辐射的波长和辐射方向等因素都有关。

以黑体、灰体、发射率等概念为基础,辐射传热问题的计算发展出了很多简化的方法,如角系数法、网络法等,这里不再对各种方法的原理和使用进行详细的讨论,只给出一些典型情况下辐射换热计算的公式。

1. 大空间包围小物体的辐射换热

大空间包围小物体的情形如图3.18所示。

小物体的表面积为 A_1、温度为 T_1、辐射率为 ε_1，大空间的表面积为 A_2、温度为 T_2、辐射率为 ε_2，这两个表面积之间的辐射换热量可表示为

$$\dot{Q}=A_1\varepsilon_1\sigma(T_1^4-T_2^4) \tag{3.117}$$

2. 无穷大平板间的辐射换热

无穷大平板间的辐射换热情形如图 3.19 所示。

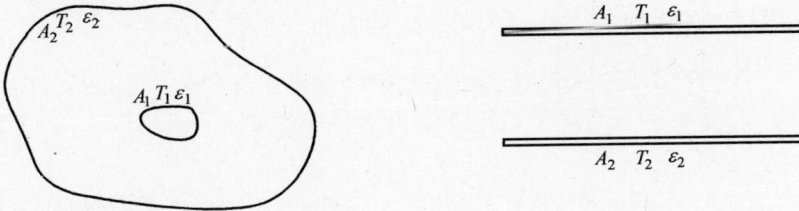

图 3.18　大空间包围小物体的辐射换热计算　　图 3.19　无穷大平板间的辐射换热计算

两个平板的表面积分别为 A_1、A_2，温度分别为 T_1、T_2，辐射率分别为 ε_1、ε_2，设 $A=A_1=A_2$，则两个无穷大平板间的辐射换热量可表示为

$$\dot{Q}=\frac{A\sigma(T_1^4-T_2^4)}{\dfrac{1}{\varepsilon_1}+\dfrac{1}{\varepsilon_2}-1} \tag{3.118}$$

3. 无穷长同心圆柱间的辐射换热

无穷长同心圆柱间的辐射换热情形如图 3.20 所示。

两个圆柱的表面积分别为 A_1、A_2，温度分别为 T_1、T_2，辐射率分别为 ε_1、ε_2，则两个无穷长同心圆柱间的辐射换热量可表示为

$$\dot{Q}=\frac{A_1\sigma(T_1^4-T_2^4)}{\dfrac{1}{\varepsilon_1}+\dfrac{1-\varepsilon_2}{\varepsilon_2}\left(\dfrac{r_1}{r_2}\right)} \tag{3.119}$$

4. 同心球体间的辐射换热

同心球体间的辐射换热情形如图 3.21 所示。

两个球体的表面积分别为 A_1、A_2，温度分别为 T_1、T_2，辐射率分别为 ε_1、ε_2，则两个同心球体间的辐射换热量可表示为

$$\dot{Q}=\frac{A_1\sigma(T_1^4-T_2^4)}{\dfrac{1}{\varepsilon_1}+\dfrac{1-\varepsilon_2}{\varepsilon_2}\left(\dfrac{r_1}{r_2}\right)^2} \tag{3.120}$$

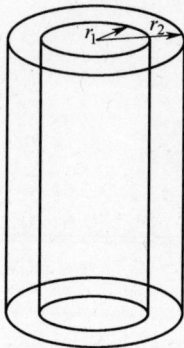

图 3.20　无穷长同心圆柱间的辐射换热计算　　　图 3.21　同心球体间的辐射换热情形

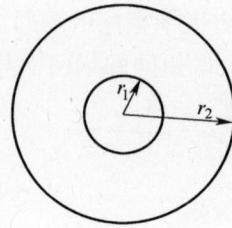

3.7　换热器的热计算

　　液压系统工作过程中会产生热量,当热量引起的系统温度升高不能接受时,就需要采用降温措施,工程上常使用各种形式的换热器对系统进行降温。飞机上常使用的换热器形式有管壳式换热器、管翅式换热器、板翅式换热器等。液压系统所使用的换热器一般工作温度较低,属于低温换热器,常采用传热单元数法进行设计和计算。这里主要讨论传热单元数法的原理和计算方法,并给出几种典型换热器的传热单元数计算公式。

3.7.1　换热器计算的效能—传热单元数法

　　定义换热器的效能为换热器实际换热率与最大可能换热率的比值,用 ε 表示,则有

$$\varepsilon = \frac{\dot{Q}}{\dot{Q}_{\max}} \tag{3.121}$$

而实际换热率可由热边流体或冷边流体的温差表示,即

$$\dot{Q} = \dot{m}_c C_{pc}(T_{c,out} - T_{c,in}) = \dot{m}_h C_{ph}(T_{h,in} - T_{h,out}) \tag{3.122}$$

式中:$\dot{m}_c$ 为冷边流体的质量流量;C_{pc} 为冷边流体的比热容;$T_{c,out}$、$T_{c,in}$ 分别为冷边流体的出口温度与进口温度;$\dot{m}_h$ 为热边流体的质量流量;C_{ph} 为热边流体的比热容;$T_{h,out}$、$T_{h,in}$ 分别为热边流体的出口温度与进口温度。

最大可能换热率可表示为

$$\dot{Q}_{\max} = C_{\min}(T_{h,in} - T_{c,in}) \tag{3.123}$$

式中：$C_{\min} = \min(\dot{m}_c C_{pc}, \dot{m}_h C_{ph})$。

最大可能换热率只表示了换热器最大可能达到的换热效果，在实际的换热过程中是不可能实现的。计算最大可能换热率需已知冷、热流体的进口温度、冷热流体的质量流量及比热容。而这些量在换热器计算中一般都是已知量。这样，在已知换热器的效能后，实际的换热量可表示为

$$\dot{Q} = \varepsilon \dot{Q}_{\max} = \varepsilon C_{\min}(T_{h,in} - T_{c,in}) \tag{3.124}$$

换热器的效能与换热器的几何构造、冷热边流体的流动形式有关，不同形式的换热器具有不同效能关系。

设总的传热系数为 U，换热面积为 A_s，定义传热单元数为 NTU，则 NTU 可表示为

$$NTU = \frac{UA_s}{C_{\min}} \tag{3.125}$$

另外，定义 c 为最小流量比热容与最大流量比热容的比值，即

$$c = \frac{C_{\min}}{C_{\max}} \tag{3.126}$$

那么换热效能可以写成传热单元数 NTU 和 c 的函数，即

$$\varepsilon = f(NTU, c) \tag{3.127}$$

大部分换热器的换热效能 ε 与 NTU 和 c 的函数关系已通过分析方法得到，可以直接使用。在校核计算中，已知换热器冷边和热边进口温度、流量比热容、换热器的几何参数，可以求得换热器的 NTU 和 c，从而得到换热器的效能 ε，计算出换热器的实际换热量和冷边与热边的出口温度。在设计计算中，已知换热器冷边和热边的进口温度、流量比热容、冷边或热边一边的出口温度、换热器的几何形式，可以求得换热器的换热效能 ε 和 c，从而得到换热器的传热单元数 NTU，进而确定换热器的几何参数。

不同类型换热器的总传热系数 U 和换热面积 A_s 的计算都不相同，可参考相关换热器设计的资料，这里不再讨论。

3.7.2　典型换热器的传热单元数方程

液压系统中常见的换热器为管壳式换热器、管翅式换热器和板翅式换热器，这些换热器的传热单元数方程已经得到，可以直接查找使用。

校核计算中常使用的换热效能方程如表 3.6 所列。

设计计算中常使用的传热单元数方程如表 3.7 所列。

表 3.6　校核计算中常用的换热效能方程

换热器形式	换热效能方程
套管式换热器：顺流	$\varepsilon = \dfrac{1 - \exp\left[-\text{NTU}(1+c)\right]}{1+c}$
套管式换热器：逆流	$\varepsilon = \dfrac{1 - \exp\left[-\text{NTU}(1-c)\right]}{1 - c\exp\left[-\text{NTU}(1-c)\right]}$
管壳式换热器：1 壳程，2，4，…管程	$\varepsilon = 2\left\{1 + c + \sqrt{1+c^2}\,\dfrac{1 + \exp\left[-\text{NTU}\sqrt{1+c^2}\right]}{1 - \exp\left[-\text{NTU}\sqrt{1+c^2}\right]}\right\}^{-1}$
管壳式换热器：n 壳程，$2n$，$4n$，…管程（式中，ε_1 为 1 壳程，2，4 管程对应公式）	$\varepsilon = \left[\left(\dfrac{1-\varepsilon_1 c}{1-\varepsilon_1}\right)^n - 1\right]\left[\left(\dfrac{1-\varepsilon_1 c}{1-\varepsilon_1}\right)^n - c\right]^{-1}$
交叉流换热器：流体都不混合	$\varepsilon = 1 - \exp\left\{\dfrac{\text{NTU}^{0.22}}{c}\left[\exp(-c\,\text{NTU}^{0.78}) - 1\right]\right\}$
交叉流换热器：$C_{\max}$ 混合，$C_{\min}$ 不混合	$\varepsilon = \dfrac{1}{c}\left\langle 1 - \exp\left\{1 - c\left[1 - \exp(-\text{NTU})\right]\right\}\right\rangle$
交叉流换热器：$C_{\max}$ 不混合，$C_{\min}$ 混合	$\varepsilon = 1 - \exp\left\{-\dfrac{1}{c}\left[1 - \exp(-c\,\text{NTU})\right]\right\}$

表 3.7　设计计算中常用的传热单元数方程

换热器形式	传热单元数方程
套管式换热器：顺流	$\text{NTU} = -\dfrac{\ln\left[1 - \varepsilon(1+c)\right]}{1+c}$
套管式换热器：逆流	$\text{NTU} = \dfrac{1}{c-1}\ln\left(\dfrac{\varepsilon-1}{\varepsilon c-1}\right)$
管壳式换热器：1 壳程，2，4，…管程	$\text{NTU} = -\dfrac{1}{\sqrt{1+c^2}}\ln\left(\dfrac{2/\varepsilon - 1 - c - \sqrt{1+c^2}}{2/\varepsilon - 1 - c + \sqrt{1+c^2}}\right)$
交叉流换热器：$C_{\max}$ 混合，$C_{\min}$ 不混合	$\text{NTU} = -\ln\left[1 + \dfrac{\ln(1-\varepsilon c)}{c}\right]$
交叉流换热器：$C_{\max}$ 不混合，$C_{\min}$ 混合	$\text{NTU} = -\dfrac{\ln\left[c\ln(1-\varepsilon) + 1\right]}{c}$

参 考 文 献

[1] Yunus A Cengel. Heat Transfer：A Practical Approach[M]. McGraw-Hill Companies，Inc，2003.

[2] 陶文铨. 传热学[M]. 西安：西北工业大学出版社，2006.

[3] 杨世铭，陶文铨. 传热学[M]. 北京：高等教育出版社，2006.

[4] 侯增祺，胡金刚. 航天器热控制技术[M]. 北京：中国科学技术出版社，2007.

第4章 飞机平台诱发环境温度的
建模与仿真

飞机液压系统所处的环境温度是飞机平台的诱发环境温度,飞机平台的诱发环境温度是进行液压系统热特性仿真的基础,也是液压系统热特性研究的主要内容。本章主要讨论飞机平台诱发环境温度的建模与仿真方法。在分析影响飞机平台诱发环境温度主要因素的基础上,以相似传热结构思想为指导,建立不同相似传热结构的热特性模型。对不同类型的飞机进行温度相似区域的划分,建立全机的诱发环境温度的仿真模型。对仿真计算过程中涉及的蒙皮温度计算、外部自然环境条件等主要问题进行讨论,最后对飞机整机的诱发环境温度建模与仿真进行案例研究。

4.1 飞机平台诱发环境温度概述

4.1.1 飞机平台的诱发环境

在自然界中由非人为因素构成的那部分环境称为自然环境[1],其中的温度环境因素称为自然环境温度[2]。任何人为活动、平台、其他设备或设备自身产生的局部环境称为诱发环境[1],对应的环境温度称为诱发环境温度。飞机无论是在地面停放还是在空中飞行,其无时无刻不处于一种自然环境之中,受多种环境因素的影响,如空气温度、压力、密度、太阳辐射强度、风速等,这些自然环境因素对飞机及其各系统的工作都会产生影响,飞机液压系统作为飞机的子系统也同样受到这些环境因素的作用。

飞机液压系统处于飞机内部,被飞机蒙皮包裹,作用其上的环境因素已经是一种经过飞机平台自身改变了的环境因素,即一种诱发环境因素。如液压系统各元件所处的环境温度不再是飞机所在位置自然的地面或空中气温,而是受多种因素影响而产生的温度,这些影响因素包括自然空气温度、飞机飞行速度、太阳辐射强度、飞机结构、飞机自身的工作状态等。可以说自然环境只是诱发环境的一个重要影响因素,而液压系统所处的环境条件是多重因素影响的一种综合结果,研究飞机平台的诱发环境条件对研究液压系统的热特性才具有真正的意义。

飞机液压系统一般完全在飞机蒙皮包裹之下,不会受太阳辐射的直接影响,除密封舱外,其所处环境的空气压力和空气密度与自然环境相比变化不大,而环境温度受飞行速度、飞机工作状态、太阳辐射强度等多种因素的影响,与自然环境温度的差别较大,应该重点关注并进行研究。

4.1.2　飞机平台诱发环境温度的获得方法

飞机平台诱发环境温度的获得一般来说有 3 种方法:一是对实际平台进行温度测量;二是利用相似平台的测量数据经过分析修正得到;三是采用建模和仿真的方法得到。

在实际工程问题中,采用实际飞机平台温度的测量数据无疑是最可靠和准确的数据来源,但在实际运用过程中却存在诸多的困难,主要表现在以下方面:

(1) 在飞机设计之初或设计过程中,需要对飞机液压系统的热特性进行计算和分析,从而确定设计的合理性以及应该采取的必要的改进措施,而此时往往并没有实体飞机平台可供测量,从而得到温度数据,需要采用别的方法获得。

(2) 飞机平台诱发环境温度受多种因素的影响,对于特定型号的飞机平台,在传热结构等不变的情况下,还受到飞行速度、高度、外部自然环境因素、各系统工作状态等影响。面对多种影响因素,要想通过实测的方法得到不同环境因素对平台诱发环境温度的影响规律是非常困难的,需要进行大量的实验测量工作,在成本和可行性上都存在诸多困难。

采用相似飞机平台的实测数据进行统计学上的分析和研究,经过一定的修正得到新型飞机平台的诱发环境温度是确定平台诱发环境温度的另一种方法。值得关注的是,我国在"九五"和"十五"期间就分别开展了飞机平台环境数据采集和处理技术以及飞机平台环境数据采集处理与应用技术的研究,利用实测的平台环境温度与飞行高度、马赫数、蒙皮面积等参数进行相关性分析,建立温度预计模型,并在国内首次建立了飞机任务—环境数据库。这种相似平台实测的方法其数据来源于实测,具有较高的可信度。但相关性分析的方法只是一种统计学规律的反映,不能反映各因素之间实际的物理关系,对于某一特定飞机平台,使用相似平台诱发环境温度的关联式时带有很多的经验性质。另外,飞机平台诱发环境温度的飞机任务-环境数据库还需要进一步的充实和完善,来满足不同类型、不同型号飞机设计的需要。

建模和仿真是得到飞机平台诱发环境温度的另一种有效方法,特别对于在研的飞机,在没有实际平台或相似平台的情况下,这种方法就显得尤为重要。通过建模和仿真的方法可以对在研飞机平台建立仿真模型,模型能反映不同影响因素相互作用的实际物理过程,对于不同影响因素的分析和计算只需要改变相应参数即可。但建模和仿真也存在一些不足,主要表现在:① 影响飞机平台诱发环境温度的因素较多,建模过程中很难将所有因素考虑在内;② 有些物理作用的详细过程很难用数学方法描述和求解,只能采用近似计算的方法。因此采用建模和仿真的方法要尽量将影响平台诱发环境温度的主要因素考虑在内,而且模型最好经过已有的实测数据的检验。

目前,对飞机平台诱发环境温度建模和仿真的研究主要集中在飞机电子吊舱和座舱这两个区域,而对全机进行诱发环境温度建模和仿真研究的较少。采用的方法大致可分为集中参数法和CFD法两种。相比于集中参数法,CFD法具有更高的建模精度,能反映更加精细的传热和换热过程。但CFD模型的建立、求解等都比较困难,对于全机的诱发环境温度建模和仿真问题就不太适用。本书采用集中参数方法来建立飞机平台全机的诱发环境温度的仿真模型。

4.2 飞机平台诱发环境温度的建模

4.2.1 影响飞机平台诱发环境温度的因素分析

影响飞机平台诱发环境温度的因素很多,在飞机所处的自然环境方面有飞行地区、季节、昼夜等;在结构方面有飞机内外蒙皮绝热层的厚度、框架材料及尺寸、表面材料的面积等;在飞行状态方面有飞行高度、飞行速度等;其他方面有发动机工作状态、飞机环境控制系统工作状态等。通过对几种大型客机、运输机等大型飞机平台及战斗机等小型飞机平台的结构、使用、传热进行分析,影响飞机平台诱发环境温度的主要因素有以下几个:

1. 飞机所处的自然环境温度

自然环境温度是进行飞机平台诱发环境温度计算的基础,也是影响飞机平台诱发环境温度最重要的因素之一。自然环境温度随飞机空间位置的变化急剧地变化,对于空中飞行的飞机要认真考虑因飞行高度变化而引起的自然环境温度变化。

2. 飞机蒙皮外部或直接暴露于空气中的液压附件处的空气速度

飞机地面停放过程中,在有风的情况下,蒙皮会同周围空气进行强迫对流换热,换热系数较大。而无风状态下,蒙皮同周围环境进行自然对流换热,换热系数较小。在空中飞行过程中,空气与蒙皮的摩擦会产生热量,较高的飞行速度会使蒙皮附近的空气产生较高的滞止温度,使蒙皮温度升高。蒙皮的温度直接影响到飞机内部各舱室内的空气温度和舱室内元件的辐射换热过程,所以在进行平台诱发环境温度建模过程中应认真考虑空气速度的影响。

3. 太阳辐射强度

太阳辐射直接作用于飞机蒙皮上,给飞机蒙皮加热,特别是在地面停放过程中,太阳辐射是蒙皮温度升高的主要热源,对于各舱室的诱发环境温度影响较大。空中飞行过程中,由于蒙皮与空气存在较强的强迫对流换热过程,太阳辐射的影响显得较小。

4. 液压附件同环境的辐射换热条件

辐射换热过程也是液压附件与周围环境之间的主要换热过程之一,特别对于安装于高温设备附近的液压附件,如发动机舱内的液压附件,辐射作用就显得更为重要。辐射换热过程和很多因素有关,这里统称为辐射换热条件。

5. 液压附件所处舱室的结构

不同结构的舱室具有不同的传热特点和规律,如封闭系统主要考虑传热过程和环境控制系统的作用。而对于半封闭的系统,考虑传热的同时还要考虑传质引起的温度变化。对于开放系统,可认为与外部自然环境没有显著差别。所以针对不同类型的舱室特点需要采用不同的数学模型描述。

6. 液压附件所处舱室结构的材料物理特性

材料的物理特性对传热过程会产生较大影响,主要表现在导热系数、比热容和表面发射率上。对于不同材料如金属和非金属其导热系数相差很大,对结构的导热过程会产生较大影响,不同材料比热容的差异对温度的动态变化过程影响较大。

7. 飞机工作状态参数

飞机工作状态参数如飞行高度、速度、发动机工作状态等。飞行高度直接影响到飞机平台所处位置的自然环境温度,飞行速度直接决定了空气在蒙皮表面的滞止温度,发动机的工作状态对发动机舱内的液压附件换热会产生较大影响,另外还有一些别的工作状态参数对飞机平台诱发环境温度都会产生较大影响。

8. 飞机环境控制系统的工作状态

环境控制系统的工作目的就是控制某一区域的环境条件,所以在有环境控制系统作用的舱室内,环境温度由环境控制系统的工作状态决定,在飞机平台诱发环境温度建模过程中应该加以考虑。

9. 飞机其他相关系统的工作状态

飞机液压系统中经常使用到燃油-液压油散热器,所以燃油系统的工作对液压系统也会产生影响。另外,电子设备的工作会影响到舱室的环境温度变化,所以飞机其他相关系统的工作状态在飞机平台诱发环境温度建模过程中也应该考虑在内。飞机其他相关系统的工作状态较为复杂,为了简化问题,在考虑这些系统影响时依据一定的假设条件可进行简化处理。

4.2.2 飞机平台诱发环境温度建模方法

上节讨论了影响飞机平台诱发环境温度的主要因素,现在讨论采用集中参数方法建立飞机平台诱发环境温度模型的方法。

飞机作为航空工业的最终产品,其结构非常复杂,系统关联性很强,且对于不同类型的飞机,其结构、飞行任务剖面等也存在很大的差异。虽然集中参数方法可以很大程度上简化要处理的问题,但面对飞机平台这样的复杂结构,采用集中参数方法建立全机的诱发环境温度模型还是存在一些困难。主要表现在:①飞机结构非常复杂,整个飞机所包含的元器件、附件数量庞大;②描述这些复杂结构传热特性所涉及的参数较多;③飞机的工作状态变化较多,不同的工作状态使得传热计算参数变化较大。

在建立飞机平台诱发环境温度数学模型过程中,就需要重点考虑解决以上问题。另外,所建立的模型应该对不同飞机及其不同任务剖面具有较强的适应性,所建立的模型还应该具有模块化的特点,这样在面对不同机型、不同任务剖面的飞机平台诱发环境温度建模时,进行模块的选择、应用和参数设置就可以完成整个系统的建模过程。

基于以上考虑,这里提出一种相似传热结构的思路来建立全机的诱发环境温度仿真模型。在对客机、运输机等大型飞机和战斗机等小型飞机的结构、传热特点分析中发现,虽然各种类型飞机在使用目的、几何尺寸等上存在很大差异,但一些机体结构的传热过程表现出很大的相似性。如机翼结构,一般都由梁架、桁条、蒙皮组成,整个机翼一般都为扁平结构,机翼表面和空气存在很强的对流换热过程,机翼中一般存在舵机、作动筒等液压元件。这样,可以建立具有典型特点的机翼结构热特性数学模型,用于机翼部位诱发环境温度的仿真计算。对于不同类型和尺寸的飞机机翼,在确定某一区域诱发环境温度基本相同的情况下,只需选用对应结构的仿真模块,更改仿真参数来完成仿真。

以相似传热结构思想为基础的飞机平台的诱发环境温度建模方法,如图4.1所示。

在建模过程中,首先分析飞机全机传热结构,得到液压系统附件所处舱室的传热结构特点和影响传热的主要因素,依据传热结构的特点对不同传热结构进行分类,并建立各传热结构通用的模块化模型,然后将平台诱发环境温度基本相同的舱室划分为一个区域,称为温度相似区域划分,得到飞机平台的温度相似区域,在此基础上,对于环境温度相同的区域选用对应结构的热特性通用模型,从而建立全机的平台诱发环境温度模型。

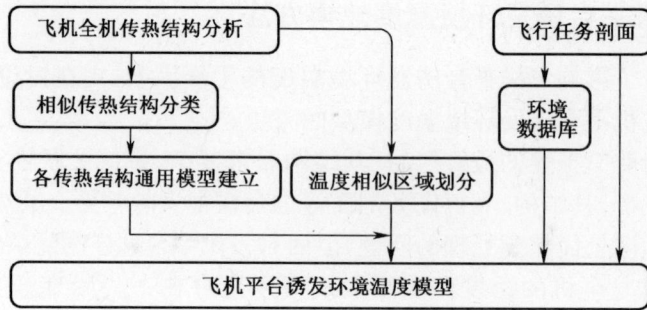

图 4.1　飞机平台诱发环境温度建模方法

另外,需要分析飞行任务剖面,由飞行任务剖面中的飞行高度等信息结合环境数据库得到自然环境条件和飞行状态参数,作为飞机平台诱发环境温度模型的自然环境条件和状态参数。

4.2.3　飞机平台相似传热结构分类

飞机任何区域的传热结构都可以认为是蒙皮、结构件、设备和空气组成的综合传热体,通过对飞机传热结构的分析,认为飞机局部传热结构具有一定的相似性,将飞机相似的传热结构进行分类。飞机相似传热结构可分为以下5类:

1. 翼形舱结构

翼形舱结构如飞机机翼、升降舵、方向舵等的传热结构,其主要特点为传热结构较为扁平,由蒙皮同外部空气分隔,蒙皮直接和外部空气进行换热,内部由梁架或衍条支撑,翼形舱结构内温度变化不大。

2. 环形舱结构

环形舱结构如大型飞机机身段、大型飞机发动机吊舱、小型飞机机身段等。其主要特点为传热结构为环形筒状,由蒙皮和壁板将内部空间同外部分开,蒙皮由梁架或桁条支撑,在整个筒状环形舱轴向上温度变化不大,环形舱结构因内壁传热形式的不同又可分为3种。

(1)内壁恒温环形舱。如大飞机客舱或货舱机身段、小飞机座舱段,由于环境控制系统的作用,可以认为其内壁温度不变。

(2)内壁有热源环形舱。如大飞机发动机舱段、小飞机发动机机身段,其内壁包裹发动机,存在热源,不断给舱室加热。

(3)内壁气动加热环形舱。如小飞机进气道机身段,其内壁处空气高速流动产生气动加热作用。

3. 大舱室结构

大舱室结构如飞机中较大的设备舱。其主要特点是传热结构为大型容腔，内部安装有较多设备，由蒙皮或壁板将内部空间与外部分开，蒙皮或壁板由梁架或桁条支撑，内部设备工作过程中产生一定的热量，大舱室结构还可分为有空气调节和无空气调节两种。

4. 开启舱结构

开启舱结构如飞机起落架舱、减速板舱。其主要特点为传热结构可变化，舱室打开和舱室关闭时传热结构不同，且舱室关闭时内部不密封，舱室同外界有质量交换。

5. 热防护结构

热防护结构如飞机喷口调节作动筒外防护结构。其主要特点为传热结构具有较强的热防护作用，对外界辐射换热进行阻挡，并采用对流换热降低作动筒周边空气温度。

大型飞机平台相似传热结构如图 4.2 所示，小型飞机平台相似传热结构如图 4.3 所示。

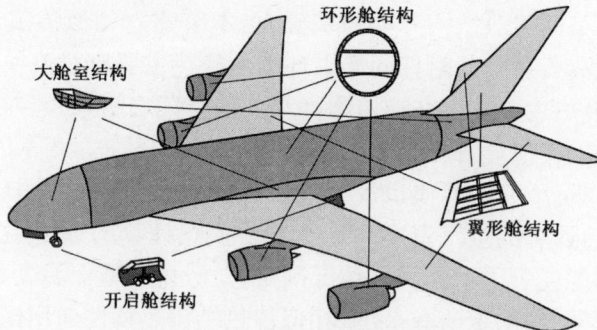

图 4.2　大型飞机平台的相似传热结构

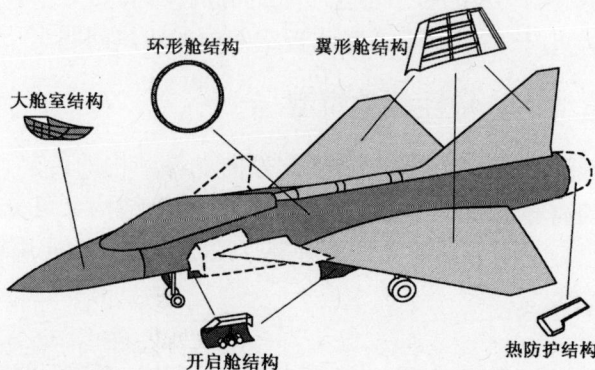

图 4.3　小型飞机平台的相似传热结构

飞机平台相似传热结构分类和典型位置说明如图 4.4 所示。

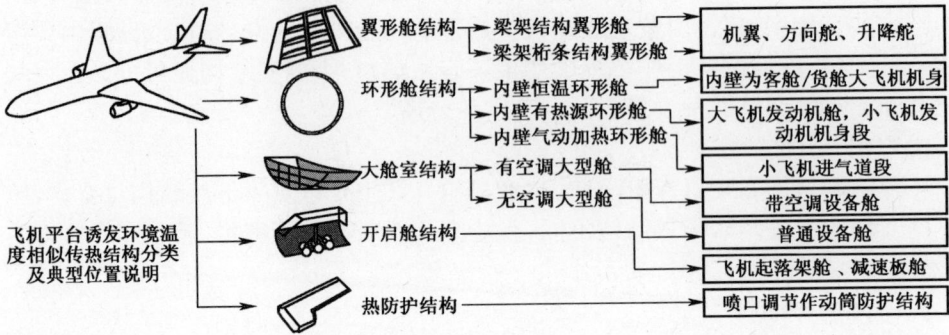

图 4.4　飞机平台相似传热结构分类和典型位置说明

4.3　相似传热结构热特性通用模型

　　在得到飞机相似传热结构分类的基础上,本节建立相似传热结构热特性的通用模型。飞机液压系统各附件同周围环境的换热主要有对流换热和辐射换热两种形式,对流换热主要发生在液压附件与周围空气之间,而辐射换热主要发生在液压附件与周围其他设备元件和机体结构之间,如蒙皮、梁等,空气在辐射换热中的作用可以不计。这样,飞机平台诱发环境温度建模过程中应得到两个温度:进行对流换热计算的空气温度和进行辐射换热计算的辐射温度。进行辐射换热计算的辐射温度可以根据实际情况确定,一般采用壁板温度、蒙皮温度等。

　　为简化物理问题,限定研究范围,相似传热结构热特性通用模型建立时作以下假设:

　　(1) 空气温度小于 1667K,不考虑空气的分离作用。

　　(2) 飞行高度小于 20km,不考虑临近空间内的传热问题。

4.3.1　翼形舱结构热特性数学模型

　　翼形舱结构适用于飞机机翼、升降舵、方向舵等结构的传热计算,液压系统的一些管路、作动筒等常分布于这些结构中。翼形舱结构又可分为梁架翼形舱和梁架桁条翼形舱,下面分别建立这两种翼形舱结构热特性通用模型。

　　1. 梁架翼形舱

　　1) 物理模型

　　梁架翼形舱结构如图 4.5 所示,主要由上表面蒙皮、下表面蒙皮和梁架组成。

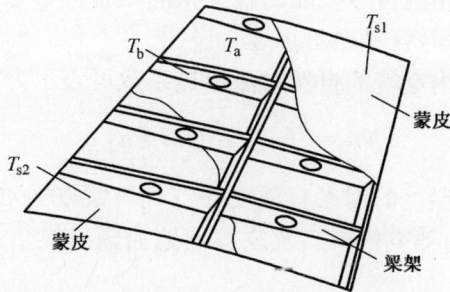

图 4.5　梁架翼形舱结构示意图

为简化问题，便于数学处理，在保证实际问题基本特点的前提下作以下假设：

（1）所选区域的各处温度在水平方向上无差异。

（2）翼形舱内梁架的温度处处相同。

（3）不考虑翼形舱内部蒙皮间辐射换热过程。

（4）不考虑翼形舱内除结构件之外的其他设备对换热的影响。

2）数学模型

由于飞机蒙皮为薄壁结构，且材料的导热系数一般较高，根据第（1）条假设不考虑蒙皮厚度方向上和长度方向的传热，认为蒙皮温度处处相同。影响上表面蒙皮温度的因素有蒙皮外空气与蒙皮的对流换热、太阳辐射传给蒙皮的辐射热流、蒙皮向内部梁架导热、蒙皮与内部空气换热以及蒙皮向天空辐射换热。上表面蒙皮的瞬态热平衡方程可表示为

$$C_{ps}m_{s1}\frac{\mathrm{d}T_{s1}}{\mathrm{d}t} = h_o A_s(T_e - T_{s1}) + \alpha_s \alpha q_s A_s - k_1 A_b(T_{s1} - T_b)$$

$$- h_{in1}A_r(T_{s1} - T_a) + \varepsilon_s \sigma A_s(T_{s1}^4 - T_{sky}^4) \qquad (4.1)$$

式中：C_{ps} 为蒙皮材料的比热容；m_{s1} 为蒙皮质量；h_o 为空气与蒙皮的对流换热系数；A_s 为蒙皮面积；α_s 为蒙皮材料对太阳辐射的吸收比；α 为蒙皮投影面积与表面积之比；q_s 为太阳辐射强度；k_1 为梁架材料的导热系数；A_b 为导热面积；h_{in1} 为蒙皮与内部空气的对流换热系数；A_r 为蒙皮与内部空气的换热面积；ε_s 为蒙皮材料的发射率；T_{sky} 为空间有效辐射温度；T_{s1}、T_{s2}、T_a、T_b 分别为上表面蒙皮温度、下表面蒙皮温度、结构内空气温度、梁架温度（图 4.5）；T_e 为空气的恢复温度。

关于空气恢复温度的计算和蒙皮详细热特性的计算会在 4.5 节中作详细介绍。空间有效辐射温度在高空可取 $T_{sky} = 0\mathrm{K}$，海平面可取 $T_{sky} = 228\mathrm{K}$。在本

节以下的讨论过程中相同符号代表的含义相同,不再一一说明,对于在第 3 章中已讨论过的公式,其符号含义也不再逐一说明。

上表面蒙皮同舱内空气的自然对流换热系数可表示为

$$Nu = \frac{h_{in1} L}{k} = 0.27 \, Ra_L^{1/4} \tag{4.2}$$

影响下表面蒙皮温度的因素有蒙皮外空气与蒙皮的对流换热、蒙皮向内部梁架的导热、蒙皮与内部空气换热及蒙皮向地面辐射换热。下表面蒙皮的瞬态热平衡方程可表示为

$$C_{ps} m_{s2} \frac{\mathrm{d} T_{s2}}{\mathrm{d} t} = h_o A_s (T_e - T_{s2}) - k_1 A_b (T_{s2} - T_b)$$
$$- h_{in2} A_r (T_{s2} - T_a) + \varepsilon_s \sigma A_s (T_{s2}^4 - T_g^4) \tag{4.3}$$

式中:m_{s2} 为蒙皮质量;h_{in2} 为蒙皮与内部空气的对流换热系数;T_g 为地面有效辐射温度。

地面的有效辐射温度可取地球表面平均温度或其他值,地球表面平均温度为 288K。

下表面蒙皮同舱内空气的自然对流换热系数可表示为

$$Nu = \frac{h_{in2} L}{k} = \begin{cases} 0.54 \, Ra_L^{1/4} & 10^4 \leqslant Ra_L < 10^7 \\ 0.15 \, Ra_L^{1/3} & 10^7 \leqslant Ra_L < 10^{11} \end{cases} \tag{4.4}$$

影响梁架温度的因素有上表面蒙皮向梁架的导热量、下表面蒙皮向梁架的导热量、梁架向内部空气的散热量。梁架的瞬态热平衡方程可表示为

$$C_{pb} m_b \frac{\mathrm{d} T_b}{\mathrm{d} t} = k_1 A_b (T_{s1} - T_b) + k_1 A_b (T_{s2} - T_b) - h_b A_v (T_b - T_a) \tag{4.5}$$

式中:C_{pb} 为梁架材料的比热容;m_b 为梁架质量;h_b 为梁架与空气的自然对流换热系数;A_v 为换热面积。

梁架与内部空气的换热系数可采用垂直平板传热系数方程计算,即

$$Nu = \frac{h_b L}{k} = \left\{ 0.825 + \frac{0.387 \, Ra_L^{1/6}}{[1 + (0.492/Pr)^{9/16}]^{8/27}} \right\}^2 \tag{4.6}$$

影响内部空气温度的因素有梁架传给空气的热量、上表面蒙皮传给空气的热量、下表面蒙皮传给空气的热量。内部空气的瞬态热平衡方程可表示为

$$C_{pa} m_a \frac{\mathrm{d} T_a}{\mathrm{d} t} = h_b A_v (T_b - T_a) + h_{in1} A_r (T_{s1} - T_a) + h_{in2} A_r (T_{s2} - T_a) \tag{4.7}$$

式中:C_{pa} 为空气比热容;m_a 为空气质量。

88

2. 梁架桁条翼型舱

梁架桁条翼形舱如图 4.6 所示,主要由上表面蒙皮、下表面蒙皮、梁架和桁条组成。

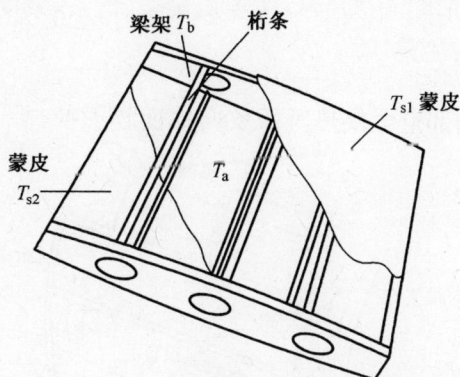

图 4.6 梁架桁条翼形舱结构示意图

梁架桁条翼形舱传热计算原理同梁架翼形舱传热计算原理基本相同,主要区别在于:

(1) 桁条温度同蒙皮温度相同,将桁条的热容计入蒙皮的热容中。

(2) 蒙皮与内部空气的换热系数计算时考虑桁条的肋效应。

考虑肋效应时蒙皮与内部空气的换热热流可表示为

$$\dot{Q} = h_{in} A_r \eta (T_s - T_a) \tag{4.8}$$

式中: h_{in} 为蒙皮内表面与空气的对流换热系数; A_r 为考虑肋片的总传热面积; η 为肋效率; T_s 为蒙皮温度。

肋效率可表示为

$$\eta = \frac{\tanh(m_f L)}{m_f L} \tag{4.9}$$

$$m_f = \sqrt{\frac{2h_{in}}{\delta k}} \tag{4.10}$$

式中: L 为肋片高度; δ 为肋片厚度; k 为肋片材料的导热系数。

4.3.2 环形舱结构热特性数学模型

飞机液压系统很多附件都处于环形舱结构中,如小飞机包裹发动机的机体结构、包裹进气道的机体结构、大飞机包裹客舱和货舱的机体结构、大飞机发动机舱结构。环形舱结构按不同的情况可分为 3 种:内壁恒温环形舱、内壁加热环形舱、内壁气动加热环形舱。

1. 内壁恒温环形舱

1) 物理模型

内壁恒温环形舱如图 4.7 所示,主要由梁架、桁条、蒙皮、内壁和舱内设备组成,内壁面上一般设有绝热层。

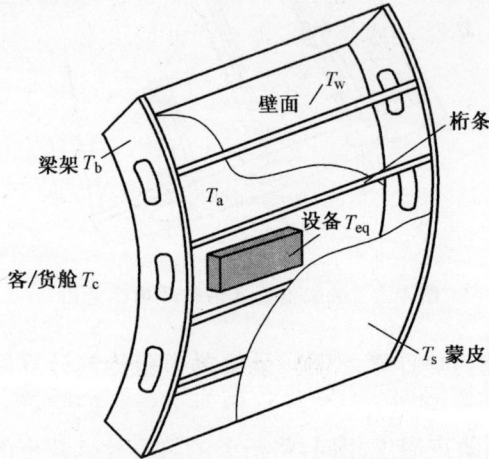

图 4.7　内壁恒温环形舱结构示意图

为简化问题,便于数学处理,在保证实际问题基本特点前提下作以下假设:

(1) 所选区域结构温度在水平方向上无差异。

(2) 舱内梁架温度处处相同。

(3) 不考虑舱内壁面之间的辐射换热过程。

(4) 舱内设备温度处处相同,采用集中参数方法处理。

2) 数学模型

影响蒙皮温度的因素有外界大气传给蒙皮的热量、太阳辐射传给蒙皮的热量、蒙皮向框架的导热量、蒙皮同内部空气的换热量、蒙皮同外界环境的辐射换热量。蒙皮的瞬态热平衡方程可表示为

$$
\begin{aligned}
C_{ps} m_s \frac{dT_s}{dt} = {} & h_o A_s (T_e - T_s) + \alpha_s \alpha q_s A_s - k_1 A_b (T_s - T_b) \\
& - h_{in1} A_r (T_s - T_a) + \varepsilon \sigma A_s (T_s^4 - T_{eff}^4)
\end{aligned}
\tag{4.11}
$$

影响内壁温度的因素有客/货舱传给内壁的热量、内壁传给框架的热量、内壁传给舱内空气的热量。内壁的瞬态热平衡方程可表示为

$$C_{pw}m_w \frac{dT_w}{dt} = h_c A_w (T_c - T_w) - k_1 A_b (T_w - T_b) - h_{in2} A_w (T_w - T_a)$$

$$(4.12)$$

式中：T_w 为内壁温度；h_c 为客/货舱内空气与内壁的对流换热系数，客/货舱同内壁的对流换热系数注意绝热层的作用；T_c 为客/货舱内空气温度；A_w 为内壁面积。

影响梁架温度的因素有蒙皮传给梁架的热量、内壁传给梁架的热量、梁架传给舱内空气的热量。梁架的瞬态热平衡方程可表示为

$$C_{pb}m_b \frac{dT_b}{dt} = k_1 A_b (T_s - T_b) + k_1 A_b (T_w - T_b) - h_b A_v (T_b - T_a)$$

$$(4.13)$$

舱内设备只同空气换热，舱内设备的瞬态热平衡方程可表示为

$$C_{peq}m_{eq} \frac{dT_{eq}}{dt} = h_{eq} A_{eq} (T_a - T_{eq}) \qquad (4.14)$$

式中：C_{peq} 为舱内设备的比热容；m_{eq} 为舱内设备的质量；T_{eq} 为舱内设备的温度；h_{eq} 为舱内设备与空气的对流换热系数；A_{eq} 为舱内设备的换热面积。

影响舱内空气温度的因素有蒙皮传给舱内空气的热量、内壁传给舱内空气的热量、梁架传给空气的热量、空气同设备的换热量。舱内空气的瞬态热平衡方程可表示为

$$C_{pa}m_a \frac{dT_a}{dt} = h_{in1} A_r (T_s - T_a) + h_{in2} A_r (T_w - T_a) + h_b A_v (T_b - T_a) -$$

$$h_{eq} A_{eq} (T_a - T_{eq}) \qquad (4.15)$$

2. 内壁有热源环形舱

内壁有热源环形舱其内部包裹发动机，主要特点是舱室内壁外侧空气温度较高，内壁同发动机有较强的辐射换热作用，其他部分传热计算同内壁恒温环形舱相同。

影响内壁温度的因素有内壁外空气传给壁面的热量、内壁外设备的辐射换热量、内壁传给梁架的热量、内壁传给舱内空气的热量。内壁有热源时内壁的瞬态温度方程可表示为

$$C_{pw}m_w \frac{dT_w}{dt} = h_c A_w (T_c - T_w) + q A_w - k_1 A_b (T_w - T_b) - h_{in2} A_w (T_w - T_a)$$

$$(4.16)$$

式中：q 为辐射强度。

3. 内壁气动加热环形舱

内壁气动加热环形舱主要特点是内壁受到空气气动加热作用，如包裹进气

道段的舱室结构,此时内壁温度的计算与蒙皮温度计算相同,其他部分的传热计算与内壁恒温环形舱相同。

4.3.3 大舱室结构热特性数学模型

飞机上设置有放置电子设备等的一些较大的舱室,液压系统附件有时也分布在这些舱室中,这些舱室可分为两类,即无空调大舱室和有空调大舱室。

1. 无空调大舱室模型

1) 物理模型

无空调大舱室如图 4.8 所示,主要由蒙皮、隔框、桁条、横梁、上壁板和舱内设备组成。

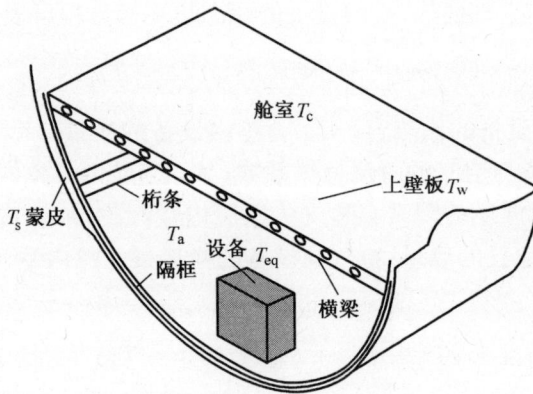

图 4.8　无空调大舱室结构示意图

为简化问题,便于数学处理,在保证实际问题基本特点的前提下作以下假设:

① 蒙皮温度相同。

② 不考虑舱内壁面之间的辐射换热。

③ 舱内设备温度处处相同,采用集中参数方法处理。

④ 由于舱室空间较大,将隔框和横梁的质量计入支撑的蒙皮和壁板上,并按带加强肋平板进行换热计算。

2) 数学模型

影响蒙皮温度的因素有外界大气传给蒙皮的热量、太阳辐射传给蒙皮的热量、蒙皮向内部空气的传热量、蒙皮向外界环境的辐射换热量。蒙皮的瞬态热平衡方程可表示为

$$C_{ps}m_s \frac{dT_s}{dt} = h_o A_s (T_e - T_s) + \alpha_s \alpha q_s A_s - h_{in1} A_s (T_s - T_a) -$$

$$\varepsilon \sigma A_s (T_s^4 - T_{eff}^4) \tag{4.17}$$

计算时应注意:蒙皮面向天空时,计算太阳辐射传入热量,T_{eff} 取天空等效辐射温度,蒙皮面向地面时,$q_s = 0$,T_{eff} 取地面等效辐射温度。

影响上壁板温度的因素有舱室传给上壁板的热量、上壁板传给空气的热量。上壁板的瞬态热平衡方程可表示为

$$C_{pw}m_w \frac{dT_w}{dt} = h_w A_w (T_c - T_w) - h_{in2} A_w (T_w - T_a) \tag{4.18}$$

上壁板同内部空气换热采用带加强肋平板换热公式计算。

影响舱内设备温度的因素有舱内设备生热、舱内设备与空气的换热量。舱内设备的瞬态热平衡方程可表示为

$$C_{peq}m_{eq} \frac{dT_{eq}}{dt} = \dot{\phi} - h_{eq} A_{eq} (T_{eq} - T_a) \tag{4.19}$$

式中,$\dot{\phi}$ 为舱内设备的生热流,舱内设备生热流可根据实际生热情况确定或选用一些经验值,战斗机可取 20kW～35kW,轰炸机可取 25kW～125kW,运输机可取 10kW～22kW[7]。

影响空气温度的因素有蒙皮传给舱内空气的热量、壁面传给舱内空气的热量、空气同舱内设备的换热量。舱内空气的瞬态热平衡方程可表示为

$$C_{pa}m_a \frac{dT_a}{dt} = h_{in1} A_s (T_s - T_a) + h_{in2} A_w (T_w - T_a) + h_{eq} A_{eq} (T_a - T_{eq}) \tag{4.20}$$

2. 有空调大舱室模型

有空调的大舱室一般采用冷却空气来调节舱室内空气温度,这里认为有空调大舱室温度为空调系统调节的目标温度或根据空调系统的工作状态确定。

4.3.4 开启舱结构热特性数学模型

飞机起落架舱、减速板舱等都属于开启舱结构。开启舱结构在飞行过程中有两种状态:打开或关闭,且开启舱结构舱门关闭时一般不密封,舱内同外界有空气交换。

1. 物理模型

开启舱结构如图 4.9 所示,其主要由壁面、桁条、梁、舱内设备和舱门组成。

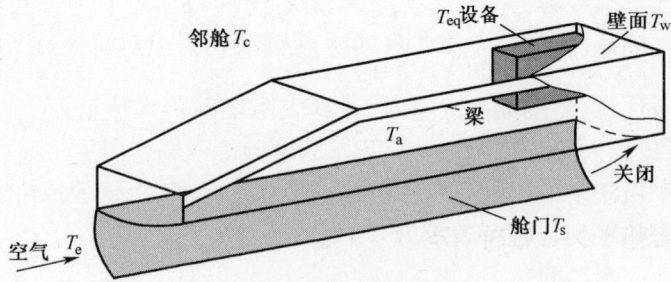

图 4.9 开启舱结构示意图

为简化问题,便于数学处理,在保证实际问题基本特点的前提下作以下假设:

(1) 壁面温度相同,相邻舱室温度已知。

(2) 不考虑舱内壁面之间的辐射换热。

(3) 舱内设备温度处处相同,采用集中参数方法处理。

(4) 舱室结构较大,将梁、桁条等结构件质量计入支撑的壁面上,并按带加强肋平板进行传热系数计算。

2. 数学模型

当舱门关闭时,影响舱门温度的因素有外界大气传给蒙皮的热量、蒙皮传给舱内空气的热量。舱门的瞬态热平衡方程可表示为

$$C_{ps} m_s \frac{\mathrm{d}T_s}{\mathrm{d}t} = h_o A_s (T_e - T_s) - h_{in1} A_s (T_s - T_a) \tag{4.21}$$

影响壁面温度的因素有相邻舱室传给壁面的热量、壁面传给内部空气的热量。壁面的瞬态热平衡方程可表示为

$$C_{pw} m_w \frac{\mathrm{d}T_w}{\mathrm{d}t} = h_w A_w (T_c - T_w) - h_{in2} A_w (T_w - T_a) \tag{4.22}$$

影响舱内设备温度的因素有舱内空气与设备的换热量。舱内设备的瞬态热平衡方程可表示为

$$C_{peq} m_{eq} \frac{\mathrm{d}T_{eq}}{\mathrm{d}t} = h_{eq} A_{eq} (T_a - T_{eq}) \tag{4.23}$$

影响舱内空气温度的因素有蒙皮传给舱内空气的热量、壁面传给空气的热量、空气进入舱内时带入的热量、舱内空气同设备的换热量。舱内空气的瞬态热平衡方程可表示为

$$C_{pa} m_a \frac{\mathrm{d}T_a}{\mathrm{d}t} = h_{in1} A_s (T_s - T_a) + h_{in2} A_w (T_w - T_a) +$$

94

$$\dot{m}C_{pa}(T_e - T_a) - h_{eq}A_{eq}(T_a - T_{eq}) \tag{4.24}$$

舱内空气同舱门、壁面及设备的换热系数采用强迫对流换热系数计算或采用相应的经验值。

当舱门打开时，舱内温度与环境温度相同，即地面停机时等于地面空气环境温度，飞行时等于空气的恢复温度。

4.3.5 热防护结构热特性数学模型

飞机液压系统有些附件工作在环境温度很高的区域，如喷口调节作动筒、推力矢量作动机构等，需要对附件进行热防护。

1. 物理模型

典型的热防护结构如图 4.10 所示，主要由内壁和外壁组成。

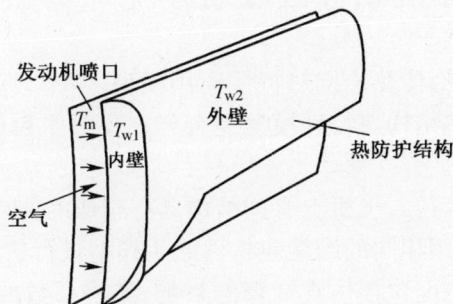

图 4.10　热防护结构示意图

将热防护结构靠近发动机喷口一面称为内壁，另一面称为外壁。内壁同发动机喷口进行辐射换热、同冷却空气进行对流换热、同外壁进行辐射换热。外壁同内壁进行辐射换热。热防护结构一般紧密包裹被保护体，热防护结构和被保护体的换热主要以辐射换热的方式进行，所以热防护结构的环境温度主要指辐射换热温度，即内壁温度 T_{w1} 和外壁温度 T_{w2}。

2. 数学模型

影响内壁温度的因素有冷却空气同内壁面的换热量、发动机喷口同内壁面的辐射换热量、内壁面同外壁面的辐射换热量、内壁面向外壁面的导热量。内壁的瞬态热平衡方程可表示为

$$
\begin{aligned}
C_{pw}m_{w1}\frac{\mathrm{d}T_{w1}}{\mathrm{d}t} &= h_o A_{w1}(T_a - T_{w1}) + \varepsilon_{m,w1}\sigma A_{w1}(T_m^4 - T_{w1}^4) \\
&\quad - \varepsilon_{w1,w2}\sigma A_{w1}(T_{w1}^4 - T_{w2}^4) - kA_w(T_{w1} - T_{w2})
\end{aligned} \tag{4.25}
$$

其中，

$$\varepsilon_{m,w1} = \frac{\varepsilon_m \varepsilon_{w1}}{\varepsilon_m + \varepsilon_{w1} - \varepsilon_m \varepsilon_{w1}} \tag{4.26}$$

$$\varepsilon_{w1,w2} = \frac{\varepsilon_{w1} \varepsilon_{w2} A_{w2}}{\varepsilon_{w1} A_{w1} + \varepsilon_{w2} A_{w2} - \varepsilon_{w1} \varepsilon_{w2} A_{w1}} \tag{4.27}$$

式中：ε_m 为喷口材料的发射率；ε_{w1}、ε_{w2} 分别为内、外壁材料的发射率；A_{w1}、A_{w2} 分别为内、外壁面积。

影响外壁温度的因素有内壁面向外壁面的导热量、内壁面同外壁面的辐射换热量。外壁的瞬态热平衡方程可表示为

$$C_{pw} m_{w2} \frac{dT_{w2}}{dt} = kA_w(T_{w1} - T_{w2}) + \varepsilon_{w1,w2} \sigma A_{w1}(T_{w1}^4 - T_{w2}^4) \tag{4.28}$$

4.4 飞机平台温度相似区域划分

上节中建立了相似传热结构热特性通用模型，本节讨论这些通用模型的使用，即将这些相似传热结构热特性模型组合建立飞机平台的诱发环境温度仿真模型的方法。

通过上面的分析可知，飞机上有些结构具有相似的传热特性，而这些相似的传热结构是否可以使用相同的结构热特性通用模型进行仿真计算还要根据具体情况确定，这些具体情况包括仿真计算的目的、结构参数的差异性等。例如，飞机的机翼、方向舵和升降舵都具有翼形舱结构的传热特点，但不同位置的翼形舱结构的参数差异较大，如竖直方向上的方向舵对太阳辐射的计算就和水平方向的机翼不同，应该采用不同的仿真模型，而如果需要更为精细的计算结果，机翼的翼根部和翼尖部结构参数的差异也应该进行区分，这样可以将机翼划分为几个部分，分别采用不同的模型来进行仿真。

这种根据计算目的和结构参数的差异而进行的区域划分称为平台温度相似区域划分，其目的是将传热结构相同、诱发环境温度相同的区域划分为同一区域，以便采用对应的结构热特性通用模型建立全机诱发环境温度模型。

大型飞机和小型飞机的传热具有各自的特点，下面分别以典型的大型飞机和小型飞机为例，给出全机的温度相似区域划分。大型飞机的温度相似区域划分如图4.11所示，其中相同数字代表同一热区域。

在飞机温度相似区域划分中可以根据具体情况或建模精度的要求进行更加精细的划分，从而建立更为精细的平台诱发环境温度模型。大型飞机温度相似区域划分时各数字代表的温度相似区域说明如表4.1所列。

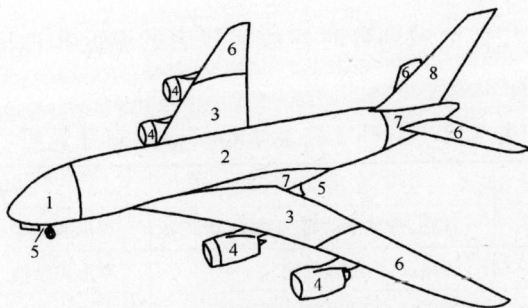

图 4.11　大型飞机温度相似区域划分

表 4.1　大型飞机温度相似区域划分说明

编号	描　述	适 用 附 件	适用结构类型
1	机头内大舱室	管路等	带空调大舱室结构
2	机身段	舱门作动筒、管路、机身段处的其他附件	内壁恒温环形舱结构
3	飞机机翼内侧	管路、减速板作动筒、襟翼作动筒等	翼形舱结构
4	发动机吊舱	液压泵、油滤、管路等	内壁有热源环形舱结构
5	前/主起落架舱	前/主起落架液压作动装置、管路、起落架控制阀门等	开启舱结构
6	升降舵/机翼外侧	管路、扰流板作动筒、副翼作动筒等	翼形舱结构
7	机尾/机腹处大舱室	舱门作动筒等	无空调大舱室结构
8	方向舵	管路、方向舵作动筒	翼型舱结构

　　在得到了飞机全机温度相似区域划分后,对于特定区域选用对应的结构热特性通用模型,从而建立全机的诱发环境温度模型,采用一定的仿真语言将数学模型转化为仿真模型,设置仿真参数,即可进行飞机平台诱发环境温度的仿真。

　　小型飞机温度相似区域划分如图 4.12 所示,其中相同数字代表同一热区域。

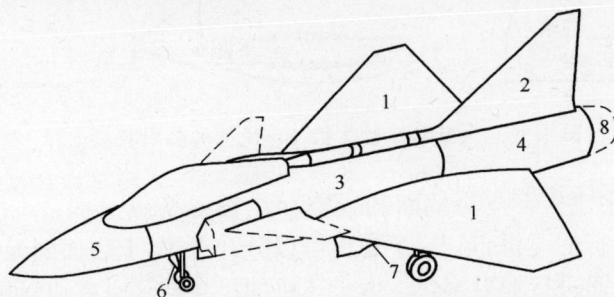

图 4.12　小型飞机温度相似区域划分

小型飞机温度相似区域划分时各数字代表的温度相似区域说明如表 4.2 所列。

表 4.2　小型飞机温度相似区域划分说明

编号	描　述	适 用 附 件	适用结构类型
1	飞机机翼	管路、襟翼作动筒、副翼作动筒等	翼形舱结构
2	方向舵	管路、方向舵作动筒	翼形舱结构
3	进气道机身段	液压油箱、油滤等	内壁气动加热环形舱结构
4	发动机机身段	管路、液压泵、油滤等	内壁有热源环形舱结构
5	机头内大舱室	管路等	带空调大舱室结构
6	前起落架舱	前起落架液压作动装置	开启舱结构
7	主起落架舱	主起落架液压作动装置	开启舱结构
8	发动机喷口处	发动机喷口调节作动筒	热防护结构

4.5　飞机蒙皮温度计算

4.5.1　蒙皮与环境间的辐射换热计算

飞机地面停放或空中飞行过程中蒙皮与周围环境之间存在辐射换热过程，由于飞机本身外形的复杂性和环境条件的复杂性，计算时必须进行简化。将飞机状态分为两种：飞行状态和地面停机，分别对这两种状态进行简化。

1. 飞行状态

飞行状态时飞机与环境间的辐射换热过程简化如图 4.13 所示。

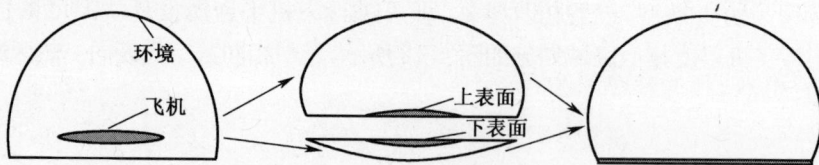

图 4.13　飞行状态时飞机与环境间的辐射换热过程

飞行过程中飞机蒙皮与地面和天空存在辐射换热过程。飞机一般呈扁平状，对于水平飞行的飞机，其上、下表面可以分开考虑，上表面同天空进行辐射换热，下表面同地面进行辐射换热。由于飞机的尺寸与天空或地面相比都很小，所以整个换热过程可以简化为两个物体组成的辐射换热系统（上表面蒙皮和天空

或下表面蒙皮和地面),且辐射换热面积比趋于零,此时换热量可表示为

$$Q = \varepsilon \sigma A (T_s^4 - T_{eq}^4) \tag{4.29}$$

式中:ε 为蒙皮材料的发射率;σ 为斯忒藩—玻尔兹曼常数;A 为蒙皮面积;T_s 为蒙皮温度;T_{eq} 为天空或地面的平均温度。

天空的等效温度确定较为困难,常采用一些经验值,高空时取 0K,海平面时取 228K。由于飞行过程中飞机高度不断变换,考虑到飞行高度范围内空气对地面辐射的吸收较小,地面等效辐射温度可近似取地表温度或地球表面平均温度。

2. 地面停机

地面停机过程中飞机上表面蒙皮与天空的辐射面积比仍趋于零,则飞机上表面蒙皮同天空的等效辐射换热量仍可用式(4.29)计算。飞机下表面蒙皮与地面距离较近,由于发射率具有方向性,设 θ 为辐射方向与物体表面法向的夹角,则当 θ 接近 90° 时,发射率迅速减小到零,考虑到地面地形等因素,飞机下表面蒙皮辐射能量只能到达地面的一部分,此时飞机下表面同地面的辐射面积比不能认为趋于零,辐射换热量可按两有限表面辐射换热系统计算。简化的两有限表面辐射换热系统计算模型如图 4.14 所示。

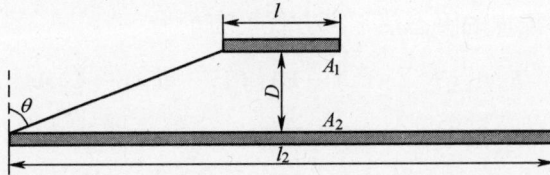

图 4.14 两有限表面辐射换热系统计算模型

图 4.14 中,A_1 表示飞机下表面蒙皮面积;A_2 表示地面面积;D 表示蒙皮下表面与地面间的距离。设 $\theta = 88$° 时地面发射率为零,取 A_1 为正方形,边长为 a,则有

$$A_2 = 4 \tan^2 \theta L^2 + 4 \tan \theta L a + a^2 \tag{4.30}$$

A_1 和 A_2 间的换热量为

$$\dot{Q} = A_1 E_1 X_{1,2} - A_2 E_2 X_{2,1} \tag{4.31}$$

式中:$E_1 = \varepsilon_1 \sigma T_1^4$、$E_2 = \varepsilon_2 \sigma T_2^4$ 分别为下表面蒙皮和地面的辐射力;$X_{1,2}$ 为蒙皮到地面的角系数;$X_{2,1}$ 为地面到蒙皮的角系数。

对于图 4.14 所示的情形,设 $L_1 = l_1/D$,$L_2 = l_2/D$,则有

$$X_{1,2} = \frac{[(L_1 + L_2)^2 + 4]^{1/2} - [(L_2 - L_1)^2 + 4]^{1/2}}{2L_1} \tag{4.32}$$

$$X_{2,1} = \frac{[(L_1 + L_2)^2 + 4]^{1/2} - [(L_1 - L_2)^2 + 4]^{1/2}}{2L_2} \tag{4.33}$$

4.5.2 蒙皮温度计算

1. 地面停机时蒙皮温度计算

地面停机时蒙皮外空气温度 T_e 等于环境温度 T_h，即

$$T_e = T_h \tag{4.34}$$

蒙皮与空气的自然对流换热系数可表示为[10]

$$h_o = 11.34 + 5.77v \tag{4.35}$$

式中：v 为空气流速。

在地面停机状态，与上表面蒙皮换热相关的因素有蒙皮外空气传给蒙皮的热量、太阳辐射传给蒙皮的热量、蒙皮向内部支撑结构的传热、蒙皮与内部空气换热及蒙皮向天空辐射换热。所以，上表面蒙皮的瞬态热平衡方程可表示为

$$C_{ps} m_s \frac{\mathrm{d}T_s}{\mathrm{d}t} = h_0 A_s (T_e - T_s) + \alpha_s \alpha q_s A_s - k A_b (T_s - T_b)$$
$$- h_{in} A_r (T_s - T_a) + \varepsilon_s \sigma A_s (T_s^4 - T_{sky}^4) \tag{4.36}$$

与下表面蒙皮换热相关的因素有蒙皮外空气给蒙皮传热、蒙皮向内部支撑结构传热、蒙皮与内部空气换热、蒙皮向地面辐射换热及地面向蒙皮的辐射换热。所以，下表面蒙皮的瞬态热平衡方程可表示为

$$C_{ps} m_s \frac{\mathrm{d}T_s}{\mathrm{d}t} = h_o A_s (T_e - T_s) - k A_b (T_s - T_b) - h_{in} A_r (T_s - T_a) -$$
$$A_s E_s X_{s,g} + A_g E_g X_{g,s} \tag{4.37}$$

式中：E_s、E_g 分别为蒙皮和地面辐射力；$X_{s,g}$、$X_{g,s}$ 分别为蒙皮对地面的角系数和地面对蒙皮的角系数；A_g 为有效地面辐射面积。

2. 飞行条件下蒙皮温度的计算

飞行条件下蒙皮外空气温度为附面层恢复温度[7]

$$T_e = T_h \left(1 + \gamma \frac{k-1}{2} Ma^2\right) \tag{4.38}$$

式中：T_h 为飞行高度 h 时的大气温度（K）；k 为流体绝热指数，对于空气有 $k = 1.4$；Ma 为飞行马赫数；γ 为附面层内气流的温度恢复系数，层流有 $\gamma = Pr^{1/2}$，紊流有 $\gamma = Pr^{1/3}$，Pr 为普朗特数。

由于飞机机身和机翼曲率半径较大，蒙皮同空气间的对流换热系数按平板强迫对流计算，换热系数计算的实验关联式为

$$Nu = \frac{h_o L}{k} = 0.664 \, Re_L^{0.5} \, Pr^{1/3} \qquad Re_L < 5 \times 10^5 \tag{4.39}$$

$$Nu = \frac{h_o L}{k} = 0.037 \, Re_L^{0.8} \, Pr^{1/3} \qquad \begin{pmatrix} 5 \times 10^5 \leqslant Re_L < 10^7 \\ 0.6 \leqslant Pr < 60 \end{pmatrix} \tag{4.40}$$

100

式中：Nu 为努塞尔数；Re 为雷诺数。

采用参考温度作为确定物性参数的定性温度，参考温度可表示为

$$T^* = 0.28T_h + 0.5T_s + 0.22T_e \tag{4.41}$$

飞行状态下，与上表面蒙皮换热相关的因素有蒙皮外空气与蒙皮换热、太阳辐射与蒙皮换热、蒙皮与内部支撑结构的传热、蒙皮与内部空气换热及蒙皮向天空辐射换热。所以，上表面蒙皮的瞬态热平衡方程可表示为

$$C_{ps}m_s \frac{\mathrm{d}T_s}{\mathrm{d}t} = h_o A_s (T_e - T_s) + \alpha_s \alpha q_\varepsilon A_\mathrm{s} - kA_b (T_s - T_b)$$
$$- h_{in} A_r (T_s - T_a) + \varepsilon_s \sigma A_s (T_s^4 - T_{sky}^4) \tag{4.42}$$

式(4.42)与式(4.36)比较可以发现，两个公式的表达完全一致，这是因为无论是飞行状态还是地面停机状态，与上表面蒙皮换热相关因素完全相同，所要注意的是，式(4.42)与式(4.36)中蒙皮与空气的自然对流换热系数 h_o、蒙皮外空气温度 T_e 和天空等效温度 T_{sky} 等参数的计算或取值不相同。

同样，与下表面蒙皮换热相关的因素有蒙皮外空气与蒙皮换热、蒙皮向内部支撑结构的传热、蒙皮与内部空气换热及蒙皮向天空辐射换热。所以，下表面蒙皮的瞬态热平衡方程可表示为

$$C_{ps}m_s \frac{\mathrm{d}T_s}{\mathrm{d}t} = h_o A_s (T_e - T_s) - kA_b (T_s - T_b) - h_{in} A_r (T_s - T_a) -$$
$$\varepsilon_s \sigma A_s (T_s^4 - T_g^4) \tag{4.43}$$

式中：T_g 为地面的平均温度。

4.6　飞机平台的自然温度环境条件

自然环境指在自然界中由非人为因素构成的那部分环境，通常是由各种自然环境因素构成的综合环境。自然环境是影响飞机平台诱发环境的重要因素，是进行飞机平台诱发环境因素建模和仿真的基础。

在飞机设计和使用过程中有两种自然环境数据可以参考：一种是理论模型，如国际标准大气模型，定义了标准状态下大气的物理特性参数；另一种是实测的极端环境条件，给出了在一定区域、一定时间段内某环境因素出现的实测极端值，用于考查飞机在极端环境温度下的适应性。本节主要说明这两种自然环境条件中的温度环境条件。

4.6.1　国际标准大气条件

国际标准大气模型假定大气是干洁的，在 86km 高度以下，大气是均匀混合

物,其中每种气体成分的相对体积不变,空气的平均分子量 M 是常数,空气为理想气体,在此基础上建立了一组描述大气不同高度层中各物理参数之间的相互关系的数学模型。

在标准大气中,把 86km 以下的高度分为 7 个区段,在每一区段内取温度为位势高度的线性函数,即

$$T = T_b + L_b(H - H_b) \tag{4.44}$$

式中:T_b 为该区段的起始温度;L_b 为该区段垂直温度梯度 dT/dH;H 为高度;H_b 为该区段的起始位势高度。

各区段的 L_b、T_b、H_b 的数值见表 4.3。

表 4.3　各区段对应参数

H_b /m	T_b /K	T_b /℃	L_b /(K/m)
0	288.15	15.00	-6.5×10^{-3}
11000	216.65	−56.50	0
20000	216.65	−56.50	$+1.0 \times 10^{-3}$
32000	228.65	−44.50	$+2.8 \times 10^{-3}$
47000	270.65	−2.50	0
51000	270.65	−2.50	$+2.8 \times 10^{-3}$
71000	214.65	−58.50	-2.0×10^{-3}

根据表 4.3 中的数据,得到各区段温度 T(K)的具体表达式如下:
(1) $H \leqslant 11000$m(可延伸至负高度)

$$T = 288.15 - 0.0065H \tag{4.45}$$

(2) $11000\text{m} \leqslant H \leqslant 20000\text{m}$

$$T = 216.65 \tag{4.46}$$

(3) $20000\text{m} \leqslant H \leqslant 32000\text{m}$

$$T = 216.65 + 0.001(H - 20000) \tag{4.47}$$

(4) $32000\text{m} \leqslant H \leqslant 47000\text{m}$

$$T = 228.65 + 0.0028(H - 32000) \tag{4.48}$$

(5) $47000\text{m} \leqslant H \leqslant 51000\text{m}$

$$T = 270.65 \tag{4.49}$$

(6) $51000\text{m} \leqslant H \leqslant 71000\text{m}$

$$T = 270.65 - 0.0028(H - 51000) \tag{4.50}$$

(7) $71000\text{m} \leqslant H \leqslant 84852\text{m}$

$$T = 214.65 - 0.002(H - 71000) \tag{4.51}$$

(8) $84852\text{m} \leqslant H \leqslant 97284.8\text{m}$

$$T = 186.87 \tag{4.52}$$

4.6.2 极端自然温度条件

1. 极端自然环境条件的描述

一定范围、一定时间段内的极端自然环境数据一般是通过多个气象站长期的实测记录而得到的，这些数据不仅数量庞大，而且分布广泛，使用起来较为困难。为表达这些自然环境数据的主要特点，总结规律，各国对自己掌握的实验数据进行了整理和总结，并采用了一些特征参数来描述这些环境条件的特点，这里先介绍对极端自然环境条件的描述方法。常见的描述极端自然环境条件的特征参数如下[3]：

1) 气象要素（Meteorological Element）

表征大气状态的基本物理量和基本现象。

2) 气象要素极值（Extremes of Meteorological Element）

气象要素在一定时空范围内和一定风险条件下的最高值或最低值。

3) 时间风险率（Time Risk）

指某气象要素在严酷月出现不小于或不大于某特定值的小时数占应有记录总小时数的百分率。

4) 面积风险率（Area Risk）

某气象要素极值不小于或不大于某特定值所代表的国土面积占全国面积的百分率。

5) 预期暴露期（Expected Duration of Exposure）

预期的设备使用年限。

6) 再现风险率（Repetition Risk）

在预期暴露期内，某气象要素极值不小于或不大于某特定值的事件出现一次的概率。

7) 承受极值（Withstanding Extremes）

依据预期暴露期和再现风险率确定的，设备不发生不可逆损坏的气象要素临界值。

2. 地面气温条件

地面气温指距地面 1.5m 高度处百叶箱中温度表测量的空气温度，分地面高气温和地面低气温两个方面。根据地面空气温度可将世界划分为基本、炎热、寒冷、严寒和海岸海洋 5 个区域，其中陆地被划分为基本、炎热、寒冷、严寒 4 个区域，这 4 个区域的划分标准如下：

1) 基本区域

在严酷月,时间风险率1%的高温极值不超过43.3℃,时间风险率1%的低温极值不小于−31.7℃的区域。

2) 炎热区域

在严酷月,除基本区域外时间风险率1%的高温极值不超过49℃,低温极值不小于−31.7℃的区域。

3) 寒冷区域

在严酷月,除基本区域外时间风险率1%的低温极值不小于−45.6℃,高温极值不超过43.3℃的区域。

4) 严寒区域

在严酷月,除基本区域和寒冷区域外时间风险率1%的低温极值不小于−51℃,高温极值不超过43.3℃的区域。

全球陆地气候划分如图4.15所示。

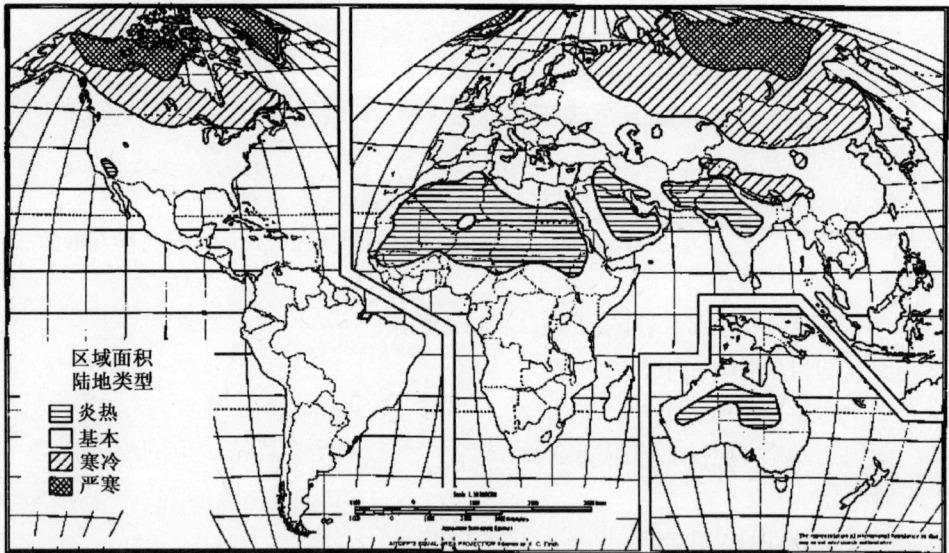

图4.15　全球陆地气候划分

MIL—HDBK—310《发展军用装备的全球气候数据》[4]和GJB 1172《军用设备气候极值》[3]分别给出了全球和我国的地面空气温度数据,总结如表4.4和表4.5所列。

军用设备的高温极值时间风险率一般取1%,而低温极值时间风险率可取

20％，主要是因为低温极值一般出现在高原、山顶等武器装备不易到达的区域。

3. 空中气温条件

表 4.4　高气温全球和我国温度极值（单位：℃）

区域	记录极值	时间风险率温度极值				长期暴露温度极值（暴露期单位：年）					
		1%	5%	10%	20%	2	5	10	25	30	60
全球	58	49	46	45	—	—	—	53	—	54	55
中国*	47.7	45.5	42.9	41.1	40	48.4	49.5	50.3	51.3	—	—
*长期暴露温度极值我国采用再现风险率为10%的承受极值											

表 4.5　低气温全球和我国温度极值（单位：℃）

区域	记录极值	时间风险率温度极值				长期暴露温度极值（暴露期单位：年）					
		1%	5%	10%	20%	2	5	10	25	30	60
全球	−68	−61	−57	−54	−51	—	—	−65	—	−67	−68
中国*	−52.3	−48.8	−46.1	−44.1	−41.3	−52.4	−54.6	−56	−58.1	—	—
*长期暴露温度极值我国采用再现风险率为10%的承受极值											

空中气温指包围地球的大气层的温度，与地面气温相同，空中气温也分空中高气温和空中低气温。空中气温一般采用各高度上的温度记录极值和各高度上的时间风险率温度极值描述。另外，由于各高度上的时间风险率温度极值一般不发生在同一时间和同一点，所以还采用某时间风险率下特定高度温度极值相应的温度剖面来描述温度的垂直变化。

全球和我国空中高气温记录极值如图 4.16 所示，全球和我国空中低气温记录极值如图 4.17 所示。

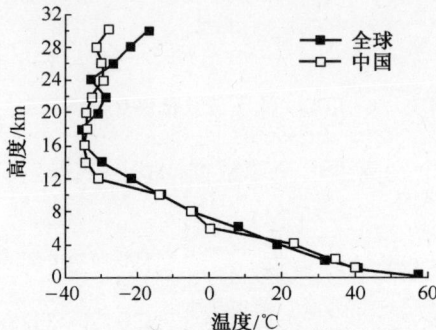

图 4.16　全球和我国空中高气温记录极值

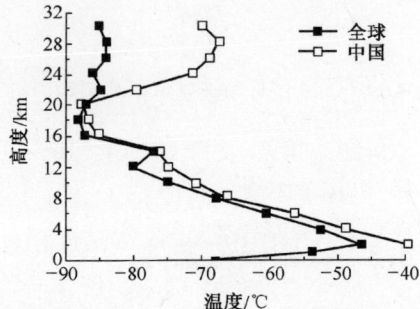

图 4.17　全球和我国空中低气温记录极值

1%时间风险率的全球和我国空中高气温极值如图4.18所示,1%时间风险率的全球和我国空中低气温极值如图4.19所示。

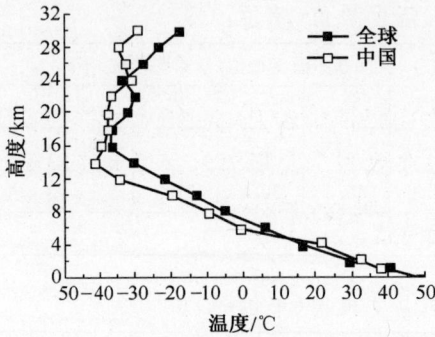

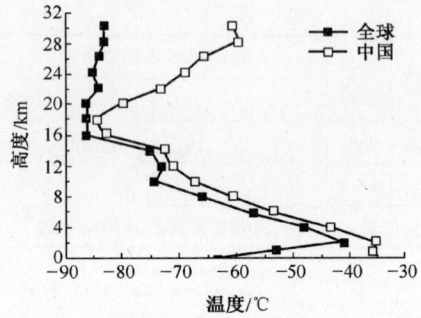

图4.18　1%时间风险率的空中高气温极值　　图4.19　1%时间风险率的空中低气温极值

1%时间风险率时10km高度全球和我国高气温极值对应温度剖面如图4.20所示,1%时间风险率时10km高度全球和我国低气温极值对应温度剖面如图4.21所示。

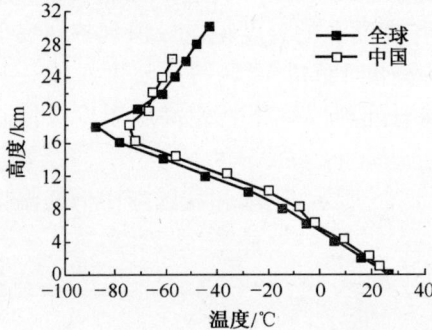

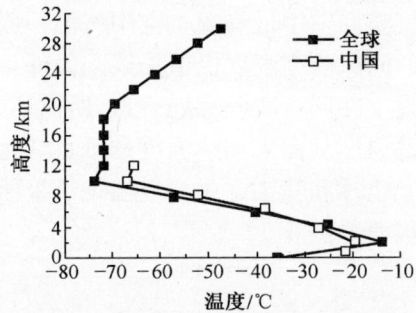

图4.20　10km高气温极值温度剖面(1%)　　图4.21　10km低气温极值温度剖面(1%)

从图中可知,由于数据来源的不同,在个别高度上全球数据同我国数据出现差异,但相差不大。

4.6.3　太阳辐射条件

在飞机平台诱发环境温度仿真过程中一般考察太阳辐射强度对高温的影响,这样晴天太阳辐射强度的计算就显得更有意义。这方面,国内主要采用了经验公式法进行了很多的研究工作[5,6]。对于飞机平台诱发环境温度仿真过程中的另一个太阳辐射强度计算问题：太阳辐射强度随高度变化的研究国内外进行得不多，一些标准、规范或手册给出了一些经验值或实测曲线可供选用[7,8]。这里主要对太阳辐射强度的基本概念和一些实测曲线进行讨论，以便于使用时参考。

太阳辐射在真空中传播是不会衰减的，这样把按离太阳的距离为 1 个天文单位计的大气层外太阳辐射强度称为太阳常数[9]。太阳辐射穿过大气层到达地面或飞机蒙皮表面的过程中一部分会被空气吸收，所以，太阳常数是计算到达地面或飞机蒙皮表面太阳辐射强度的基础。

我国在热控设计过程中，太阳常数取平均值 $1353W/m^2$，此数值指太阳与地球平均距离上的太阳辐射强度，考虑地球实际上是一椭圆轨道，在夏至点可取 $1309W/m^2$，在冬至点可取 $1399W/m^2$[9]。而 NASA 取太阳常数平均值为 $1367W/m^2$。

太阳辐射强度到达地面时减小为 $1025W/m^2$，而在不同纬度、季节和天气情况下太阳辐射强度也不同，太阳辐射随高度变化的实测值可参考图 4.22[8]。

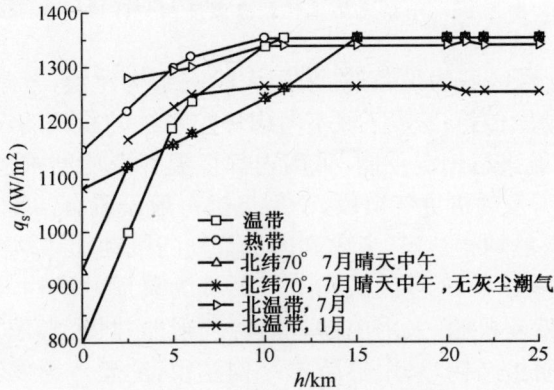

图 4.22 太阳辐射强度随高度变化

4.7 飞机平台诱发环境温度的仿真实例

本节以某小型飞机为例说明飞机平台诱发环境温度建模和仿真的方法。选用 Modelica 语言下建立的相似传热结构通用模块建立飞机平台诱发环境温度的仿真模型，对特定的飞行任务进行了仿真计算。关于 Modelica 语言以及

Modelica 语言下相似传热结构通用模块库建立的内容将会在第 8 章飞机液压系统热特性模型的仿真实现中详细讨论,这里只作简要的介绍,重点是采用实例的形式验证飞机平台诱发环境温度建模方法的可行性。

4.7.1　飞机平台诱发环境温度仿真模型建立

首先进行全机温度相似区域的划分,对于不同区域采用对应的相似传热结构热特性模型建立工作状态下飞机平台诱发环境温度的仿真模型。某小型飞机工作状态的温度相似区域划分如图 4.23 所示。

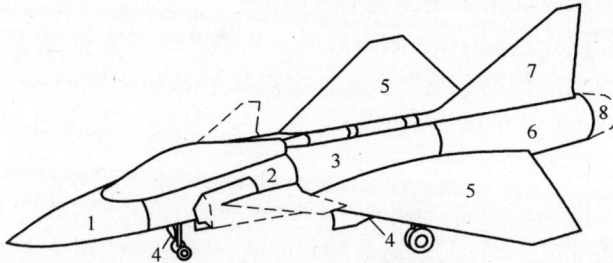

图 4.23　小型飞机工作状态温度相似区域划分

图 4.23 中,1 号区域为设备舱,采用大舱室结构建模,考虑到设备生热、环控系统冷却和驾驶舱传热;2 号区域不考虑环控系统的冷却的设备舱,舱室内部包裹驾驶舱,驾驶舱进行恒温控制,采用内部恒温环形舱结构建模,考虑到驾驶舱传热;3 号区域为发动机进气道段,小型飞机一般设置有油箱,热容较大,采用内部气动加热环形舱结构建模,考虑到内部蒙皮的气动加热;4 号区域为起落架舱,采用开启舱结构建模;5 号区域和 7 号区域为翼形舱结构,采用翼形舱结构建模;6 号区域为发动机舱,采用内部有热源环形舱建模,考虑发动机的工作状态;8 号区域为热防护结构,采用热防护结构建模,主要考虑发动机尾喷管的辐射换热作用。

这里,采用 Modelica 语言建立飞机平台诱发环境温度的仿真模型。Modelica 语言是为解决多领域物理系统的统一建模与协同仿真于 1997 年提出的一种基于方程的陈述式建模语言。Modelica 语言采用数学方程描述不同领域子系统的物理规律和现象,根据物理系统的拓扑结构,基于语言内在的组件连接机制实现模型构成和多领域集成,通过求解微分代数方程系统实现仿真运行。Modelica 语言可以为任何能够用微分方程或代数方程描述的问题实现建模和仿真[11]。

Modelica 语言最大的特点表现在面向对象、非因果建模和陈述式建模,使用 Modelica 语言建立仿真模型需要一定的环境支持，常见的有 Dymola、MathModelica 等。这里在 Dymoal 平台上采用 Modelica 语言建立飞机平台诱发环境温度仿真模型。关于 Modelica 语言以及 Modelica 语言环境下仿真模型的建立过程将在第 8 章中详细讨论，这里直接给出基于 Modelica 语言的仿真模型。

某小型飞机工作状态诱发环境温度仿真模型如图 4.24 所示。仿真模型中对不同温度相似区域采用了对应的传热结构模块进行仿真，并采用太阳辐射模块、等效辐射温度模块、环境温度模块、恢复温度计算模块等对太阳辐射、空间等效辐射、环境温度变化和空气滞止温度进行仿真。

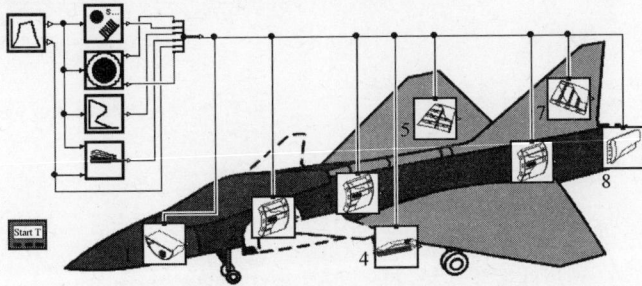

图 4.24　工作状态下飞机平台诱发环境温度仿真模型

4.7.2　仿真分析及结论

采用图 4.24 建立的仿真模型，分别就高温飞行状态和低温飞行状态进行仿真计算，仿真过程中采用的初始条件和仿真结果如下：

1. 高温飞行状态

高温飞行状态计算时，各高度上气温取时间风险率为 1% 的高气温全国工作极值，如图 4.25 所示。太阳辐射强度考虑随高度的变化，如图 4.26 所示。发动机生热和机载设备随飞行状态的变化而变化，飞行剖面采用低空大马赫数飞行剖面，考虑到温度马赫数的限制。飞机飞行时高度随时间的变化如图 4.27 所示，马赫数随时间的变化如图 4.28 所示。

系统计算时，取整个飞机的初始温度为 45.5℃，对飞机各舱室温度进行仿真计算，计算时间为 50min，仿真计算结果如下：

飞行过程中自然环境温度和空气恢复温度变化如图 4.29 所示，太阳辐射强度的变化如图 4.30 所示。

1 号区域和 2 号区域内空气温度变化如图 4.31 所示，3 号区域和 4 号区域内空气温度变化如图 4.32 所示。

5号区域和7号区域内空气温度变化如图4.33所示,6号区域和8号区域内空气温度变化如图4.34所示。

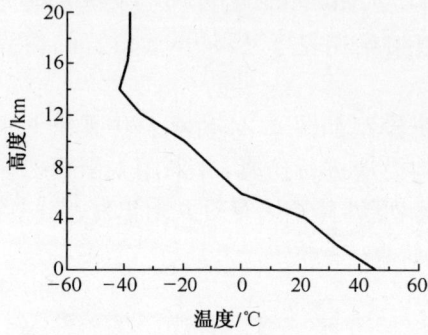

図 4.25　气温随高度的变化

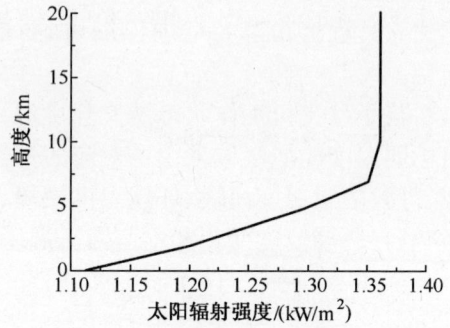

図 4.26　太阳辐射强度随高度的变化

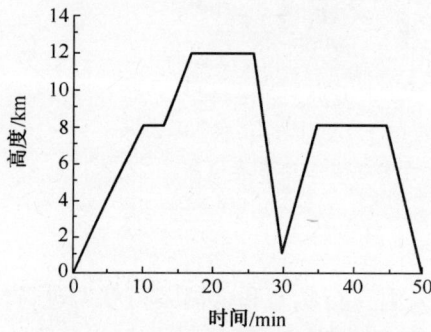

図 4.27　飞行高度随时间的变化

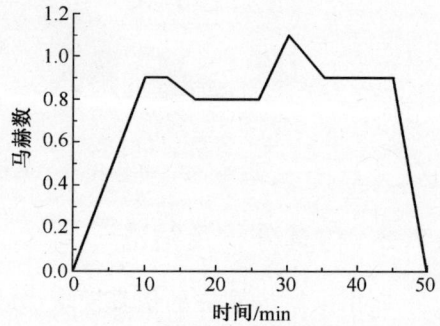

図 4.28　飞行速度随时间的变化

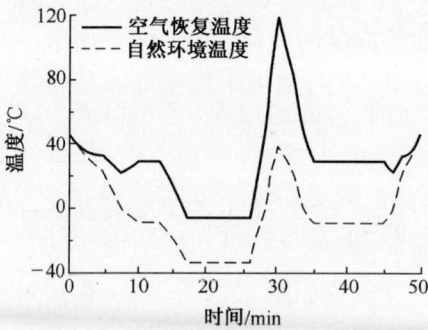

図 4.29　空气恢复温度和自然环境温度变化

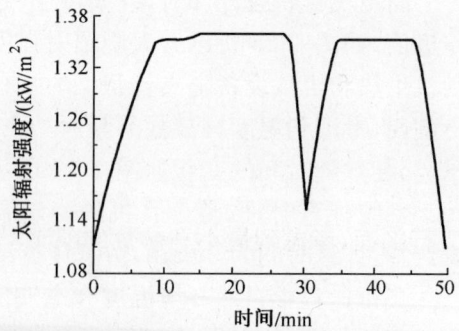

図 4.30　太阳辐射强度变化

110

从图 4.29 至图 4.34 可知,飞机飞行过程中恢复温度可达 120℃;飞机 1 号、2 号和 3 号区域舱内空气温度最高可达 70℃;6 号区域发动机舱短时间内可达 140℃,长时间工作在 90℃~110℃之间;而飞机 4 号区域开启舱和 5 号、7 号区域翼形舱内空气温度最高可达 90℃;8 号区域热防护结构的最高温度可达 160℃。

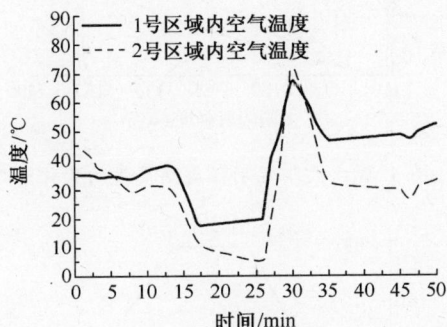

图 4.31　1 号区域和 2 号区域内空气温度变化

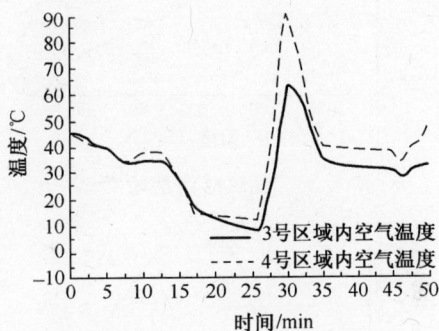

图 4.32　3 号区域和 4 号区域内空气温度变化

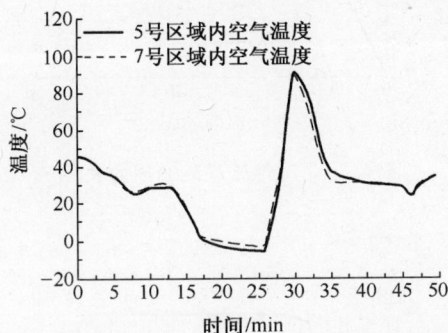

图 4.33　5 号区域和 7 号区域内空气温度变化

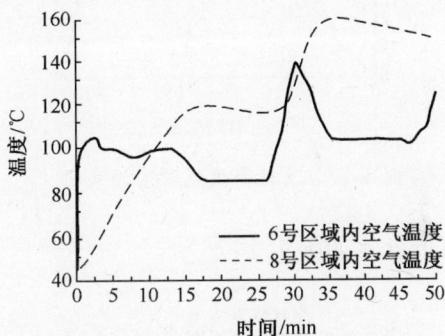

图 4.34　6 号区域和 8 号区域内空气温度变化

2. 低温飞行状态

低温飞行状态计算时,各高度上气温取时间风险率为 1% 的低气温全国工作极值,如图 4.35 所示。太阳辐射取值考虑辐射强度随高度变化,如图 4.36 所示,发动机生热和机载设备随飞行状态的变化而变化,飞行剖面采用高空小马赫飞行剖面,考虑到最小马赫数的限制。飞机飞行时高度随时间的变化如图 4.37 所示,马赫数随时间的变化如图 4.38 所示。

系统计算时,取整个飞机的初始温度为 -48.8℃,对飞机各舱室温度进行仿真计算,计算时间为 50min,仿真计算结果如下:

飞行过程中自然环境温度和空气恢复温度变化如图 4.39 所示,太阳辐射强

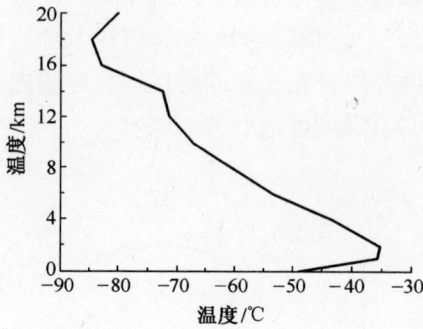

图 4.35　气温随高度的变化

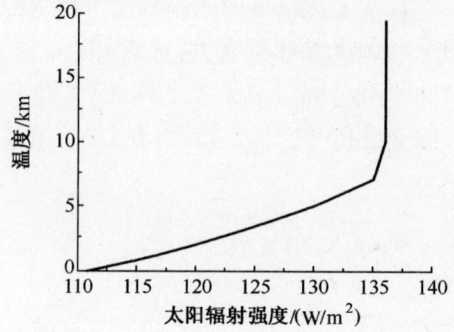

图 4.36　太阳辐射强度随高度的变化

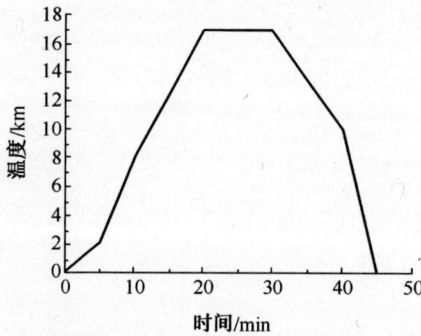

图 4.37　飞行高度随时间的变化

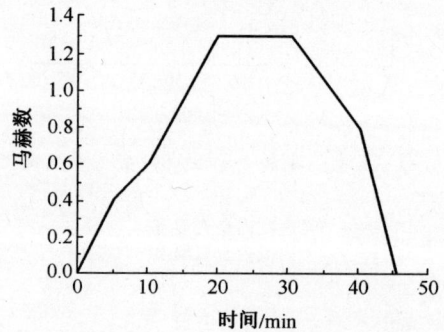

图 4.38　飞行速度随时间的变化

度的变化如图 4.40 所示。

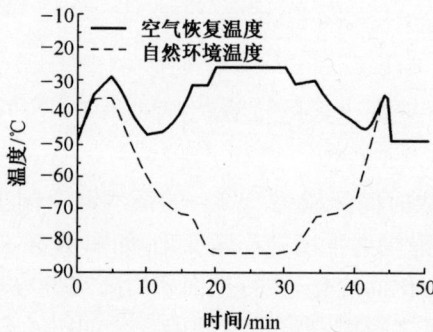

图 4.39　空气恢复温度和自然环境温度变化

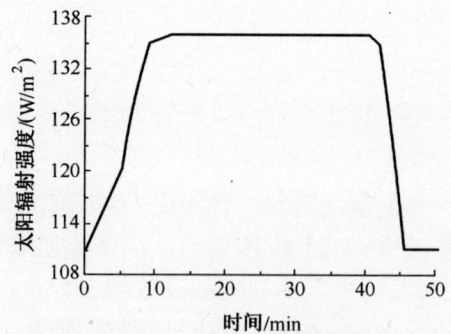

图 4.40　太阳辐射强度变化

　　1 号区域和 2 号区域内空气温度变化如图 4.41 所示,3 号区域和 4 号区域内空气温度变化如图 4.42 所示。

5号区域和7号区域内空气温度变化如图4.43所示,6号区域和8号区域内空气温度变化如图4.44所示。

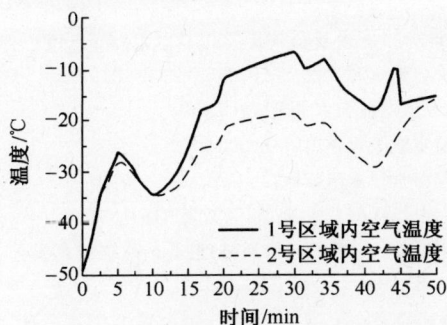

图4.41　1号区域和2号区域内空气温度

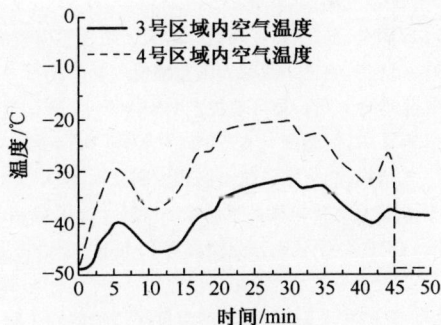

图4.42　3号区域和4号区域内空气温度

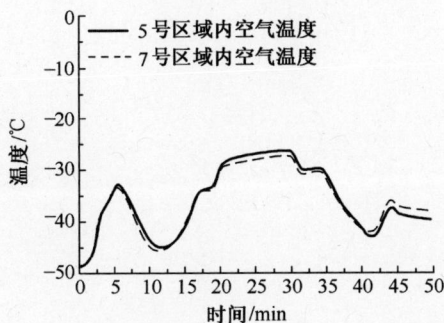

图4.43　3号区域和7号区域内空气温度

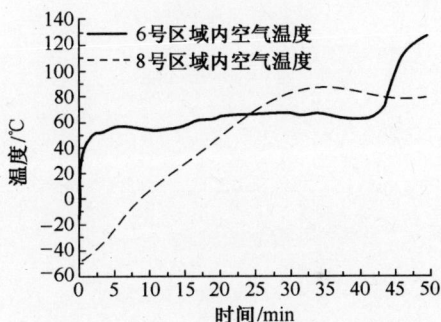

图4.44　6号区域和8号区域内空气温度

从图4.39至图4.44可知,飞机飞行过程中恢复温度短时间可达-25℃,最低温度不小于-50℃;由于气动加热作用,飞机1号、2号和3号区域舱内空气温度均高于-50℃。6号区域发动机舱短时间内可达120℃,长时间工作在60℃左右,远大于-50℃。而飞机4号区域开启舱和5号、7号区域翼形舱内空气温度也都高于-50℃,8号区域热防护结构的最高温度可达90℃,最低温度大于-50℃。

参 考 文 献

[1] GJB 4239—2001. 装备环境工程通用要求[S].

[2] 祝耀昌,孙建勇. 装备环境工程技术及应用[J]. 装备环境工程,2005,2(6):1-9.

[3] GJB 1172—1991. 军用设备气候极值[S].

[4] MIL－HDBK－310. GLOBAL CLIMATIC DATA FOR DEVELOPING MILITARY PRODUCTS [S],1997.

[5] 邱国全,夏艳君,杨鸿毅. 晴天太阳辐射模型的优化计算[J]. 太阳能学报,2001,22(4):456－460.

[6] 和清华,谢云. 我国太阳总辐射气候学计算方法[J]. 自然资源学报,2010,25(2):308－319.

[7] 朱春玲. 飞行器环境控制与安全救生[M]. 北京:北京航空航天大学出版社,2006.

[8] 寿荣中,何慧姗. 飞行器环境控制[M]. 北京:北京航空航天大学出版社,2004.

[9] 候增祺,胡金刚. 航天器热控制技术[M]. 北京:中国科学技术出版社,2007.

[10] 雷世豪. 飞机设计手册第15册:生命保障和环控系统设计[M]. 北京:航空工业出版社,1999.

[11] 赵建军,丁建完,周凡利,等. Modelica语言及其多领域统一建模与仿真机理[J]. 系统仿真学报,2006,18(增2):570－573.

[12] 李永林. 飞机液压系统温度环境适应性工程关键技术研究[D]. 西安:空军工程大学,2011.

第 5 章　液压系统材料物理特性的数学模型

液压系统的热特性仿真计算涉及材料的物理特性仿真,主要包括液压油和固体材料。当温度和压力变化时,液压油的物理特性会发生较大变化。油液物理特性的变化不仅影响到系统的热特性,而且影响系统的压力与流量特性,而系统的压力与流量特性变化又会对热特性产生影响,因此油液物理特性对液压系统热特性的影响是全面的。本章重点对液压油物理特性建模进行讨论,主要包括油液密度、黏度、体积弹性模量、比热容、导热系数和热膨胀系数的数学模型。最后,对固体材料物理特性变化的计算方法进行简要讨论。

5.1　液压油状态分析

液压系统使用的工作介质常称为液压油,可分为石油型、乳化型和合成型,其中,以石油型液压油使用较多。飞机上常用的液压油有植物基、矿物基和磷酸酯基液压油3种类型。植物基液压油主要由蓖麻油和酒精组成,主要用于老式飞机上,适用于天然橡胶密封件。矿物基液压油为石油提炼产品,主要用于军用飞机上,适用于合成耐油橡胶密封件。磷酸酯基液压油由多种磷酸酯和添加剂化学合成,主要用于民航飞机上,适用于异丁烯橡胶或乙烯－丙烯合成橡胶密封件。

液压油在生产、运输和使用过程中不可避免地要和空气接触,会使油液中溶解或混有一定量的空气。在一定压力下,液体所能溶解气体的数量是一定的,而气体溶解的能力可以用溶解度表示,溶解度分为体积溶解度和质量溶解度。体积溶解度指液体中溶解的气体体积与液体体积的体积比,此时,气体体积要换算成0℃、1个大气压下的体积,体积溶解度可表示为[1]

$$\alpha_v = \frac{V_a}{V_1} \tag{5.1}$$

式中:V_a 为以 0℃、1 个大气压计的溶解气体的体积;V_1 为液体的体积。

质量溶解度指溶解气体质量与液体质量的质量比,可表示为

$$\alpha_m = \frac{m_a}{m_1} \tag{5.2}$$

式中：m_a 为溶解气体的质量；m_l 为液体的质量。

气体的溶解度随液体压力增大而增大，随压力的下降而下降。当溶解度下降时，就意味着有一部分气体不能再溶解于液体中，会以气泡的形式析出。但溶解度的变化不是线性的，当液体压力下降时，实际气体并未析出，而是呈现一种过饱和状态，当压力继续下降到某一压力 p_g 时，过饱和气体将突然从液体中析出，使液体中产生大量的气泡。这个使液体中气体突然析出的压力 p_g 称为离散压力。另外，液体的温度越高、溶解度越大，则离散压力越高。

将液体置于密封容器中，在一定温度下，容器内的液体蒸发的速度将越来越慢，到一定程度时就停止蒸发，这种状态称为饱和状态。处于饱和状态下的液体蒸气称为饱和蒸气，饱和蒸气所具有的压力称为饱和蒸气压力 p_v。液体的饱和蒸气压力与温度和液体成分有关，液体成分不同，饱和蒸气压力不同，同一液体，饱和蒸气压力随温度升高而增大。当液体的静压力小于它本身的饱和蒸气压力时，液体内部会涌现大量气泡，出现剧烈的汽化，称为沸腾现象。液压油一般由多种成分混合而成，而每种成分的饱和蒸气压并不相同，这样可以将油液开始汽化的饱和蒸气压称为 p_{Hv}，完全汽化的饱和蒸气压称为 p_{Lv}，液压油的饱和蒸气压力要远小于空气的离散压力。

根据液压油压力与离散压力和饱和蒸气压力的关系，液压油具有 4 种存在状态：

1. $p > p_g$

空气完全溶解于液压油中，空气对液压油各项物理特性的影响不大，在建立液压油物理特性数学模型时可以不考虑空气的影响。

2. $p_g > p > p_{Hv}$

溶解于液压油中的空气部分或完全析出，以气泡的形式存在，气泡的存在对液压油物理特性会产生较大影响。此时，液压油不存在汽化现象。

3. $p_{Hv} > p > p_{Lv}$

溶解于液压油中的空气完全析出，部分液压油成分出现汽化现象，液压油以油液和气体混合物的形式存在。

4. $p_{Lv} > p$

溶解于液压油中空气完全析出，液压油完全汽化，液压油以气体形式存在。

液压油的 4 种存在状态如图 5.1 所示。由于液压油的饱和蒸气压力远小于空气离散压力，当油液压力小于 p_g 时，油液中就会产生气泡，从而引起气穴现象。气穴现象会严重地影响液压系统的正常工作，损害液压元件，所以在系统的设计过程中要避免气穴现象的出现。对于正常工作的液压系统，一般不会出现油液的汽化现象，所以这里只对液压油前两种存在状态的物理特性变化建模进行讨论,即油液压力大于离散压力 p_g 和油液压力小于离散压力 p_g 大于开始汽化的饱和蒸气压力 p_{Hv} 的两种状态。

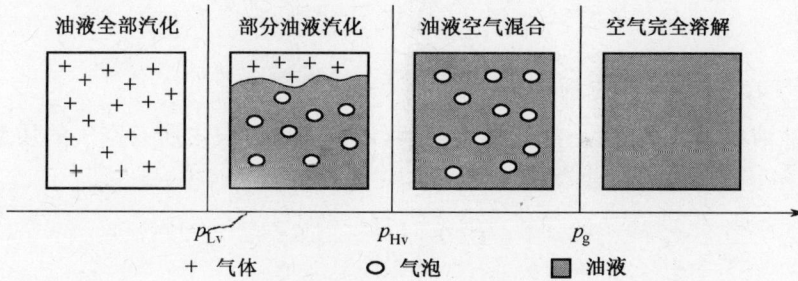

图 5.1　液压油的存在状态

5.2　液压油中空气溶解和析出的计算

从上节分析可知,空气对液压油物理特性会产生较大的影响,但空气在油液中的溶解和析出是一个复杂的物理过程。这个过程的复杂性主要表现为以下几点:

(1) 当油液压力大于离散压时,空气需要相当长的一段时间才可以完全溶解。

(2) 当油液压力小于离散压时,空气会大量析出,形成气泡,但这个过程也不是在瞬间完成的,而且当油液压力小于离散压时,空气也并非完全析出。

(3) 当油液压力先减小至离散压以下,会形成气泡,而当压力突然升高时,这些气泡会快速地坍塌,并溶解于空气,但这个过程也不是瞬间完成的,并且在这种情况下,即使油液压力大于离散压,还可能有以气泡形式存在的空气。

空气在油液中的溶解和析出过程是一个复杂的非线性过程,其中涉及的很多物理过程机理还没有完全弄明白,在建立液压油物理特性模型过程中,必须对空气溶解和析出过程进行简化处理。另外,适当的简化对整个系统热特性的仿真和分析影响不大。建立液压油物理特性数学模型时可以作以下简化:

(1) 液压油压力大于油液开始汽化的饱和蒸气压。

(2) 不考虑空气溶解和析出的时间,认为是瞬间完成的。

(3) 溶解于油液中的空气不影响油液的物理特性。

(4) 析出空气按指数规律变化。

简化后,可以按亨利理论来计算油液中空气的溶解和析出过程。假设有以

117

空气和纯油液混合状态存在的液压油,当压力大于离散压时空气完全溶解。当油液的压力为 1 个大气压,温度为 0℃时,假设此时空气完全析出,则空气的体积比定义为

$$C = \frac{V_a}{V_a + V_1} \tag{5.3}$$

式中:V_a 为空气体积;V_1 为油液体积。

当油液压力升高时,一部分空气溶解,设未溶解空气占所有空气的质量比为 θ,则有

$$\theta = \frac{m_g}{m_a} \tag{5.4}$$

式中:m_g 为未溶解空气质量;m_a 为空气总质量。

根据亨利理论有,当油液压力大于离散压时 $\theta = 0$,即气体完全溶解。当油液压力小于离散压时,未溶解空气百分比按线性规律变化,当油液压力为 0MPa 时,气体完全析出,如图 5.2 所示。

设析出的气体压力和溶解的气体压力相同,那么未溶解空气的质量比 θ 也可以看成未溶解空气的体积比。

当油液压力为 0MPa 时,油液完全汽化,此时考虑溶解空气的析出已经没有意义,所以对亨利定律进行修改,认为压力为 p_{Hv} 时,即油液压力为开始汽化的压力时溶解的空气完全析出,这样空气的析出过程如图 5.3 所示。

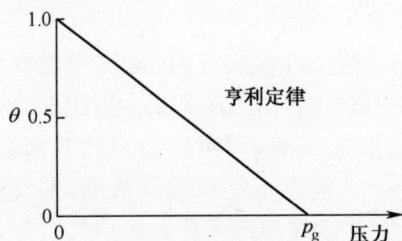

图 5.2 描述油液中空气析出的亨利定律　　图 5.3 修改后描述油液中空气析出的亨利定律

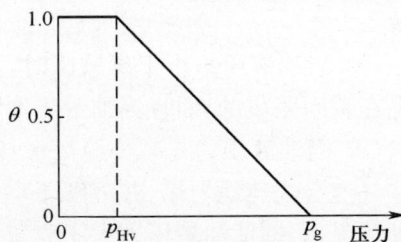

这样,θ 可表示为

$$\theta = 1 - \frac{p - p_{Hv}}{p_g - p_{Hv}} \tag{5.5}$$

当油液压力小于离散压力不多时,实际气体的析出量要小于亨利定律给出的析出量。另外,亨利定律在压力为 p_g 和 p_{Hv} 时具有拐点,出现不连续问题,不利于仿真计算和应用,可以采用 θ 的另一种修正表达式解决这个问题,此时 θ 可表示为

$$\theta = (1-y)^5(1+5y+15y^2+35y^3+70y^4) \qquad (5.6)$$

式中

$$y = \frac{p - p_{Hv}}{p_g - p_{Hv}}$$

这样空气的析出过程如图 5.4 所示。

由式(5.3)可知,油液中所含空气体积可表示为

$$V_a = \frac{CV_l}{1-C} \qquad (5.7)$$

那么析出空气的体积可表示为

$$V_g = \theta \frac{CV_l}{1-C} \qquad (5.8)$$

如果用溶解度表示,则析出空气的质量可表示为

$$m_g = \theta \alpha_m m_l \qquad (5.9)$$

图 5.4 采用修正表达式描述油液中空气的析出

而空气在液压油中的质量溶解度可表示为

$$\alpha_m = \frac{B}{0.00224} \left\{ \rho_0 \left[1 - 0.000595\left(\frac{T-T_0}{\rho_0^{1.21}}\right) \right] \right\}^{-1} m_g \qquad (5.10)$$

式中:B 为 Bensen 系数;ρ_0 为 $T=288.6\text{K}$ 时油液密度;m_g 为空气相对分子质量。

Bensen 系数可表示为

$$B = \frac{273}{T}V_c \qquad (5.11)$$

$$V_c = 7.70V(0.98 - \rho_0) \qquad (5.12)$$

$$V = 0.3\exp\left[0.639\left(\frac{700-T}{T}\right)\ln(3.333V_0)\right] \qquad (5.13)$$

对于空气,$V_0 = 0.095$。

另外,质量溶解度和体积溶解度的关系可表示为

$$\alpha_v = \alpha_m \rho_l / \rho_a \qquad (5.14)$$

通过以上公式,可以完成液压油中空气溶解和析出的计算。

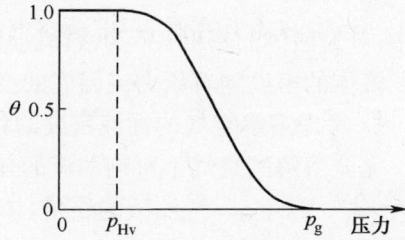

5.3 空气完全溶解时油液的数学模型

空气完全溶解,即 $p > p_g$ 时,油液的物理特性受溶解空气的影响不大,在建立油液物理特性模型时,可以只考虑纯油液的物理特性随油液压力和温度的

变化。

5.3.1 油液密度的数学模型

单位体积液体所具有的质量称为液体的密度,即

$$\rho = \frac{m}{V} \tag{5.15}$$

式中：ρ 为液体的密度；V 为液体的体积；m 为液体的质量。

液体的密度随着压力或温度的变化而发生变化。

1. 考虑溶解空气的油液密度的计算

完全溶解的空气不影响油液的体积,设溶解空气的油液质量、体积、密度分别为 m_o、V_o、ρ_o,纯油液的质量、体积、密度分别为 m_1、V_1、ρ_1,空气的质量、体积、密度分别为 m_a、V_a、ρ_a。假设油液的初始状态为 1 个大气压、273K(或 0℃),设空气完全析出。此时由溶解度的定义,1 个大气压、273K 时油液中溶解空气的体积为

$$V_a = \alpha_v V_1(p_{atm}, 273) \tag{5.16}$$

那么溶解空气的质量为

$$m_a = \rho_a(p_{atm}, 273)\alpha_v V_1(p_{atm}, 273) \tag{5.17}$$

纯油液的质量可表示为

$$m_1 = \rho_1(p_{atm}, 273)V_1(p_{atm}, 273) = \rho_1(p, T)V_1(p, T) \tag{5.18}$$

式中：$\rho_1(p, T)$ 为纯油液在压力 p、温度 T 时的密度。

那么油液的密度可表示为

$$\rho_o = \frac{m_o}{V_o} = \frac{m_a + m_1}{V_1(p, T)} =$$

$$\frac{\rho_a(p_{atm}, 273)\alpha_v V_1(p_{atm}, 273) + \rho_1(p_{atm}, 273)V_1(p_{atm}, 273)}{\rho_1(p_{atm}, 273)V_1(p_{atm}, 273)}\rho_1(p, T) =$$

$$\rho_1(p, T)\left(1 + \alpha_v \frac{\rho_a(p_{atm}, 273)}{\rho_1(p_{atm}, 273)}\right) \tag{5.19}$$

2. 压力变化对密度的影响

早在 1940 年 Dow 和 Fink 就给出了密度随压力的变化关系[2],即

$$\rho(p) = \rho_0(1 + Ap - Bp^2) \tag{5.20}$$

式中：A、B 为实验常数。

1966 年,Dowson 和 Higginson 给出了油液密度随压力的计算方程[3],即

$$\rho(p) = \rho_0\left(1 + \frac{0.6p}{1 + 1.7p}\right) \tag{5.21}$$

式中：p 的单位为 GPa。

Dowson 和 Higginson 的模型适用范围为 $p < 0.4\text{GPa}$，这对于一般液压系统而言已经足够了。1987 年 Hamrock 通过对更大压力范围（$0.4\text{GPa} < p < 2.2\text{GPa}$）的实验数据研究发现，压力对油液密度影响在不同压力范围内表现出不同的特性，在压力小于固化压力时，压力对油液密度影响较大，而压力大于固化压力时，压力对油液密度影响减小，不过 Hamrock 的研究结果由于适用压力过高，对液压系统的仿真计算意义不大[4]。

3. 压力和温度对密度的综合影响

1977 年 Dowson 给出了反映压力和温度对密度综合影响的数学模型[5]，即

$$\rho(p,T) = \rho_0 \left[1 + \frac{mp}{1+fp} + w(T - T_0) \right] \tag{5.22}$$

式中：m、f、w 均为实验常数，对于石油基液压油有 $m = 6 \times 10^{-10}\,\text{m}^2/\text{N}$、$f = 1.7 \times 10^{-9}\,\text{m}^2/\text{N}$、$w = 7 \times 10^{-4}\,\text{K}^{-1}$。

AMESim 中采用二次多项式模型来描述压力和温度对油液密度的影响[6]，有

$$\rho(p,T) = \frac{\rho_0}{1 + a_p \Delta p + a_{p2} \Delta p^2 + a_T \Delta T + a_{T2} \Delta T^2 + a_{pT} \Delta p \Delta T} \tag{5.23}$$

式中：$\Delta p = p_w - p_{ref}$，$\Delta T = T_w - T_{ref}$；p_w 为工作压力；p_{ref} 为初始压力；T_w 为工作温度；T_{ref} 为初始温度；a_p、a_{p2}、a_T、a_{T2}、a_{pT} 均为实验常数。

5.3.2　油液黏度的数学模型

液体在外力作用下流动或有流动趋势时，液体内分子间的内聚力要阻止液体分子的相对运动，由此产生一种内摩擦力，液体的这种性质称为液体的黏性。

液体流动时，由于液体的黏性以及液体和固体壁面间的附着力，会使液体内部各液层间的流动速度大小不等，如图 5.5 所示。

设两平行平板间充满液体，下平板不动，上平板以速度 u_0 向右平移。由于液体的黏性作用，紧贴下平板液体层的速度为零，紧贴上平板液体层的速度为 u_0，而中间各液层的速度则视它距下平板距离的大小按线性规律或曲线规律变化。实验表明，液体流动时相邻液层间的内摩擦力 F_f 与液层接触面积 A 和液层间的速度梯度 du/dy 成正比，即

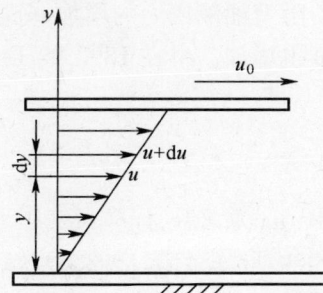

图 5.5　液体黏性的定义

$$F_{\text{f}} = \mu A \frac{\mathrm{d}u}{\mathrm{d}y} \tag{5.24}$$

式中：μ 为比例常数，称为黏性系数或动力黏度。

液体黏性的大小用黏度来表示。常用的液体黏度表示方法有 3 种：动力黏度、运动黏度和相对黏度。

1）动力黏度 μ

动力黏度又称为绝对黏度，可表示为

$$\mu = \frac{F_{\text{f}}}{A \dfrac{\mathrm{d}u}{\mathrm{d}y}} \tag{5.25}$$

动力黏度的法定计量单位为 Pa·s。

2）运动黏度 ν

液体的动力黏度 μ 与其密度 ρ 的比值称为液体的运动黏度，即

$$\nu = \frac{\mu}{\rho} \tag{5.26}$$

液体的运动黏度没有明确的物理意义，但它在工程计算中经常用到，运动黏度的法定计量单位为 m^2/s。

3）相对黏度

相对黏度又称为条件黏度，它是采用特定的黏度计在规定的条件下测量出来的黏度。用相对黏度计测量出它的相对黏度后，再根据相应的关系式换算出运动黏度或动力黏度，便于使用。

事实上，液体的黏度是随着液体的压力和温度而变化的。完全溶解的空气不影响油液黏度，此时油液黏度只和油液的压力和温度有关。

1. 压力对黏度的影响

随着油液压力的增加，分子间距离减小，分子间的作用力增加，所以油液的黏度也增加。早在 1893 年，Barus 就提出了表示压力对油液黏度影响的数学模型[7]，即

$$\ln \frac{\mu}{\mu_0} = \xi p \tag{5.27}$$

式中：μ_0 为常温、标准大气压下油液的动力黏度；ξ 为 Barus 黏压系数，对石油基液压油，取 $\xi = (1.1 \sim 3.5) \times 10^{-8}\,\mathrm{m}^2/\mathrm{N}$；$p$ 为压力。

Barus 的模型在中等压力情况下能准确反映压力对黏度的影响，而且形式简单，得到了广泛的应用，包括 1971 年美国军用作战物资司令部（AMC）出版的工程设计手册液压油部分也使用了该模型[8]。

Barus 的模型在低压和高压情况下适用性差，为了克服这个问题，1962 年，

Cameron 提出了黏压关系的幂函数形式[9]，即

$$\mu = \mu_0 (1 + cp)^n \tag{5.28}$$

式中：c、n 为实验常数，Cameron 模型的实验数据较少，一般取 $n = 16$，且有

$$c = \frac{\xi}{n-1} \tag{5.29}$$

式中：ξ 为 Barus 黏压系数，该关系式适合于压力较高的情况（$p > 500\text{MPa}$）。

1966 年，Roelands 通过对更大范围数据的研究提出了自己黏压模型[10]，即

$$\mu = \mu_0 \exp\{(\ln\eta_0 + 9.67)[(1 + 5.1 \times 10^{-9} p)^{Z_1} - 1]\} \tag{5.30}$$

Roelands 的模型被认为是到目前为止最为精确的黏压模型[13]，Z_1 为实验常数。

2. 温度对黏度的影响

随着温度增加，分子间作用力会显著减小，油液黏度会下降，进而影响整个系统的工作性能。

1960 年，Walther 给出了温度对黏度影响的数学模型[2]，即

$$\log\log(\nu + 0.8) = n\log T + C \tag{5.31}$$

式中：ν 为动力黏度；T 为温度；n、C 为油液的实验常数。

Herschel 给出了计算温度对黏度影响更简单的模型[2]，即

$$\mu = \mu_0 \left(\frac{T_0}{T}\right)^K \tag{5.32}$$

式中：K 为实验常数。

不过 Herschel 的模型在使用时对温度范围有严格要求，超出限制范围可能出现较大的误差。

1966 年，Roelands 给出了描述温度对黏度影响的数学模型[10]，即

$$\log(\log\mu + 1.2) = -S_0 \log\left(1 + \frac{T}{135}\right) + \log G_0 \tag{5.33}$$

式中：G_0、S_0 为无量纲系数。

另外，常用的黏温关系式还有[11]以下几个：

Reynolds 公式，即

$$\mu = \mu_0 \exp(-aT) \tag{5.34}$$

Andrade - Erying 公式，即

$$\mu = \mu_0 \exp(a/T) \tag{5.35}$$

Slotte 公式，即

$$\mu = \frac{a}{(b+T)^c} \tag{5.36}$$

Vogel 公式，即

$$\mu = a \exp\left(\frac{b}{T+c}\right) \tag{5.37}$$

从以上研究可知,对油液黏温特性的研究较多,而各种模型在使用过程中都有自己的局限性,在使用时应根据使用目的的不同进行选择。美国测试与材料协会(ASTM)出版的黏温特性线图被广泛用来描述油液黏度,所以 ASTM 线图采用的 Walther 模型应用较为广泛。美国军用作战物资司令部(AMC)的工程设计手册(液压油部分)中也采用了 Walther 的模型,不过对选用的参数进行了一定的修改[8]。

3. 压力温度对黏度的综合影响

油液受压力和温度的综合影响,很多学者给出了压力、温度对黏度综合影响的模型。1965 年,美国工程科学院院士 Cheng 提出表示压力和温度对油液黏度影响的计算式,即[12]

$$\mu = \mu_0 \exp\left[\alpha p + \frac{\beta}{T} - \frac{\beta}{T_0} + \frac{\gamma p}{T}\right] \tag{5.38}$$

式中:α、β、γ 均为实验常数。

这个模型由于参数确定较为麻烦,所以使用不多。

1966 年,Roelands 给出的压力和温度对油液黏度影响综合模型为[10]

$$\log\mu + 1.2 = G_0 \frac{(1 + p/2000)^{-C_2\log(1+t_{\rm m}/135)+D_2}}{(1 + t_{\rm m}/135)^{S_0}} \tag{5.39}$$

式中:G_0、S_0、C_2、D_2 均为实验参数。

Roelands 的模型被认为是到目前为止较为准确的模型,但涉及参数也较多。

而广泛使用的压力—温度—黏度模型是将 Barus 黏压关系和 Reynolds 黏温关系综合的指数模型[11],即

$$\mu = \mu_0 \exp\left[\xi p - a(T - T_0)\right] \tag{5.40}$$

另外,AMESim 采用了一种简单的二次多项式模型来表示压力和温度对黏度的影响[6],即

$$\mu = \mu_0 \times 10^{\psi} \tag{5.41}$$

$$\psi = b_{\rm p}\Delta p + b_{\rm T}\Delta T + b_{\rm T2}\Delta T^2 \tag{5.42}$$

式中:$\Delta p = p_{\rm w} - p_{\rm ref}$;$\Delta T = T_{\rm w} - T_{\rm ref}$;$p_{\rm w}$ 为工作压力;$p_{\rm ref}$ 为初始压力;$T_{\rm w}$ 为工作温度;$T_{\rm ref}$ 为初始温度;μ_0 为初始压力和初始温度下运动黏度;$b_{\rm p}$、$b_{\rm T}$、$b_{\rm T2}$ 为实验系数。

5.3.3 油液体积弹性模量的数学模型

液体受压力的作用而使体积发生变化的性质称为液体的可压缩性。体积为

V 的液体,当压力变化量为 Δp 时,体积的绝对变化量为 ΔV,在单位压力变化下的体积相对变化量为

$$k = -\frac{1}{\Delta p}\frac{\Delta V}{V} \tag{5.43}$$

式中:k 为液体的体积压缩系数。

因为压力增大时液体的体积减小,所以式(5.43)的右边加上负号,以便使液体的体积压缩系数 k 为正值。

液体体积压缩系数的倒数称为液体的体积弹性模量,简称体积模量,用 β 表示,即

$$\beta = \frac{1}{k} = -\frac{V}{\Delta V}\Delta p \tag{5.44}$$

体积弹性模量 β 表示液体产生单位体积相对变化量时所需要的压力增量。在使用中,可用 β 值来说明液体抵抗压缩的能力大小。液压油的体积弹性模量 β 与温度、压力有关,温度增大时,β 值减小,在液压油正常的工作温度范围内 β 值会有 $5\%\sim25\%$ 的变化。压力增大时,β 值增大,反之则减小,但这种变化不呈线性关系。另外,空气会使得液压油的体积弹性模量显著降低,油液体积弹性模量还受所承载的容器的影响。完全溶解的空气对油液的体积弹性模量影响不大,所以这里主要讨论压力和温度对油液体积弹性模量的影响,承载容器对油液体积弹性模量的影响也一并说明。

1. 压力和温度对油液体积弹性模量的影响[17]

描述压力和温度对油液体积弹性模量影响的数学模型主要有以下几个:

Boes 模型,即

$$\beta_e(p) = 0.5\beta\log\left(99\frac{p}{p_{ref}} + 1\right) \tag{5.45}$$

式中:$\beta = 1.2 \times 10^9 \, \text{Pa}$;$p_{ref} = 10^7 \, \text{Pa}$。

Hoffmann 模型,即

$$\beta_e(p) = \beta_{pmax}[1 - \exp(-0.4 + 2 \times 10^{-7}p)] \tag{5.46}$$

式中:p 的单位为 Pa;$\beta_{pmax} = 1.8 \times 10^9 \, \text{Pa}$。

Jinghong 模型,即

$$\beta_e(p) = \frac{\beta(1 + 10^{-5}p)^{(1+\frac{1}{\gamma})}}{(1 + 10^{-5}p)^{(1+\frac{1}{\gamma})} + 10^{-5}R(1 - c_1 p)\left(\frac{\beta}{\gamma} - 10^5 - p\right)} \tag{5.47}$$

式中:$\beta = 1.701 \times 10^9 \, \text{Pa}$;$\gamma = 1.4$;$c_1 = -9.307 \times 10^{-6}$;$R = 4 \times 10^{-5}$。

Lee 模型,即

$$\beta_e(p) = 0.5\beta\log\left[100\left(\frac{p}{p_{max}} + 0.3\right)\right] \tag{5.48}$$

式中：$\beta=1.8\times10^9\,\mathrm{Pa}$；$p_{\max}=2.8\times10^7\,\mathrm{Pa}$；$p$ 的单位为 Pa。

Eggerth 模型采用体积压缩系数表示，即

$$k=C_1+C_2\left(\frac{p}{p_0}\right)^{\lambda} \tag{5.49}$$

式中：$p_0=10^6\,\mathrm{Pa}$，且 $0<p<5\mathrm{MPa}$；C_1、C_2、λ 为实验常数，而且与温度有关，针对 HLP 36 液压油，实验常数如表 5.1 所列。

表 5.1　HLP 36 液压油不同温度下的仿真参数

温度/℃	C_1 /(m²/N)	C_2 /(m²/N)	λ
20	4.943×10^{-10}	1.9540×10^{-10}	-1.48
50	5.469×10^{-10}	3.2785×10^{-10}	-1.258
90	5.762×10^{-10}	4.7750×10^{-10}	-1.100

不同模型仿真结果的对比如图 5.6 所示。

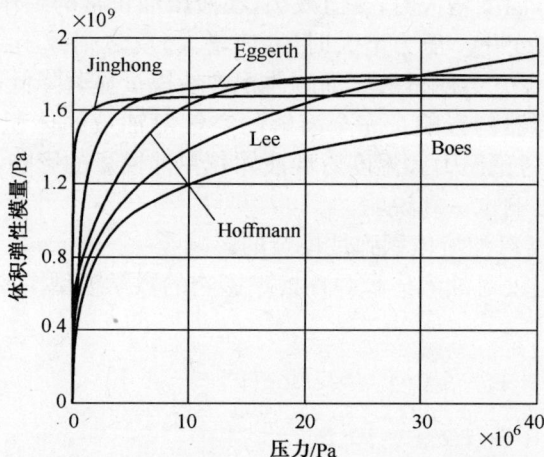

图 5.6　不同体积弹性模量模型仿真结果的对比

另外，油液在压缩过程中质量不变，则由体积弹性模量的定义可知

$$\beta=\frac{1}{k}=-\frac{V}{\Delta V}\Delta p=-\frac{m/\rho}{\mathrm{d}(m/\rho)}\mathrm{d}p$$

$$=-\frac{1/\rho}{\mathrm{d}(1/\rho)}\mathrm{d}p=\rho\,\frac{\mathrm{d}p}{\mathrm{d}\rho} \tag{5.50}$$

将密度 ρ 的二次多项式模型代入上式，可得油液体积弹性模量的多项式模型为

$$\beta=-\frac{1+a_p\Delta p+a_{p2}\Delta p^2+a_T\Delta T+a_{T2}\Delta T^2+a_{pT}\Delta p\Delta T}{a_p+2a_{p2}\Delta p+a_{pT}\Delta T} \tag{5.51}$$

2. 承载容器对油液有效体积弹性模量的影响

油液的有效体积弹性模量取决于油液本身的体积弹性模量和容器的体积弹性模量,1983 年 Theissen 给出了考虑壁厚影响的油液体积模量

$$\beta_e = \beta \frac{1}{1 + \dfrac{\beta}{E_{st}} W} \tag{5.52}$$

式中:β_e 为有效体积模量;β 为油液体积模量;E_{st} 为金属的杨氏模量。

对于厚壁钢管有

$$W = \frac{2 \left(\dfrac{D_o}{D_i}\right)^2 (1+v) + 3(1-2v)}{\left(\dfrac{D_o}{D_i}\right)^2 - 1} \tag{5.53}$$

式中:D_o 为外径;D_i 为内径;v 为泊松率,对于钢取 0.3。

对于薄壁钢管,壁厚为 S,当 $S/D_o < 0.1$ 时,有

$$W = \frac{D_i}{S} \tag{5.54}$$

式中:D_i 为内径;S 为壁厚。

1981 年,Martin 给出了橡胶软管体积弹性模量的经验公式,公式在 $p < 0.5 p_{max}$ 情况下准确性较高。

$$\beta(p) = (614D - 2.18)(p_{max})^{1.5} \left(1.11 - e^{\frac{-2p}{p_{max}}}\right) \tag{5.55}$$

式中:D 为内径(m);p_{max} 为软管的最大允许工作压力(MPa)。

5.3.4 油液比热容的数学模型

单位质量的物体,温度升高 1℃ 时吸收的热量称为材料的比热容,一般用 C_p 表示。

在进行液压系统热力学建模与仿真时,油液比热容是一个较为关键的参数,AMESim 中采用了二次多项式模型描述压力和温度变化对比热容的影响[6],即

$$C_p = C_{p0}(1 + c_T \Delta T + c_{T2} \Delta T^2 + c_p \Delta p + c_{pT} \Delta p \Delta T) \tag{5.56}$$

式中:$\Delta p = p_w - p_{ref}$;$\Delta T = T_w - T_{ref}$;p_w 为工作压力;p_{ref} 为初始压力;T_w 为工作温度;T_{ref} 为初始温度;C_{p0} 为初始压力和初始温度下的比热容;c_T、c_{T2}、c_p、c_{pT} 为实验常数。

5.3.5 油液导热系数的数学模型

材料的导热系数是表征材料的导热性能的参数,是材料的一种物理属性。导热系数也是进行液压系统热力学建模与仿真的一个关键参数,液压油导热系

数主要受温度的影响，AMESim 中采用的导热系数模型为[6]

$$k = k_0(1 + d_t\Delta T + d_{t2}\Delta T^2) \tag{5.57}$$

式中：$\Delta T = T_w - T_{ref}$；T_w 为工作温度；T_{ref} 为初始温度；k_0 为初始压力和初始温度下油液的导热系数；d_T、d_{T2} 为实验常数。

5.3.6　油液热膨胀系数的数学模型

液体受温度的影响而使体积发生变化的性质称为液体的热膨胀现象。体积为 V 的液体，当温度变化量为 ΔT 时，体积的绝对变化量为 ΔV，液体在单位温度变化下的体积相对变化量为

$$\alpha = \frac{1}{\Delta T}\frac{\Delta V}{V} \tag{5.58}$$

式中：α 为热膨胀系数。

由于液体因温度变化而发生体积变化的过程中质量不变，则膨胀系数还可写成

$$\alpha = \frac{1}{\Delta T}\frac{\Delta V}{V} = \frac{1}{m/\rho}\frac{d(m/\rho)}{dT} = -\frac{1}{\rho}\frac{d\rho}{dT} \tag{5.59}$$

根据密度 ρ 的二次多项式模型，则热膨胀系数的多项式模型可表示为

$$\alpha = \frac{a_T + 2a_{T2}\Delta T + a_{pT}\Delta p}{1 + a_p\Delta p + a_{p2}\Delta p^2 + a_T\Delta T + a_{T2}\Delta T^2 + a_{pT}\Delta p\Delta T} \tag{5.60}$$

5.4　液压油物理特性变化的多项式模型

在上节的讨论过程中，针对油液的不同物理特性给出了 AMESim 使用的多项式模型。由于多项式模型计算简单，物理意义明确，会给液压系统热特性的仿真带来很大的方便，现将多项式模型总结如下。

密度为

$$\rho(p, T) = \frac{\rho_0}{1 + a_p\Delta p + a_{p2}\Delta p^2 + a_T\Delta T + a_{T2}\Delta T^2 + a_{pT}\Delta p\Delta T} \tag{5.61}$$

黏度为

$$\mu = \mu_0 \times 10^{\psi} \tag{5.62}$$

$$\psi = b_p\Delta p + b_T\Delta T + b_{T2}\Delta T^2 \tag{5.63}$$

比热容为

$$C_p = C_{p0}(1 + c_T\Delta T + c_{T2}\Delta T^2 + c_p\Delta p + c_{pT}\Delta p\Delta T) \tag{5.64}$$

导热系数为

$$k = k_0(1 + d_T \Delta T + d_{T2} \Delta T^2) \tag{5.65}$$

体积弹性模量为

$$\beta = -\frac{1 + a_p \Delta p + a_{p2} \Delta p^2 + a_T \Delta T + a_{T2} \Delta T^2 + a_{pT} \Delta p \Delta T}{a_p + 2a_{p2} \Delta p + a_{pT} \Delta T} \tag{5.66}$$

热膨胀系数为

$$\alpha = \frac{a_T + 2a_{T2} \Delta T + a_{pT} \Delta p}{1 + a_p \Delta p + a_{p2} \Delta p^2 + a_T \Delta T + a_{T2} \Delta T^2 + a_{pT} \Delta p \Delta T} \tag{5.67}$$

几种常用液压油多项式模型使用的参数如表 5.2 所列[6]。

表 5.2 几种常用液压油多项式模型的仿真参数

参数		MIL－H－5606	MIL－H－8446	MIL－H－27601	MIL－H－83282	MIL－H－87257
p_{ref} /Pa		1×10^5	1×10^5	1×10^5	1×10^5	1×10^5
T_{ref} /℃		10	10	10	10	10
ρ_0 /(kg/m³)		864.6	953.9	854.8	846.3	823.1
μ_0 /(kg/ms)		3.223×10^{-2}	4.632×10^{-2}	5.916×10^{-2}	6.1269×10^{-2}	1.8027×10^{-2}
C_{p0} /(J/(kg·K))		4.2654×10^4	1.7091×10^3	1.9035×10^3	1.9835×10^3	6.5982×10^3
k_0 /(W/(m·K))		0.13338	0.14815	0.13704	0.17371	0.14557
ρ	a_T	8.1549×10^{-4}	7.4952×10^{-4}	7.5622×10^{-4}	7.6782×10^{-4}	8.2335×10^{-4}
	a_{T2}	9.0695×10^{-7}	8.0678×10^{-7}	7.3369×10^{-7}	7.8475×10^{-7}	9.3319×10^{-7}
	a_p	-6.8902×10^{-10}	-7.8277×10^{-10}	-6.5430×10^{-10}	-5.7975×10^{-10}	-6.8690×10^{-10}
	a_{pT}	-3.3654×10^{-12}	-3.8141×10^{-12}	-3.4026×10^{-12}	-3.5842×10^{-12}	-3.7008×10^{-12}
	a_{p2}	2.1370×10^{-18}	2.7274×10^{-18}	2.0519×10^{-18}	1.2298×10^{-18}	2.2252×10^{-18}
μ	b_T	-1.5318×10^{-2}	-1.5057×10^{-2}	-2.3840×10^{-2}	-2.0589×10^{-2}	-1.4770×10^{-2}
	b_{T2}	6.0024×10^{-5}	4.9031×10^{-5}	1.0668×10^{-4}	7.8139×10^{-5}	6.0550×10^{-5}
	b_p	9.3777×10^{-9}	6.6877×10^{-9}	8.7245×10^{-9}	5.7205×10^{-9}	1.0061×10^{-8}
C_p	c_T	8.8030×10^{-3}	2.1832×10^{-3}	1.8621×10^{-3}	1.7590×10^{-3}	6.4357×10^{-4}
	c_{T2}	1.0098×10^{-9}	-6.9420×10^{-10}	2.3904×10^{-9}	3.3500×10^{-9}	1.0213×10^{-8}
	c_{pT}	-4.9188×10^{-14}	-9.8977×10^{-13}	-9.0178×10^{-13}	-9.3501×10^{-13}	-3.4366×10^{-13}
	c_p	-1.3928×10^{-11}	-2.8025×10^{-10}	-2.5534×10^{-10}	-2.4675×10^{-10}	-9.7309×10^{-11}
λ	d_T	-5.6289×10^{-4}	-1.4838×10^{-3}	-8.5269×10^{-4}	-2.0332×10^{-3}	-1.1467×10^{-3}
	d_{T2}	4.0575×10^{-9}	-7.8837×10^{-9}	1.5977×10^{-9}	1.4061×10^{-9}	2.3072×10^{-9}

表 5.2 中 MIL－H－××××为美国军用液压油标准。国内常用的 10 号和 12 号航空液压油性能接近于 MIL－H－83282。

5.5 空气部分析出时油液的数学模型

当油液压力小于空气离散压时就会有空气析出,此时液压油以油液和气泡的混合物形式存在。油液析出量的计算在 5.2 节中已经进行了详细的讨论。油液中混合的气泡会对油液物理特性产生较大影响,主要表现在油液密度、黏度和体积弹性模量上。

5.5.1 油液密度的数学模型

空气析出时,液压油以油液和气泡的混合物形式存在。设在 1 个大气压、273K(或 0℃)时有纯油液 V_1 ,空气的体积溶解度为 α_v ,空气全部溶解。那么油液的质量可表示为

$$m_l = V_1(p_{atm}, 273)\rho_l(p_{atm}, 273) \tag{5.68}$$

压力变化后,析出的空气质量可表示为

$$m_{af} = \theta\alpha_v V_1(p_{atm}, 273)\rho_a(p_{atm}, 273) \tag{5.69}$$

析出空气的体积可表示为

$$V_{af}(p, T) = \theta\alpha_v V_1(p_{atm}, 273)\frac{T}{273}\left(\frac{p_{atm}}{p}\right)^{1/\kappa} \tag{5.70}$$

式中: κ 为多变指数。

溶解的空气质量可表示为

$$m_{ad} = (1-\theta)\alpha_v V_1(p_{atm}, 273)\rho_a(p_{atm}, 273) \tag{5.71}$$

纯油液的质量可表示为

$$m_l = V_1(p_{atm}, T)\rho_l(p_{atm}, 273) = V_1(p, T)\rho_l(p, T) \tag{5.72}$$

假设溶解的空气不改变纯油液的体积,则混有气泡的液压油密度可表示为

$$
\begin{aligned}
\rho(p, T) &= \frac{m_{af} + m_{ad} + m_l}{V_1(p, T) + V_{af}(p, T)} \\
&= \frac{\alpha_v V_1(p_{atm}, 273)\rho_a(p_{atm}, 273) + V_1(p_{atm}, T)\rho_l(p_{atm}, 273)}{\dfrac{V_1(p_{atm}, T)\rho_l(p_{atm}, 273)}{\rho_l(p, T)} + \theta\alpha_v V_1(p_{atm}, 273)\dfrac{T}{273}\left(\dfrac{p_{atm}}{p}\right)^{1/\kappa}} \\
&= \frac{\alpha_v \rho_a(p_{atm}, 273) + \rho_l(p_{atm}, 273)}{\dfrac{\rho_l(p_{atm}, 273)}{\rho_l(p, T)} + \theta\alpha_v \dfrac{T}{273}\left(\dfrac{p_{atm}}{p}\right)^{1/\kappa}}
\end{aligned} \tag{5.73}
$$

5.5.2 油液黏度的数学模型

以气泡形式存在的空气会影响液压油的黏度。

130

AMESim 中采用油液和空气动力黏度的平均值作为混合有空气的液压油的黏度，表示为[6]

$$\mu_o = \frac{V_1\mu_1 + V_a\mu_a}{V_1 + V_a} \tag{5.74}$$

式中：V_1 为油液的体积；V_a 为析出空气的体积；μ_1 为纯油液的体积；μ_a 为析出空气的体积。

此时 V_1 为压力 p 和温度 T 下纯油液的体积，V_a 采用压力 p 和温度 T 下空气的体积，表示为

$$V_a(p,T) = \theta\alpha_v V_1 \frac{T}{273}\left(\frac{p_{atm}}{p}\right)^{\frac{1}{\kappa}} \tag{5.75}$$

气泡对液压油黏度的影响也可用采用以下的经验公式表示[15]，即

$$\mu = \mu_0\left(1 + 0.015\frac{V_a}{V_o}\right) \tag{5.76}$$

式中：V_a 为液压油中的气泡体积；V_o 为液压油体积。

此时体积以 1 个大气压、273K 计。如果初始状态液压油中气泡体积已知，则有

$$\frac{V_a}{V_o} = \frac{V_{a0}}{V_o} + \alpha_{v0} - \alpha_v = \frac{V_{a0}}{V_o} + \theta\alpha_{v0} \tag{5.77}$$

式中：V_{a0} 初始状态下油液内气泡体积；α_{v0} 初始状态下气体的体积溶解度；α_v 为温度为 T、压力为 p 时气体的体积溶解度。

5.5.3 油液体积弹性模量的数学模型

油液中混合气泡会显著地降低油液的体积弹性模量，特别是压力小于10MPa 时这种影响更加明显，Backe 和 Murrenhoff 给出了含有气泡的油液体积弹性模量的数学模型，该模型假设空气是等熵变化，可表示为

$$\beta_o = \beta_l \frac{1 + \dfrac{V_{g0}}{V_{l0}}}{1 + \dfrac{V_{g0}}{V_{l0}}\dfrac{\beta_l}{\kappa p}\left(\dfrac{p_{atm}}{p}\right)^{1/\kappa}} = \beta_l \frac{1 + \theta\alpha_v}{1 + \theta\alpha_v \dfrac{\beta_l}{\kappa p}\left(\dfrac{p_{atm}}{p}\right)^{1/\kappa}} \tag{5.78}$$

式中：β_l 为纯油液的体积弹性模量；V_{g0} 为以标准状态计的析出空气的体积；V_{l0} 为标准状态计的油液体积；p_{atm} 为标准大气压；p 为工作压力；κ 为多变指数；α_v 为空气的体积溶解率；θ 为析出空气占全部空气的质量比。

油液中含有气泡，对油液体积弹性模量的影响如图 5.7 所示。

从图 5.7 中可以看出，气泡的存在显著地降低油液的体积弹性模量，油液体积弹性模量的改变对液压系统动态特性会产生较大的影响。

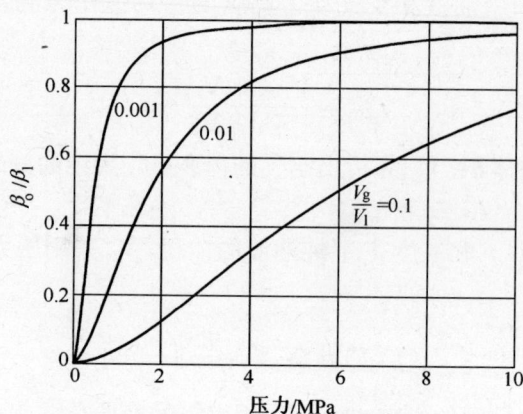

图 5.7　气泡对油液体积弹性模量的影响

5.6　固体材料物理特性的数学模型

固体材料的物理特性随材料压力和温度变化较小,在不大的压力和温度变化范围内可以认为是常数,对液压系统的热特性仿真计算影响也不大。当需要考虑详细的固体材料物理特性变化时,主要考虑材料物理特性随温度的变化,可以采用二次多项式模型描述,主要包括材料的密度、比热容和导热系数。

固体材料密度主要受温度变化的影响,可表示为

$$\rho = \rho_0 (1 + a_t \Delta T + a_{t2} \Delta T^2) \tag{5.79}$$

式中:ρ_0 为初始温度下材料的密度;$\Delta T = T_w - T_{ref}$;T_w 为工作温度;T_{ref} 为初始温度;a_t、a_{t2} 为实验常数。

固体材料的比热容的变化可表示为

$$c_p = c_{p0} (1 + b_t \Delta T + b_{t2} \Delta T^2) \tag{5.80}$$

式中:c_{p0} 为初始温度下材料的比热容;$\Delta T = T_w - T_{ref}$;b_t、b_{t2} 为实验常数。

固体材料导热系数的变化可表示为

$$\kappa = \kappa_0 (1 + c_t \Delta T + c_{t2} \Delta T^2) \tag{5.81}$$

式中:κ_0 为初始温度下材料的导热系数;$\Delta T = T_w - T_{ref}$;c_t、c_{t2} 为实验常数。

几种常用固体材料多项式模型的参数如表 5.3 所列[6]。

表 5.3　几种常用固体材料多项式模型的仿真参数

参数	AISI302	AISI304	AISI316	10Cr18Ni9	iron	5A02
T_{ref}/℃	27	27	27	20	27	25

132

参数		AISI302	AISI304	AISI316	10Cr18Ni9	iron	5A02
ρ_0 /(kg/m³)		8055	7900	8238	7850	7870	2680
c_{p0} /(J/(kg・K))		480	477	468	502	447	931
k_0 /(W/(m・K))		15.1	14.9	13.4	16.7	80.2	155
ρ	a_T	0	0	0	0	0	0
	a_{T2}	0	0	0	0	0	0
c_p	b_T	6.418×10^{-4}	6.442×10^{-4}	6.602×10^{-4}	0	1.890×10^{-3}	4.574×10^{-4}
	b_{T2}	-3.933×10^{-7}	-2.329×10^{-7}	-3.813×10^{-7}	0	-1.262×10^{-6}	-1.682×10^{-8}
κ	c_T	1.139×10^{-3}	1.549×10^{-3}	1.257×10^{-3}	5.904×10^{-4}	-1.335×10^{-3}	4.577×10^{-4}
	c_{T2}	-2.685×10^{-7}	-3.539×10^{-7}	-1.625×10^{-7}	2.308×10^{-7}	6.830×10^{-7}	-9.620×10^{-7}

表 5.3 中 AISI 为美国钢铁学会标准，AISI302 对应中国牌号为 1Cr18Ni9，AISI304 对应中国牌号为 0Cr19Ni9，AISI316 对应中国牌号为 0Cr17Ni12Mo2。

参 考 文 献

[1] 陈廷楠. 应用流体力学[M]. 北京：航空工业出版社，2000.

[2] Walter Ernst. Oil Hydraulic Power and Its Industrical Applications[M]. McGraw - Hill. Inc. New York，1960

[3] Dowson，D.，Higginson，G. R. Elastohydrodynamic Lubrication：The Fundamentals of Roller and Gear Lubrication[M]. Pergamon，Oxford，1966

[4] Hamrock B J, Jacobson B O, Bergstrom S I. Measurement of the Density of Base Fluids at Pressures to 2.2 GPa[J]. ASLE Trans.，vol. 30，no 2，Apr.，pp. 196 - 202.

[5] Dowson D, Higginson G R. Elastohydrodynamic Lubrication[M]. Pergamon Press，1977.

[6] AMESim 4.2 Thechnical Bulletins：Standard Fluid Properties[K]. IMAGINE S. A, 2002

[7] Barus C. Isothermals, Isopiestics, and Isometrics Relative to Viscosity. American Journal of Science, vol. 45, pp. 87 - 96, 1893.

[8] Engineering Design Handbook：Hydraulic Fluids. U. S. ARMY. MATERIEL COMMAND. JUN, 1971

[9] Cameron A. Principles of Lubrication. Longman Press, 1966

[10] Roelands C J A. Correlational Aspects of the Viscosity - Temperature - Pressure Relationship of Lubricating oils[M]. Druk, V. R, B, , Groingen, Netherlands, 1966.

[11] 温诗铸，杨沛然. 弹性流体动力润滑[M]. 北京：清华大学出版社，1992.

[12] Cheng H S, Sternlicht B. A numerical solution for the pressure, temperature and film thickness between two infinite long, lubricated rolling and sliding cylinders, under heavy loads[J]. Journal of

Basic Engineering，Trans，ASME，vol. 87，1965.

[13] 薛晓虎. 液压系统缝隙内流体泄露特性的分析[J]. 机械工程学报，2004(40)：6：75 - 80.

[14] Bernard J. Hamrock. Fundamentals of Fluid Film Lubrication[M]. McGraw - Hill. Inc. New York，1994.

[15] 日本液压气动协会. 液压气动手册[M]. 北京：机械工业出版社，1994.

[16] 李永林. 液压系统热力学模块化建模及仿真研究[D]. 西安：空军工程大学工程学院，2008.

[17] Modeling of Hydraulic Systems：HyLib Tutorial V 2.5[K]. Modelon AB，2008.

[18] 李永林，胡新江，曹克强，等. 液压工作介质物理特性的数字建模[J]. 机床与液压，2011(39)：1：103 -108.

[19] 陈海泉，谷学华，孙玉清. 液压介质的仿真[J]. 大连海事大学学报，2002(28)：2：91 - 93.

[20] 时培民，王幼民，王立涛. 液压油液数字建模与仿真[J]. 农业机械学报，2007(38)：12：148 - 151.

[21] 童景山，李敬. 流体热物理性质的计算[M]. 北京：清华大学出版社，1982.

[22] 沈燕良. 飞机系统原理[M]. 北京：国防工业出版社，2007.

第6章　液压系统热特性建模的控制体方法

本章讨论飞机液压系统热特性建模的控制体方法。首先讨论液压系统热特性建模使用的工程热力学基本概念、分析方法、基本定律,然后建立液压元件热特性建模的控制体方程,最后讨论温度和压力方程的简化以及节流元件的温度和压力计算。

6.1　液压系统热特性建模的理论基础

液压系统的本质是一种能量转换和传输系统。液压系统将一种形式的机械能转换为工作介质的压力能,通过一定的传输和控制后,再转换为另一种形式的机械能对外做功。作为飞机液压系统,通过液压泵将发动机或电动机旋转形式的机械能转化为液压油的压力能,通过管路将油液传输至执行元件,再通过执行元件将油液的压力能转换为直线或旋转形式的机械能,从而控制舵面的偏转、起落架收放、舱门开关等。

在液压系统能量转换的过程中涉及动能、位能和内能3种形式的能量。动能和位能是机械能,是宏观物体有规则运动的能量量度。内能是微观粒子杂乱无章的不规则运动的量度。在能量转化过程中,由于摩擦的存在,不可避免地要产生一定的能量损失,从而使能量转换的效率小于1,这些损失的能量一般转换为热能,散失到环境中。因此,在能量的转换过程中,还存在机械能向热能的转换。

机械能向热能的转换可以作为热力学研究的内容。热力学是研究热能和机械能相互转换普遍规律的科学。热力学是一门具有普遍意义的学科,是客观世界能量转换规律的基本定律,同样适用于液压系统中能量转换的描述。对于液压系统的热特性研究,主要关注的是机械能向热能的转换过程,液压系统中一般不存在热能向机械能的转换。这样,可以以热力学普遍规律为基础研究液压系统机械能向热能的转化,描述液压系统热量产生的过程。

液压系统工作过程中会产生热量,热量的产生会破坏系统原有的热平衡,在温差的作用下热量会在系统物质之间或物质内部进行传递,对热量传递过程的描述需要采用传热学的理论和方法。传热学是研究由温差引起的热量传递规律的科学。传热学中的主要物理量都包含时间，这样传热学可以描述热量传递和温度随时间的变化规律，而工程热力学中的物理量一般不包含时间，只描述热量产生的多少。传热学的相关理论和方法已经在第3章中进行了详细的讨论。

无论是热力学和传热学，在描述液压系统状态过程中都不可避免地要使用工作介质的压力、流量等参数。而流体力学正是研究液压系统的压力、流量变化规律的基础学科，通过流体力学的分析已得到了较为完整的描述液压系统压力—流量的理论，这里称为液压理论。所以液压系统热特性的研究也离不开液压理论。

综上所述，液压系统热特性研究的理论基础是工程热力学、传热学和液压理论。工程热力学描述热量的产生，传热学描述热量的传递，液压理论是进行工程热力学和传热学计算的基础。

本章以工程热力学基本规律为基础，建立描述液压系统热量产生的基本理论，称为液压系统热特性建模的控制体方法。相关液压理论结合元件热特性建模时说明。

6.2　热力学系统及其分类

把某种边界所包围的特定物质或空间作为分析研究的对象，此类对象称为热力学系统。包围热力学系统的边界可以是真实的，也可以是假想的；可以是固定的，也可以是移动的。热力学系统可以是一种物质或几种物质的组合，也可以是空间的一定区域。

热力学系统可以与外界进行能量的交换和质量的交换，质量的交换必然伴随着能量的交换。只允许有能量交换而不允许有质量交换的热力学系统称为封闭系统。图6.1所示为一封闭系统，是一汽缸活塞，汽缸内壁为固定的实边界，活塞内壁为可移动的实边界。取汽缸和活塞包围的物质作为热力学系统，那么系统与边界可以进行热交换和功的交换，即进行能量交换。由于系统边界都为实边界，所以不能进行质量交换，这样的热力学系统称为封闭系统。

如果系统与外界不仅进行能量交换，还可以进行质量交换，这样的热力学系统称为开放系统。如图6.2所示，以虚拟边界1-1、2-2以及壳体所围的物质作为热力学系统。这样的系统不仅与外界有热交换和功交换，还在虚拟边界上有质量的交换。这样的系统称为开放系统。

图 6.1　封闭热力学系统

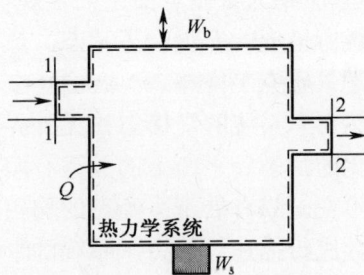

图 6.2　开放热力学系统

　　按系统中质量是否改变,热力学系统可以分为定质量系统和变质量系统。对于图 6.1 所示的热力学系统,因为没有质量交换,所以是定质量系统。对于图 6.2 所示的热力学系统,当流入系统的质量流量等于流出系统的质量流量时,系统内工质的质量保持不变,也是定质量系统,当流入和流出的质量流量不相等时,系统内工质质量发生改变,称为变质量系统。另外,产生变质量系统的原因还有质量转化,如液体的汽化、化学反应等,不过液压系统中一般不涉及这方面的内容。

　　另外,根据参考坐标系选取的不同,热力学系统还可分为静止系统和运动系统。

　　热力学系统的分类是进行液压系统热力学分析的基础。液压系统一般都是封闭系统,和外界没有质量的交换,如果将整个液压系统作为热力学的研究对象,那么系统就是封闭系统。而将某一液压元件内的工质作为研究对象,需要确定虚拟边界,而且存在质的交换,此时选取的热力学系统是一个开放系统。对于像液压泵、液压马达、液压阀这类元件,当处于稳定流动过程时,可以认为是定质量系统。但对于像液压蓄压器、作动筒这类元件,由于只有一个虚拟边界或者活塞面积不同,会导致系统内工质质量的变化,是一个变质量的系统。

　　需要指出的是,将整个液压系统作为研究对象时,已不再适用于经典热力学的理论,因为此时系统并不处于平衡态,也不适用于准平衡假设,其微观粒子的运动状态无法用宏观的参数表示。例如,系统的压力,液压系统工作过程中各处压力变化很大,无法用统一的压力参数描述系统状态,这样经典热力学的理论就不再适用。而选取液压元件所包围的空间作为热力学研究对象时,可以采用经典热力学的方法进行分析,这部分内容将在本章详细讨论。

6.3　热力学系统状态参数及参数关联

　　热力学系统是由大量的微观粒子构成的,热力学系统的状态取决于微观粒

137

子的运动,是大量微观粒子的宏观物理表现。因此,热力学系统的状态是某一瞬间系统所呈现的宏观物理状态。热力学系统状态分为平衡态和非平衡态,经典热力学只研究平衡态。

热力学系统的平衡态指无外界影响下,系统内部各部分状态长时间内不发生变化的状态。平衡态的关键有两个方面,一是无外界影响,二是各部分状态长时间不变。只有处于平衡态的均匀物质才具有统一的物理量,才可以使用统一的参数进行描述。热力学系统的平衡态包括多个方面,有热平衡、力平衡、相平衡和化学平衡。有外界影响时,系统的平衡必然遭到破坏,而系统与环境之间有温差时,会破坏系统的热平衡,有力差时必然破坏系统的力平衡。无外界影响时,只有当系统内部各部分不存在温差或力差时,系统才可以称为平衡态。

对于系统的热力学状态,需要采用均匀物质在平衡态下所呈现的宏观物理量来描述,把这些描述热力学状态的宏观物理量称为热力学状态参数,如压力、温度等。

根据平衡态的定义,在无外界影响下,如果系统处于平衡态,那么系统的状态将不会改变,如果系统处于非平衡态,经过一定时间后,系统将达到平衡态。即在无外界影响的情况下,系统将达到一个确定的平衡状态。而外界的影响只能有 3 种途径:物质交换、功交换和热交换。假设系统内有 k 种物质,则任何一种物质的质量交换都可以破坏平衡,因此物质交换有 k 个自由度。如果系统中有 l 种可以进行功交换的形式,则任何一种功交换都可以破坏平衡,则功交换有 l 个自由度。热交换只有一种方式就是温差的存在,因此热交换的自由度为 1。热力学系统状态变化的总自由度为

$$I = k + l + 1 \tag{6.1}$$

总自由度的意义在于如果系统的 I 个外界影响被确定了,则系统的整个状态就被确定了,即系统的平衡状态可以采用 I 个外界影响参数描述。这个结论还可以推广为系统的平衡状态可以采用 I 个确定的参数进行描述,且并不限于外界影响参数。因此描述某一确定的平衡态的参数是 I 个,这 I 个参数称为系统的独立参数。例如,对于一个单一物质组成的质量可变只输出轴功的系统,$k=1$,$l=1$,则 $I=3$,即可以采用 3 个独立参数描述系统的平衡态。

热力学系统中各类热力学参数都是大量微观粒子热运动所呈现的宏观物理量,各物理量都与物质的热运动密切相关,因此物理量之间也是相关的。确定一个平衡态具有 I 个独立参数,则在平衡态下其他热力学参数一定是这 I 个独立参数的函数,即

$$X = X(x_1, x_2, \cdots, x_I) \tag{6.2}$$

式中:X 为其他热力学参数。

138

式(6.2)即为状态参数的关联。

温度是热力学中的基本参数,在 I 个独立参数确定的平衡系统中,温度也是一定的。这 I 个独立参数与温度的关系称为系统的状态方程,可表示为

$$\varphi(x_1,x_2,\cdots,x_I,T)=0 \qquad\qquad (6.3)$$

6.4　准平衡过程假设

从上一节的讨论可知,经典热力学是在系统平衡态的基础上建立和发展的,热力学参数也只反映在平衡态下大量微观粒子热运动所呈现的宏观物理量。而由于物质交换、功交换和热交换常会破坏热力学系统的平衡,使系统从一个平衡状态变化到另一个平衡状态。两个平衡状态之间的状态是一种非平衡状态,非平衡态给状态参数的描述带来困难。对于液压系统,在工作过程中选取的某一热力学系统与外界可能一直存在物质交换、功交换和热交换,严格意义上讲,系统一直处于非平衡状态,那么如何采用经典热力学的理论来描述这种非平衡过程,在热力学中提出了准平衡态和准平衡过程来解决这个问题。

准平衡态指无限接近于平衡,并且可以用平衡态下的参数来描述的一种特殊状态。那么热力学系统从一种平衡态向另一种平衡态的变化可以看成由一系列连续的准平衡态组成的过程,将这样的过程称为准平衡过程。组成准平衡过程的准平衡态可以采用经典热力学的理论进行描述。

准平衡态的核心是无限接近于平衡的假设,在实际系统中这种无限接近于平衡的假设是否成立,是否也适用于液压系统呢? 对于这个问题需要考察在物质交换、功交换和热交换 3 种不同情况下系统的准平衡假设。

1. 物质交换

对于图 6.3 所示的工质流动的开放系统,压力从 p_1 到 p_2 是连续轴向分布的。在流体流动过程中取无限薄的微元体 A,微元体径向无势差,其压力可用 p 表示,当经过无限小时间间隔 $d\tau$ 后,微元体 A 的位移为 dx,微元体内外流体出现压力差 dp,压力差以压力波的形式在微元体内快速传播,使微元的压力达到 $p+dp$。由于压力波的传播速度远远大于一般管内流体的流速,所以压力波的传播过程可以忽略不计,即认为微元体处于一种准平衡过程,那么工质从 $1-1$ 截面到 $2-2$ 截面,可以看成是一系列这样的准平衡态组成的准平衡过程。

2. 功交换

对于图 6.4 所示的封闭系统,当推动活塞对系统进行压缩时,靠近活塞薄层中压力突然升高一个微小量,整个系统处于一种不平衡态。但薄层中形成的压力波会很快地向右传播,当压力波传过整个系统到达最左端时,使整个系统压力

达到 $p+\mathrm{d}p$。在实际工程中，相比于活塞的运动速度，压力波的传播速度很快，可以忽略不计，这样活塞的整个压缩过程可以看成是一系列准平衡过程。

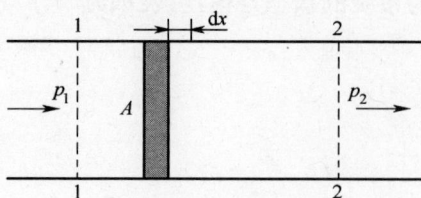

图 6.3　质量交换时的准平衡过程

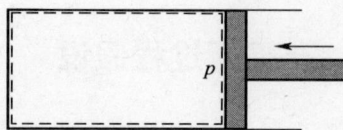

图 6.4　功交换时的准平衡过程

3. 热交换

对于图 6.5 所示的封闭热力学系统。系统内工质的温度为 T，恒温热源温度也为 T，系统处于热平衡状态。当恒温热源温度变化为 $T+\Delta T$ 时，恒温热源与工质存在微小温差 ΔT，在温差的作用下恒温热源与工质间存在热交换，贴近热源的工质温度先升高，然后其余部分温度也逐步升高。当恒温热源温度变化足够小，且每次变化后热源与工质可以接触足够的时间。在这种情况下系统每次只发生微小的状态变化，且每当系统状态偏离平衡状态后，有充分的时间建立新的平衡状态，这个过程可看成是准平衡过程。而恒温热源温度从 T_1 变化为 T_2 时，恒温热源与工质的传热可以看成是由这样的一连串的准平衡过程组成的传热过程。

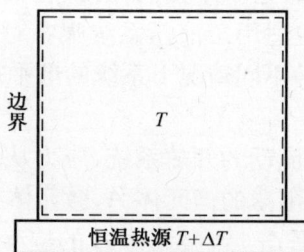

图 6.5　热交换时的准平衡过程

从以上的分析可知，大部分工程上的热力学过程都可以看成是准平衡过程，这样可以采用经典热力学理论对系统进行分析和讨论。

6.5　工程热力学分析的控制体方法

在进行热力学分析过程中，需要确定研究的对象，这个对象可以是一种或几种物质的组合,也可能是空间的一定区域。为了研究的方便,热力学分析过程中使用了控制质量和控制体积的概念。

取固定质量物质作为研究对象的方法称为控制质量分析法,如图 6.6 所示。作为研究对象的物质称为控制质量,其边界称为控制面。控制质量的边界是可以变化的,控制质量与外界只有能量交换,没有物质交换。

取一定边界所包围的空间作为研究对象的方法称为控制体积法,如图 6.7 所示。作为研究对象的空间称为控制体积,简称控制体。控制体中物质与外界既可以有能量交换,也可以进行物质交换。

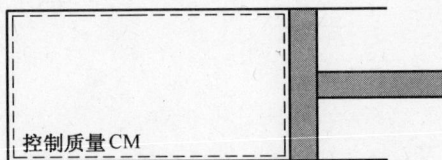

图 6.6 控制质量   图 6.7 控制体积

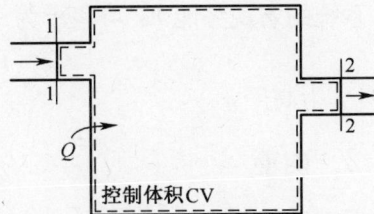

对于闭口系和开口系都可以采用控制质量和控制体积作为研究对象进行分析,但一般情况下,闭口系取控制质量研究较为方便,开口系取控制体积研究较为方便,液压系统中各元件都和外界存在物质交换,是典型的开口系,一般取控制体积进行研究和分析。

控制质量和控制体积的概念是进行热力学系统分析的基础,采用以此为基础得到的热力学理论来建立液压元件的热特性数学模型,并将这种方法称为控制体方法。

6.6 工程热力学的基本概念

工程热力学分析过程中涉及如能量、热量、功等很多基本概念,本节对这些概念进行讨论。

6.6.1 能量

运动是一切物质存在的形式,能量是物质运动的量度,因此,任何物质都具有能量。物质的运动分为宏观运动和微观运动。宏观运动的度量主要有宏观的动能和位能,微观运动的量度主要是内能。只要物质运动状态一定,物质拥有的能量就一定,因此物质的能量是一种状态参数。一定物质所包含的总能量可以

用 E 表示,包括物质的内能 U、动能 E_k 和重力势能 E_p,可表示为

$$E = U + E_k + E_p \tag{6.4}$$

对于单位质量的物质,则有

$$e = \frac{E}{m} = \frac{U}{m} + \frac{E_k}{m} + \frac{E_p}{m} = u + e_k + e_p \tag{6.5}$$

系统的宏观动能 E_k 可表示为

$$E_k = \frac{1}{2} mc^2 \tag{6.6}$$

式中:c 为速度。

系统的宏观势能 E_p 可表示为

$$E_p = mgz \tag{6.7}$$

式中:z 为高度。

6.6.2 内能

内能是组成热力学系统的大量微观粒子微观运动所具有的能量,不包括物体宏观运动和外部场作用的能量。物质内部有分子、原子、电子、核子等,它们都具有各自的运动形式和相应的能量形式。内能主要包括分子的动能、分子力所形成的势能、分子的化学能和构成原子的原子能。在液压系统的能量转化过程中不涉及化学变化和核反应,因此内能只考虑分子动能和分子力所形成的势能。内能一般用 U 表示,单位为 J。单位质量物质的内能称为比内能,用 u 表示,单位为 J/kg。内能的大小在宏观上只取决于系统的温度和体积,即

$$U = U(T, V) \tag{6.8}$$

6.6.3 功

功是系统与外界交换能量的一种方式,是在力差作用下通过宏观有规则运动所传递的能量。力学中定义功为力与力方向上位移的乘积,即

$$W = \int_1^2 F \mathrm{d}x \tag{6.9}$$

式中:F 为作用力;$\mathrm{d}x$ 为力方向上产生的位移。

功是能量传递的一种量度,只有在能量传递过程中才有意义,能量传递结束,功所传递的能量就变换为系统的能量。功的单位与能量的单位相同,都为 J。

按做功的形式,功可以分为以下几种:

1. 体积功

体积功是由系统体积膨胀与外界交换的能量,又称为膨胀功,可表示为

$$\delta W_b = p \mathrm{d}V \qquad (6.10)$$

式中：p 为介质的压力；$\mathrm{d}V$ 为体积变化量。

当 $\mathrm{d}V$ 为正时，系统膨胀，对外做正功，当 $\mathrm{d}V$ 为负时，系统受压缩，对外做负功。

2. 轴功

热力学系统通过轴和外界交换的功称为轴功，也称为机械功。对于闭口系统，轴功只能输入，输入的轴功通过摩擦等耗散效应被系统吸收，对于开口系统，可以输入轴功，也可以输出轴功。

3. 流动功

在开口系中，物质进入或离开控制体积所需要做的功称为流动功，如图 6.8 所示。

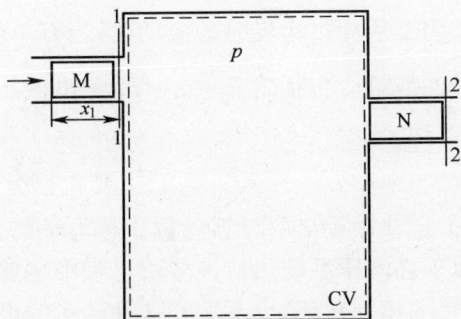

图 6.8 控制体的流动功

取虚线所围空间为控制体积 CV，压力为 p，流体 M 右侧流体假设为面积为 A_1 的活塞，体积为 V_1，质量为 m_1 的流体 M 进入控制体，移动距离为 x_1，那么控制体积 CV 边界对 M 做功为

$$- p A_1 x_1 = - p V_1 = - m_1 p \nu_1 \qquad (6.11)$$

式中：ν_1 为流体 M 的比容。

流体 N 左侧流体假设成面积为 A_2 的活塞，将体积为 V_2、质量为 m_2 的流体 N 推出控制体，移动距离为 x_2，则控制体对流体 N 做功为

$$p A_2 x_2 = p V_2 = m_2 p \nu_2 \qquad (6.12)$$

6.6.4 热量

热量也是系统与外界交换能量的一种方式，是在温差作用下通过微观粒子无规则运动所传递的能量。热量也是能量传递的一种量度，只有在能量传递的过程中才有意义，在能量传递结束后传递的热量就变换为系统的能量。热量一

般用 Q 表示，单位与能量的单位相同，为 J。对于质量为 m、比热容为 c_p 的热力学系统，初始时刻温度为 T_1，热传递结束温度为 T_2，则传递的热量可表示为

$$Q = mc_p(T_2 - T_1) \tag{6.13}$$

6.6.5 焓

焓是一个组合的状态参数，可表示为

$$H = U + pV \tag{6.14}$$

式中：U 为内能；p 为压力；V 为体积。

焓的单位为 J。

单位质量物质的焓称为比焓，可表示为

$$h = \frac{H}{m} = u + pv \tag{6.15}$$

在开放系统中 pv 为工质穿过边界时的流动功，当有单位质量的工质流入或流出系统时，其所携带的能量就包括焓 $h = u + pv$ 和机械能 $\frac{1}{2}c^2 + gz$。

6.6.6 熵

熵是在热力学第二定律中提出的计算参数。热力学第二定律主要研究热力学过程的不可逆性，由于在液压系统热特性分析过程中主要关心功向热的转化，并不考虑系统中功和热的相互转化，也不关心这种转化的可逆性，所以这里不对热力学第二定律进行过多的讨论，但在热力学参数计算过程中要使用到熵参数，这里只给出熵参数的具体表达式，即

$$dS = \frac{\delta Q}{T} \tag{6.16}$$

式中：dS 为热力学系统两个状态间的熵差；δQ 为系统两状态间任意可逆过程的热量；T 为热力学温度。

写成单位质量的形式为

$$ds = \frac{\delta q}{T} \tag{6.17}$$

6.7 热力学第一定律

热力学第一定律的基础是能量转换和守恒定律。运动是物质的存在形式，能量是物质运动的量度，因此，任何物质都具有能量。物质自身具有多种不同的运动形式，因此就具有多种不同形式的能量。能量守恒定律认为："在自然界中，

一切物质都具有能量。能量既不能被创造，也不能被消灭，而只能从一种形式转变为另一种形式。在转换中，能量的总量恒定不变"。

热力学第一定律就是能量转换与守恒定律在热现象上的应用。热力系中能量的转换是在热力系与外界环境之间进行的，热力系可以从环境中获得能量，也可以向环境输出能量。针对热力系，热力学第一定律可表述为：输入热力学系统的能量与输出热力学系统的能量之差等于热力学系统能量的变化量，可表示为

$$输入能量-输出能量=热力系能量的增量 \tag{6.18}$$

热力系与环境能量交换的方式只有 3 种：热交换 Q、功交换 W 和质量交换 Ψ。无论是输入热力系的能量还是输出热力系的能量只能通过这 3 种方式进行，那么式（6.18）可以表示为

$$Q_{in} + W_{in} + \Psi_{in} - (Q_{out} + W_{out} + \Psi_{out}) = \Delta E \tag{6.19}$$

式中：ΔE 为热力系能量的变化量。

令 $Q = Q_{in} - Q_{out}$，$W = W_{in} - W_{out}$，则式（6.19）可写成

$$\Delta E = Q + W + \Psi_{in} - \Psi_{out} \tag{6.20}$$

根据准平衡过程假设，只有在微小过程中，热力学过程才可以被看成准平衡过程，才可以采用经典热力学理论进行描述，对于微小过程而言，式（6.20）可以写成

$$dE = \delta Q + \delta W + \delta \Psi_{in} - \delta \Psi_{out} \tag{6.21}$$

式（6.21）是对任意热力系都适用的热力学第一定律表达式，针对不同的情况，下面讨论不同系统的应用表达式。

6.7.1 封闭系统的热力学第一定律

在热力学分析过程中，取液压元件为热力学系统时不能被看成静止封闭系统，所以不能采用静止封闭系统的热力学第一定律表达式进行计算，但静止封闭系统的热力学第一定律表达式是推导热力学参数方程的基础，热力学参数方程对热力学系统计算非常重要，所以这里对静止封闭系统的热力学第一定律进行讨论。

对于静止的封闭系统，有 $\delta \Psi_{out} = \delta \Psi_{in} = 0$，$dE = dU$，式（6.21）可写成

$$dU = \delta Q + \delta W \tag{6.22}$$

对有限过程有

$$\Delta U = Q + W \tag{6.23}$$

对单位质量有

$$\Delta u = q + w \tag{6.24}$$

在可逆过程中，对简单可压系有

$$dU = \delta Q - p\,dV \tag{6.25}$$

6.7.2 开放系统的热力学第一定律

开放系统又分为非稳态流动和稳态流动。非稳态流动指控制体内各点状态参数和控制体内质量随时间变化的流动。稳态流动指控制体内各点状态参数与控制体内的质量不随时间变化的流动。

开放热力学系统如图 6.9 所示。

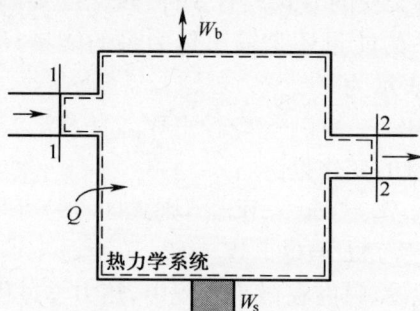

图 6.9 开放热力学系统

对于非稳态流动,取微小过程进行研究。在 δt 时间内,外界热交换为 δQ,系统与外界的功交换有 3 种形式:轴功 W_s、体积功 W_b 和流动功 W_f。当系统只有一个进口和一个出口时,进口处流动功为 $\delta W_{fin} = p_1 \nu_1 \delta m_{in}$,出口处流动功为 $\delta W_{fout} = -p_2 \nu_2 \delta m_{out}$,由于质量交换引起的迁移能为 $\delta \Psi_{in} = \left(u_1 + \dfrac{1}{2} c_1^2 + g z_1 \right) \delta m_{in}$,$\delta \Psi_{out} = \left(u_2 + \dfrac{1}{2} c_2^2 + g z_2 \right) \delta m_{out}$,代入式(6.21)有

$$dE_{CV} = \delta Q + \delta W_s + \delta W_b + \delta W_f + \left(u_1 + \frac{1}{2} c_1^2 + g z_1 \right) \delta m_{in} -$$

$$\left(u_2 + \frac{1}{2} c_2^2 + g z_2 \right) \delta m_{out} \tag{6.26}$$

令 $h_1 = u_1 + p_1 \nu_1$,$h_2 = u_2 + p_2 \nu_2$,代入式(6.26)并除以 δt,写成速率的形式有

$$\frac{dE_{CV}}{\delta t} = \dot{Q} + \dot{W}_s + \dot{W}_b + \left(h_1 + \frac{1}{2} c_1^2 + g z_1 \right) \dot{m}_{in} - \left(h_2 + \frac{1}{2} c_2^2 + g z_2 \right) \dot{m}_{out} \tag{6.27}$$

对于有 i 个进口和 j 个出口的开放系统,式(6.27)可写成

$$\frac{dE_{CV}}{\delta t} = \dot{Q} + \dot{W}_s + \dot{W}_b + \sum_i \left(h_{1,i} + \frac{1}{2} c_{1,i}^2 + g z_{1,i} \right) \dot{m}_{in,i} -$$

$$\sum_j \left(h_{2,j} + \frac{1}{2} c_{2,j}^2 + g z_{2,j} \right) \dot{m}_{\text{out},j} \tag{6.28}$$

6.8 热力学第二焓方程

第二焓方程是进行热力学系统温度计算的一个重要方程,本节推导第二焓方程。

对于稳态流动,则有 $\dfrac{\mathrm{d}E_{\text{CV}}}{\partial t} = 0$,$\dot{m}_{\text{in}} = \dot{m}_{\text{out}} = \dot{m}$,式(6.27)可写成

$$\dot{Q} = -\dot{W}_s - \dot{W}_b + \left(h_2 + \frac{1}{2} c_2^2 + g z_2 \right) \dot{m} - \left(h_1 + \frac{1}{2} c_1^2 + g z_1 \right) \dot{m} \tag{6.29}$$

式(6.29)两边同除以 $\dot{m}$,并且令 $q = \dfrac{\dot{Q}}{\dot{m}}$,$w_s = \dfrac{\dot{W}_s}{\dot{m}}$,$w_b = \dfrac{\dot{W}_b}{\dot{m}}$,$\Delta h = h_2 - h_1$,$\Delta c^2 = c_2^2 - c_1^2$,$\Delta z = z_2 - z_1$,那么对于单位工质则有

$$q = \Delta h - w_s - w_b + \frac{1}{2} \Delta c^2 + g \Delta z \tag{6.30}$$

微分形式为

$$\delta q = \mathrm{d}h - \delta w_s - \delta w_b + \frac{1}{2} \mathrm{d}c^2 + g \mathrm{d}z \tag{6.31}$$

式(6.31)两边同乘以 m,则有

$$\delta Q = \mathrm{d}H - \delta W_s - \delta W_b + \frac{1}{2} m \mathrm{d}c^2 + g m \mathrm{d}z \tag{6.32}$$

积分形式为

$$Q = \Delta H - W_s - W_b + \frac{1}{2} m \Delta c^2 + g m \Delta z \tag{6.33}$$

定义技术功 W_t 为轴功 W_s、容积功 W_b、宏观动能 $\dfrac{1}{2} m \Delta c^2$ 和宏观势能 $g m \Delta z$ 之和,则有

$$W_t = -W_s - W_b + \frac{1}{2} m \Delta c^2 + g m \Delta z \tag{6.34}$$

技术功定义的是热力系对外界做的有用功,如热力系对外界做的轴功,热力系对外做功时取正值,而在论述热力学第一定律时,定义外界对热力系做功取正值,使热力系能量增加,所以式(6.34)中轴功和体积功前存在负号。

微元形式为

$$\delta W_t = -\delta W_s - \delta W_b + \frac{1}{2} m \mathrm{d}c^2 + g m \mathrm{d}z \tag{6.35}$$

单位质量则有

$$\delta w_t = -\delta w_s - \delta w_b + \frac{1}{2}dc^2 + g dz \tag{6.36}$$

焓的微分形式可写为

$$dH = dU + d(pV) \tag{6.37}$$

式(6.37)代入式(6.25)中,结合式(6.35)和式(6.32)有

$$pdV = \delta Q - dU = d(pV) + \delta W_t = pdV + Vdp + \delta W_t \tag{6.38}$$

则有

$$\delta W_t = -Vdp \tag{6.39}$$

单位质量则有

$$\delta w_t = -\nu dp \tag{6.40}$$

将式(6.36)和式(6.40)代入式(6.31)则有

$$\delta q = dh + \delta w_t = dh - \nu dp \tag{6.41}$$

根据熵的定义有

$$\delta q = Tds \tag{6.42}$$

式(6.42)代入式(6.41),整理有

$$dh = Tds + \nu dp \tag{6.43}$$

而 $s = s(T, p)$,对其全微分,则有

$$ds = \left(\frac{\partial s}{\partial T}\right)_p dT + \left(\frac{\partial s}{\partial p}\right)_T dp \tag{6.44}$$

由式(6.41)可知,定压情况下, $-\nu dp = 0$,则有 $\delta q = dh_p = c_p dT_p$,那么有

$$c_p = \left(\frac{\partial h}{\partial T}\right)_p \tag{6.45}$$

而 $h = h(s, p)$,对其全微分,则有

$$dh = \left(\frac{\partial h}{\partial s}\right)_p ds + \left(\frac{\partial s}{\partial p}\right)_s dp \tag{6.46}$$

对比式(6.43)则有

$$T = \left(\frac{\partial h}{\partial s}\right)_p \tag{6.47}$$

那么

$$\left(\frac{\partial s}{\partial T}\right)_p = \left(\frac{\partial s}{\partial h}\frac{\partial h}{\partial T}\right)_p = \frac{c_p}{T} \tag{6.48}$$

另外,根据比自由能和比自由焓的关系得到的麦克斯韦关系为

$$\left(\frac{\partial s}{\partial p}\right)_T = -\left(\frac{\partial \nu}{\partial T}\right)_p \tag{6.49}$$

式(6.48)和式(6.49)代入式(6.44)有

$$\mathrm{d}s = c_{\mathrm{p}} \frac{\mathrm{d}T}{T} - \left(\frac{\partial \nu}{\partial T}\right)_{\mathrm{p}} \mathrm{d}p \tag{6.50}$$

式(6.50)代入式(6.43)有

$$\mathrm{d}h = T\left(c_{\mathrm{p}} \frac{\mathrm{d}T}{T} - \left(\frac{\partial \nu}{\partial T}\right)_{\mathrm{p}} \mathrm{d}p\right) + \nu \mathrm{d}p = c_{\mathrm{p}} \mathrm{d}T + \left(\nu - T\left(\frac{\partial \nu}{\partial T}\right)_{\mathrm{p}}\right) \mathrm{d}p \tag{6.51}$$

式(6.51)即为第二焓方程,由于定压膨胀系数为 $\alpha_{\mathrm{p}} = \frac{1}{\nu}\left(\frac{\partial \nu}{\partial T}\right)_{\mathrm{p}}$,式(6.51)可写为

$$\mathrm{d}h = c_{\mathrm{p}} \mathrm{d}T + (1 - \alpha_{\mathrm{p}}T)\nu \mathrm{d}p \tag{6.52}$$

6.9 液压元件的控制体方程

在得到了不同热力系的热力学第一定律表达式后,本节针对液压元件选择控制体,进行热力学分析和压力计算方程的推导。

6.9.1 液压元件控制体的热力学分析

图 6.10 所示为一个普遍适用于各种液压元件热特性分析的热力学系统。图中热力系包含一个进口和一个出口,取图中虚线为控制体边界。热力系可以与外界进行热交换 $\dot{Q}$,同时可以输入或输出轴功 $\dot{W}_{\mathrm{s}}$,并且控制体边界 1 可以移动,向外界输出体积功。图 6.10 中所示的热力学系统适用于多种液压元件热特性的分析,在分析液压泵或液压马达时,主要关注轴功,其体积功为零,在分析液压作动筒时主要关注体积功,而轴功为零。对于大部分不进行功交换的控制元件和辅助元件,图 6.10 中所示的热力学系统也同样适用。

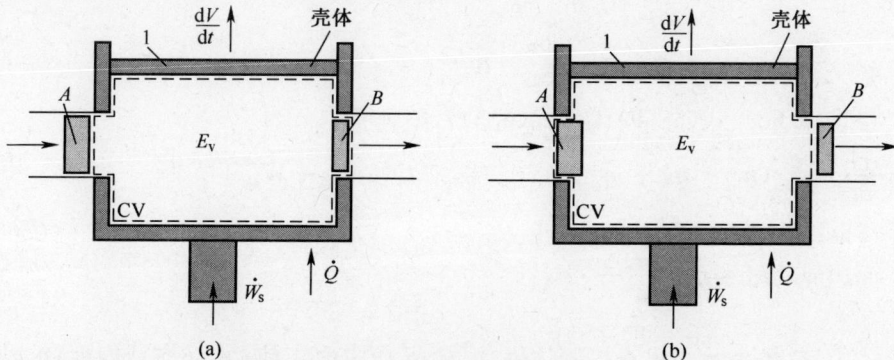

图 6.10　通用液压元件模型

图 6.10 所示为一典型的开放系统,开放系统的热力学第一定律表达式已在 6.7 节中的分析给出,这里复述为

$$\frac{\mathrm{d}E_\mathrm{v}}{\mathrm{d}t} = \dot{Q} + \dot{W}_\mathrm{s} + \dot{W}_\mathrm{b} + \left(h_1 + \frac{1}{2}c_1^2 + gz_1\right)\dot{m}_\mathrm{in} - \left(h_2 + \frac{1}{2}c_2^2 + gz_2\right)\dot{m}_\mathrm{out}$$

$$(6.53)$$

假设在流体流动过程中动能和势能可以不考虑,有

$$\frac{\mathrm{d}E_\mathrm{v}}{\mathrm{d}t} = \dot{Q} + \dot{W}_\mathrm{s} + \dot{W}_\mathrm{b} + \dot{m}_\mathrm{in}h_1 - \dot{m}_\mathrm{out}h_2 \tag{6.54}$$

现在考察 $\dfrac{\mathrm{d}E_\mathrm{v}}{\mathrm{d}t}$,

$$\frac{\mathrm{d}E_\mathrm{v}}{\mathrm{d}t} = \frac{\mathrm{d}(mu)}{\mathrm{d}t} = m\frac{\mathrm{d}u}{\mathrm{d}t} + u\frac{\mathrm{d}m}{\mathrm{d}t} \tag{6.55}$$

将 $u = h - pv$ 代入式(6.55),则有

$$\frac{\mathrm{d}E_v}{\mathrm{d}t} = m\left(\frac{\mathrm{d}h}{\mathrm{d}t} - v\frac{\mathrm{d}p}{\mathrm{d}t} - p\frac{\mathrm{d}v}{\mathrm{d}t}\right) + (h - pv)\frac{\mathrm{d}m}{\mathrm{d}t} \tag{6.56}$$

第二焓方程(6.52)两边同除 $\mathrm{d}t$ 有

$$\frac{\mathrm{d}h}{\mathrm{d}t} = c_\mathrm{p}\frac{\mathrm{d}T}{\mathrm{d}t} + (1 - \alpha_\mathrm{p}T)v\frac{\mathrm{d}p}{\mathrm{d}t} \tag{6.57}$$

应用第二焓方程,式(6.56)可写为

$$\frac{\mathrm{d}E_\mathrm{v}}{\mathrm{d}t} = mc_\mathrm{p}\frac{\mathrm{d}T}{\mathrm{d}t} + m(1 - \alpha_\mathrm{p}T)v\frac{\mathrm{d}p}{\mathrm{d}t} - mv\frac{\mathrm{d}p}{\mathrm{d}t} - mp\frac{\mathrm{d}v}{\mathrm{d}t} + h\frac{\mathrm{d}m}{\mathrm{d}t} - pv\frac{\mathrm{d}m}{\mathrm{d}t}$$

$$= mc_\mathrm{p}\frac{\mathrm{d}T}{\mathrm{d}t} - \alpha_\mathrm{p}Tmv\frac{\mathrm{d}p}{\mathrm{d}t} + h\frac{\mathrm{d}m}{\mathrm{d}t} - p\frac{\mathrm{d}(mv)}{\mathrm{d}t}$$

$$= mc_\mathrm{p}\frac{\mathrm{d}T}{\mathrm{d}t} - \alpha_\mathrm{p}Tmv\frac{\mathrm{d}p}{\mathrm{d}t} + h\frac{\mathrm{d}m}{\mathrm{d}t} - p\frac{\mathrm{d}V}{\mathrm{d}t} \tag{6.58}$$

式中:$\dfrac{\mathrm{d}V}{\mathrm{d}t}$ 为控制体体积变化率;$\dfrac{\mathrm{d}m}{\mathrm{d}t}$ 为控制体质量变化率,且有

$$\frac{\mathrm{d}m}{\mathrm{d}t} = \dot{m}_\mathrm{in} - \dot{m}_\mathrm{out} \tag{6.59}$$

将式(6.58)、式(6.59)代入式(6.54),整理有

$$c_\mathrm{p}m\frac{\mathrm{d}T}{\mathrm{d}t} = \dot{m}_\mathrm{in}(h_\mathrm{in} - h) + \dot{m}_\mathrm{out}(h - h_\mathrm{out}) + \dot{Q} + \dot{W}_\mathrm{s} + \dot{W}_\mathrm{b} + p\frac{\mathrm{d}V}{\mathrm{d}t} + \alpha_\mathrm{p}Tmv\frac{\mathrm{d}p}{\mathrm{d}t}$$

$$(6.60)$$

而边界功可表示为

$$W_\mathrm{b} = -p\mathrm{d}V \tag{6.61}$$

式中,负号表示外界对控制体做功,边界功应取正值,式(6.61)对时间求导则有

$$\dot{W}_b = -p \frac{\mathrm{d}V}{\mathrm{d}t} \tag{6.62}$$

那么,式(6.60)可写成

$$c_p m \frac{\mathrm{d}T}{\mathrm{d}t} = \dot{m}_{\mathrm{in}}(h_{\mathrm{in}} - h) + \dot{m}_{\mathrm{out}}(h - h_{\mathrm{out}}) + \dot{Q} + \dot{W}_s + \alpha_p Tm\nu \frac{\mathrm{d}p}{\mathrm{d}t} \tag{6.63}$$

考虑到控制体内流体质量的可能变化,式(6.63)可以写成

$$c_p \frac{V}{\nu} \frac{\mathrm{d}T}{\mathrm{d}t} = \dot{m}_{\mathrm{in}}(h_{\mathrm{in}} - h) + \dot{m}_{\mathrm{out}}(h - h_{\mathrm{out}}) + \dot{Q} + \dot{W}_s + \alpha_p TV \frac{\mathrm{d}p}{\mathrm{d}t} \tag{6.64}$$

式中: V 为控制体体积。

如果流体流动方向不变,如图 6.10 所示,那么可以认为控制体内流体焓值与出口流体焓值相同,即 $h = h_{\mathrm{out}}$,则式(6.63)可写成

$$c_p m \frac{\mathrm{d}T}{\mathrm{d}t} = \dot{m}_{\mathrm{in}}(h_{\mathrm{in}} - h) + \dot{Q} + \dot{W}_s + \alpha_p Tm\nu \frac{\mathrm{d}p}{\mathrm{d}t} \tag{6.65}$$

而由第二焓方程可得焓变化简化计算式为

$$h_{\mathrm{in}} - h = \bar{c}_p (T_{\mathrm{in}} - T) + (1 - \bar{\alpha}_p \bar{T})\bar{\nu}(p_{\mathrm{in}} - p) \tag{6.66}$$

式中: $\bar{c}_p = c_p(\bar{p}, \bar{T})$,为控制体内的平均比热容, $\bar{\alpha}_p = \alpha_p(\bar{T})$,为控制体内的平均体积膨胀系数, $\bar{\nu} = \nu(\bar{p}, \bar{T})$,为控制体内的平均比容, $\bar{p} = (p_{\mathrm{in}} + p)/2$ 、 $\bar{T} = (T_{\mathrm{in}} + T)/2$ 分别为控制体内的平均压力和平均温度。

6.9.2 液压元件控制体的压力计算方程

图 6.11 所示为一个普遍适用于各种液压元件压力计算的控制体。不考虑元件壳体的变形,取元件壳体作为控制体边界。

设控制体内流体密度、体积和质量分别用 ρ 、 V 和 m 表示,有

$$\rho = \frac{m}{V} \tag{6.67}$$

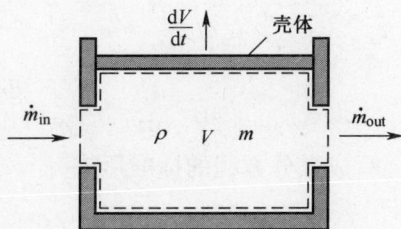

图 6.11 容积型元件控制体模型

式(6.67)对时间 t 求导,有

$$\frac{\mathrm{d}\rho}{\mathrm{d}t} = \frac{1}{V}\left(\frac{\mathrm{d}m}{\mathrm{d}t} - \rho \frac{\mathrm{d}V}{\mathrm{d}t}\right) \tag{6.68}$$

而流体的密度为压力和温度的函数,即

$$\rho = \rho(p, T) \tag{6.69}$$

对式(6.69)取全微分有

$$d\rho = \left(\frac{\partial \rho}{\partial p}\right)_T dp + \left(\frac{\partial \rho}{\partial T}\right)_p dT \tag{6.70}$$

油液的体积弹性模量可表示为

$$\beta = \rho \left(\frac{\partial p}{\partial \rho}\right)_T \tag{6.71}$$

油液的体积膨胀系数可表示为

$$\alpha_p = \frac{1}{V}\left(\frac{\partial V}{\partial T}\right)_p = -\frac{1}{\rho}\left(\frac{\partial \rho}{\partial T}\right)_P \tag{6.72}$$

将式(6.71)、式(6.72)代入式(6.70)并除以 dt ,整理有

$$\frac{dp}{dt} = \beta\left(\frac{1}{\rho}\frac{d\rho}{dt} + \alpha_p \frac{dT}{dt}\right) \tag{6.73}$$

将式(6.68)代入式(6.73)有

$$\frac{dp}{dt} = \beta\left[\frac{1}{\rho V}\left(\frac{dm}{dt} - \rho \frac{dV}{dt}\right) + \alpha_p \frac{dT}{dt}\right] \tag{6.74}$$

式中：$\dfrac{dV}{dt}$ 为壳体运动而产生的控制体体积变化；$\dfrac{dm}{dt} = \dot{m}_{in} - \dot{m}_{out}$ ，为控制体质量变化率。

6.10 温度和压力方程的简化

上面讨论了控制体的温度计算方程和压力计算方程,具体为

$$c_p m \frac{dT}{dt} = \dot{m}_{in}(h_{in} - h) + \dot{Q} + \dot{W}_s + \alpha_p T m \nu \frac{dp}{dt} \tag{6.75}$$

$$\frac{dp}{dt} = \beta\left[\frac{1}{\rho V}\left(\frac{dm}{dt} - \rho \frac{dV}{dt}\right) + \alpha_p \frac{dT}{dt}\right] \tag{6.76}$$

写成微分方程的标准形式有

$$\frac{dT}{dt} = \frac{1}{c_p m}\left[\dot{m}_{in}(h_{in} - h) + \dot{Q} + \dot{W}_s\right] + \frac{\alpha_p T \nu}{c_p}\frac{dp}{dt} \tag{6.77}$$

$$\frac{dp}{dt} = \frac{\beta}{\rho V}\left(\frac{dm}{dt} - \rho \frac{dV}{dt}\right) + \alpha_p \beta \frac{dT}{dt} \tag{6.78}$$

从式(6.77)和式(6.78)可以看出,控制体内油液的压力和温度变化是相互耦合的,所以在液压系统的仿真计算中应该考虑温度和压力的相互影响,从而得到较为准确的结果。而耦合微分方程组的求解给系统热特性的计算带来了较大的困难,而油液温度的变化相比于油液压力的变化较为缓慢,在保证精度要求的前提下,可以进行一定的简化处理。

首先讨论温度计算方程的简化处理,由第二焓方程可得焓变化简化计算式为

$$h_{in} - h = \bar{c}_p(T_{in} - T) + (1 - \bar{\alpha}_p \bar{T})\bar{\nu}(p_{in} - p) \qquad (6.79)$$

一般液压油的体积膨胀系数为 $6 \times 10^{-4} \sim 8 \times 10^{-4}$,液压系统油液温度不高时,取温度平均值为 70℃,此时 $\bar{\alpha}_p \bar{T}$ 最大值为 0.056,相比于 1 是一个小量,在精度要求不高的情况下可以进行简化,忽略 $\bar{\alpha}_p \bar{T}$ 项,那么式(6.79)可以写成

$$h_{in} - h = \bar{c}_p(T_{in} - T) + \bar{\nu}(p_{in} - p) \qquad (6.80)$$

式(6.80)直观地反映了压力变化而引起流体温度的上升,但从计算也可以看出,温度不高时,在所选的计算参数下,$1 - \bar{\alpha}_p \bar{T}$ 项会产生 5.6% 以上的误差,当温度较高时引起的误差是相当可观的,所以这样的简化应谨慎使用。

令

$$\begin{cases} a = \dfrac{\beta}{\rho V}\left(\dfrac{dm}{dt} - \rho\dfrac{dV}{dt}\right) \\[2mm] b = \alpha_p \beta \\[2mm] c = \dfrac{1}{c_p m}\left[\dot{m}_{in}(h_{in} - h) + \dot{Q} + \dot{W}_s\right] \\[2mm] d = \dfrac{\alpha_p T \nu}{c_p} \end{cases} \qquad (6.81)$$

那么式(6.77)和式(6.78)可写为

$$\frac{dp}{dt} = a + b\frac{dT}{dt} \qquad (6.82)$$

$$\frac{dT}{dt} = c + d\frac{dp}{dt} \qquad (6.83)$$

对于以上方程可进行解耦处理,处理后方程为

$$\frac{dp}{dt} = \frac{a + bc}{1 - bd} \qquad (6.84)$$

$$\frac{dT}{dt} = \frac{c + ad}{1 - bd} \qquad (6.85)$$

解耦后方程求解问题得到了简化,但方程的求解过程本身还是比较复杂的,式中参数 a、b、c、d 都包含油液的物性参数,油液的物理特性是随油液的温度和压力变化的。另外,参数 d 本身就包括温度的计算,那么 a、b、c、d 都可以看成是压力和温度的函数。这样在求解过程中在每个积分步长上对 a、b、c、d 都要重新计算,而且需要计算 $\dfrac{a + bc}{1 - bd}$ 和 $\dfrac{c + ad}{1 - bd}$ 这样复杂的形式。

考虑到流体工作过程中，温度变化的响应时间要远大于压力变化的响应时间，在较小的积分步长上可以认为第 k 步压力的变化只受第 $k-1$ 步温度的影响，而第 k 步温度变化受第 k 步压力变化影响，则可以采用以下方程对压力和温度变化进行求解，即

$$\left.\frac{\mathrm{d}p}{\mathrm{d}t}\right|_k = a + b\left.\frac{\mathrm{d}T}{\mathrm{d}t}\right|_{k-1} \tag{6.86}$$

$$\left.\frac{\mathrm{d}T}{\mathrm{d}t}\right|_k = c + d\left.\frac{\mathrm{d}p}{\mathrm{d}t}\right|_k \tag{6.87}$$

这样方程的求解就避免了耦合计算，大大简化了求解过程。

下面讨论系数 b 和 d 的大小。采用一些常用参数计算系数 b 和 d，液压油的体积膨胀系数 α_p 取 7×10^{-4}，体积弹性模量 β 根据混入空气多少变化很大，一般可以取 $7 \times 10^8 \mathrm{Pa}$，液压油的比热容 c_p 取 $2050 \mathrm{J/(kg \cdot ℃)}$，比容 ν 可取 $1.176 \times 10^{-3} \mathrm{m^3/kg}$，取系统温度为 $100℃$，那么有

$$b = \alpha_p \beta = 4.9 \times 10^5 \tag{6.88}$$

$$d = \frac{\alpha_p T \nu}{c_p} = 4.016 \times 10^{-8} \tag{6.89}$$

首先来分析参数 b 的影响，参数 b 数值较大，但液压系统内温度变化是一个慢变过程，假设系统某处温度 10min 升高 10℃，计算步长为 1ms，现在做一个近似的估算，在一个计算步长内 $\delta T = 1.667 \times 10^{-4}℃$，那么引起的 $\delta p = 8.17 \mathrm{Pa} = 7.78 \times 10^{-6} \mathrm{MPa}$，在整个积分周期内产生的压力变化为 $\mathrm{d}p = 4.67 \times 10^{-3} \mathrm{MPa}$，是一个较小的量。

考察参数 d 的影响，液压系统中压力的变化较快，假设系统某处压力 1s 内升高 10MPa，计算步长为 1ms，也进行一个简单的估算，在一个计算步长内 $\delta p = 1.01 \times 10^4 \mathrm{Pa}$，那么引起的温升 $\delta T = 4.06 \times 10^{-4}℃$，在整个积分周期内产生的温度变化为 $\mathrm{d}T = 0.406℃$。相对于系统温度的变化是一个小量。

上面虽然对积分过程只做了一个非常近似的计算，但从计算中可以发现，在对计算结果精度要求不高时，主要目的在于研究压力、温度变化趋势，或者液压系统工作过程中温度和压力变化都较为缓慢，没有较快的温升或较大的多次出现的压力冲击情况下，也可以不考虑温度和压力之间的耦合作用，此时耦合的影响主要体现在压力和温度对油液参数的影响上。

如果不考虑温度和压力之间的相互耦合影响，方程将会得到进一步的简化，可写为

$$\frac{\mathrm{d}p}{\mathrm{d}t} = a \tag{6.90}$$

$$\frac{\mathrm{d}T}{\mathrm{d}t} = c \tag{6.91}$$

简化后的方程要根据实际情况,结合计算目的合理选取,要在保证计算精度要求的前提下使用最简单的方程进行计算。

6.11　节流型元件的温度和压力计算

上面给出的是基于控制体模型得到压力计算方程,而推导过程中认为控制体内流体压力处处相等,而液压系统中有些元件不适用于这样的假设,如各种节流阀、流量阀等具有强节流特性的液压元件。典型的节流过程如图 6.12 所示。

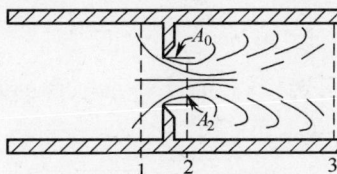

图 6.12　流体的节流过程

流体在流过节流元件时存在很大的压力梯度,这样如果选取图 6.12 中 1、3 虚线及壳体作为控制体边界,就不能选取一个统一的参数来描述控制体的压力,控制体内压力变化量 $\mathrm{d}p/\mathrm{d}t$ 也没有意义,所以由控制体热力学分析得到的压力和温度计算方程都不再适用。这里讨论这类液压元件的压力和温度计算。

由于节流过程不涉及控制体体积变化,且流体压力波的传播是非常迅速的。这样可以认为在某一时刻流体的流动是稳定的,当流体流动变化时会迅速到达一个新的稳定状态,可以不考虑过渡阶段出现的不稳定流动。

将开放稳定流动热力系统的热力学第一定律复述为

$$\dot{Q} = -\dot{W}_s - \dot{W}_b + \left(h_2 + \frac{1}{2}c_2^2 + gz_2\right)\dot{m} - \left(h_1 + \frac{1}{2}c_1^2 + gz_1\right)\dot{m} \tag{6.92}$$

节流过程中,控制体不存在轴功、体积功,当不考虑动能、势能和传热时有

$$h_1 = h_2 \tag{6.93}$$

而由第二焓方程可得焓变化简化计算式为

$$h_2 - h_1 = \bar{c}_p(T_2 - T_1) + (1 - \bar{\alpha}_p \bar{T})\bar{v}(p_2 - p_1) \tag{6.94}$$

那么有

$$T_2 = T_1 + \frac{1}{\bar{c}_p}(1 - \bar{\alpha}_p \bar{T})\bar{v}(p_1 - p_2) \tag{6.95}$$

155

式(6.95)是在不考虑动能、势能和控制体内能变化情况下得到的简化计算方程,只给出了进、出口温度的代数关系式。

考虑传热和动能变化时,有

$$\dot{Q} = \left(h_2 - h_1 + \frac{1}{2}c_2^2 - \frac{1}{2}c_1^2 \right) \dot{m} \tag{6.96}$$

对于节流过程,当稳定流动时,虽然控制体内压力变化较大,但通过控制体的流量保持不变,且控制体进口和出口的压差也保持不变。非稳定流动时,流量和压差存在固定的函数关系,所以流经控制体的流量可表示为

$$\dot{m} = f(k_1, k_2, \cdots, \Delta p) \tag{6.97}$$

式中:$k_1, k_2, \cdots$ 为描述控制体形状的几何参数和流体物理特性参数;Δp 为进出口的压力差。

式(6.97)也称为流量方程。

不同节流元件的流量方程不同,对于常见的薄壁小孔节流,在紊流状态下,流量方程可表示为

$$\dot{m} = C_d A \sqrt{\frac{2}{\rho} \Delta p} \tag{6.98}$$

式中:C_d 为节流系数。

液压理论中已得到了常见节流元件的完整的节流方程,可以根据需要选用。

参 考 文 献

[1] 周继珠,刘伟强,王中伟. 工程热力学[M]. 长沙:国防科技大学出版社,1999.

[2] 王瑞平. 工程热力学[M]. 西安:西北工业大学出版社,2009.

[3] 刘桂玉,刘志刚,阴建民,等. 工程热力学[M]. 北京:高等教育出版社,1997.

[4] J. P. 霍尔曼. 热力学[M]. 北京:科学出版社,1986.

[5] 华自强,等. 工程热力学[M]. 北京:高等教育出版社,1987.

[6] 李成功,和彦淼. 液压系统建模与仿真分析[M]. 北京:航空工业出版社,2008.

第 7 章　飞机液压元件的热特性模型

液压元件热特性模型是飞机液压系统热特性模型的基础。第 6 章中讨论了液压系统热特性建模控制体方法的详细理论基础和建模原理,本章讨论如何采用控制体方法建立液压元件的热特性模型,主要以恒压柱塞泵、液压管路、液压伺服阀、液压作动筒、液压助力器为例进行说明,为液压系统热特性仿真模型建立打下基础。

7.1　液压元件的分类

在第 6 章的分析过程中推导了控制体的温度计算方程和压力计算方程,并且注意到某些液压元件是不适用于采用压力计算方程描述。这里讨论由此产生的液压元件的分类问题。

在所选择的控制体中,当压力波的传播速度远大于流体流速或边界移动速度时,控制体内流体压力总是趋于相同,控制体内不存在明显的压力梯度,可以采用压力这个参数来描述控制体的状态。但有些液压元件所选的控制体内存在很大的压力梯度,在控制体的进口和出口可以保持较大的压力差,并且这种压力差是稳定存在的,此时就不能采用压力这个参数来描述控制体的状态。依据这种差异,将液压元件分为容积型和阻尼型。

容积型元件主要表现出容积特性,控制体内压力趋于相同,可以采用压力来描述控制体状态,压力的变化主要取决于进出口的流量以及控制体体积的变化量。阻尼型元件主要表现出阻尼特性,控制体内存在很大的压力梯度,不能采用压力描述控制体的状态,而阻尼元件在稳定状态下,流经元件的流量保持不变,且流量主要是进出口压差的函数,在已知进出口压差的情况下可以求得流经元件的流量。

现在再考察不同类型控制体内热参数的计算。对于容积型元件控制体,由于流体的性质总是趋于一致,这样控制体内温度可以认为处处相同,采用温度作为控制体的参数,那么就可以采用式(6.77)进行计算,这样,对于容积型元件的温度和压力计算可直接使用式(6.77)式(6.78),复述为

$$\frac{\mathrm{d}T}{\mathrm{d}t} = \frac{1}{c_p m}\left[\dot{m}_{\mathrm{in}}(h_{\mathrm{in}} - h) + \dot{Q} + \dot{W}_s\right] + \frac{\alpha_p T}{\rho c_p}\frac{\mathrm{d}p}{\mathrm{d}t} \tag{7.1}$$

$$\frac{\mathrm{d}p}{\mathrm{d}t} = \frac{\beta}{\rho V}\left(\frac{\mathrm{d}m}{\mathrm{d}t} - \rho\frac{\mathrm{d}V}{\mathrm{d}t}\right) + \alpha_p \beta\frac{\mathrm{d}T}{\mathrm{d}t} \tag{7.2}$$

对于阻尼型元件,由于元件内流体存在较大的压力梯度,而压力梯度又会产生耗散生热,所以整个控制体内存在较大的压差和温差,不能采用统一的压力参数 p 和温度参数 T 来描述控制体的状态。但由于压力波的传播速度远大于流体的流速,可以认为元件的压力—流量瞬态过程非常快,元件一直处于平衡状态,那么,采用稳态方程就可以描述元件压力—流量关系。

阻尼型元件控制体内存在一定体积的油液,这些油液本身也具有一定的容积效应,这里假设阻尼型元件控制体内阻尼作用和容积作用是完全分离的。即将流体流经阻尼元件的过程分解为两个假设的过程,流体先流过一个纯粹的节流过程,再进入一个纯粹的容积控制体,如图7.1所示。

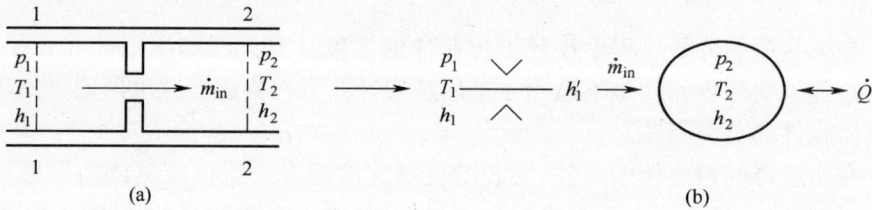

图 7.1　阻尼型元件流体流动假设

在图7.1(a)中,流体流经由壳体、1-1、2-2组成的控制体,流量为 $\dot{m}_{\mathrm{in}}$,流体参数由 p_1、T_1、h_1 变为 p_2、T_2、h_2。现将图7.1(a)中流动过程转换为图7.1(b)中的流动过程,流体进口参数为 p_1、T_1、h_1,流经一个纯节流过程后压力下降至 p_2,焓变为 h_1'。纯节流过程不考虑流体的动态特性以及流体的动能、势能和传热,由式(7.1)有

$$h_1 = h_1' \tag{7.3}$$

对于节流后的容积过程,其输入流量为 $\dot{m}_{\mathrm{in}}$,输入焓为 h_1,与外界存在热量交换,对于这个容积过程可以采用式(7.1)计算,那么阻尼型元件的温度流量计算可表示为

$$\frac{\mathrm{d}T_2}{\mathrm{d}t} = \frac{1}{c_p m}\left[\dot{m}_{\mathrm{in}}(h_1 - h_2) + \dot{Q}\right] + \frac{\alpha_p T_2}{\rho c_p}\frac{\mathrm{d}p_2}{\mathrm{d}t} \tag{7.4}$$

$$q = f(\Delta p, \cdots) \tag{7.5}$$

158

7.2 节流过程的数学模型

液压系统的热量大部分是节流过程中的黏性耗散作用产生的,因此节流过程是液压系统的主要生热过程。进行液压系统热特性建模就要特别关注节流过程的热特性计算问题。

7.2.1 阻抗、雷诺数和节流系数

液压元件的阻抗表示元件对流过流体的阻挡能力,阻抗定义为在稳定流动过程中,元件进出口压差与体积流量之比,可表示为

$$R = \frac{\Delta p}{q} \tag{7.6}$$

当元件的阻抗 R 为常数时,流体表现为层流特性,此时

$$q = \frac{1}{R} \Delta p \tag{7.7}$$

当元件的阻抗是压差和流量的函数,且有

$$q = f(\sqrt{\Delta p}) \tag{7.8}$$

则流体表现为紊流特性,而在层流和紊流之间可以称为过渡过程,表现为

$$q = f(\Delta p^n) \quad 0.5 < n < 1 \tag{7.9}$$

流体流动是处于层流还是紊流,可以通过雷诺数判断。雷诺数定义为

$$Re = \frac{vD}{\nu} \tag{7.10}$$

式中:v 为流体的流速;D 为特征长度;ν 为动力黏度。

如果流通截面为圆形,特征长度一般取直径;如果为非圆截面,可采用式(7.11)计算,即

$$D = \frac{4A_s}{p} \tag{7.11}$$

式中:A 为截面面积;p 为截面周长。

流体流动过程中,当雷诺数大于某一数值时,流体流动表现为紊流状态,当雷诺数小于某一数值时,流体流动表现为层流状态,将这一雷诺数称为临界雷诺数。不同流体通道的临界雷诺数如表 7.1 所列。

当流体处于紊流状态时,流过通道的流量和压差的关系可表示为

$$q = AC_d \sqrt{\frac{2}{\rho} \Delta p} \tag{7.12}$$

式中:A 为流通面积;C_d 为节流系数,不同节流通道的差别主要表现在节流系数

的计算上。

表 7.1　不同流体通道的临界雷诺数

流体通道	临界雷诺数 Re_{crit}	流体通道	临界雷诺数 Re_{crit}
光滑管道	2200～2320	阀中的旁路	＜300
软管	1600～2000	槽口节流	200～400
同心光滑环状间隙	1000～1200	滑阀中的光滑阀口	250～275
偏心光滑环状间隙	1000～1050	节流孔	100～200
转阀	550～750	平板阀或锥阀阀口	25～100

7.2.2　层流时节流过程的流量方程

从上节的分析可知,层流时节流过程的流量与压差成比例关系,液压原理中已总结了层流流动时多种节流形式流量计算方程,现总结如表 7.2 所列。

表 7.2　层流流动时节流过程流量计算方程

节流形式	截面形状(长为 L)	流量计算方程($\Delta p = p_1 - p_2$)
圆形管道	D	$q = \dfrac{tD^4}{128\mu L}\Delta p$
椭圆形管道	$2a$, $2b$	$q = \dfrac{\pi a^3 b^3}{4\mu L(a^2 + b^2)}\Delta p$
环形间隙	$2r$, e, $2(r-c)$	$q = \dfrac{\pi rc^3}{6\mu L}\left[1 + \dfrac{3}{2}\left(\dfrac{e}{c}\right)^2\right]\Delta p$ $c \ll r$
方形通道	w, w	$q = \dfrac{w^4}{28.4\mu L}\Delta p$
矩形通道	w, h	$q = \dfrac{wh^3}{6\mu L}\left[1 - \dfrac{192h}{\pi^5 w}\tanh\dfrac{\pi w}{2h}\right]\Delta p$

节流形式	截面形状（长为 L）	流量计算方程（$\Delta p = p_1 - p_2$）
平板间通道	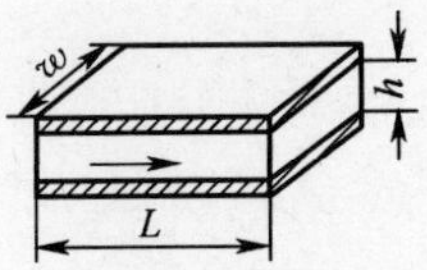	$q = \dfrac{w h^3}{12 \mu L} \Delta p$ $w \gg h$
三角通道	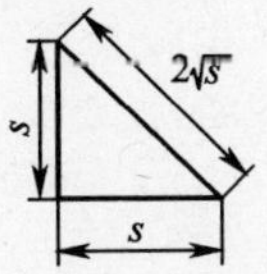	$q = \dfrac{s^4}{155.5 \mu L} \Delta p$
三角通道	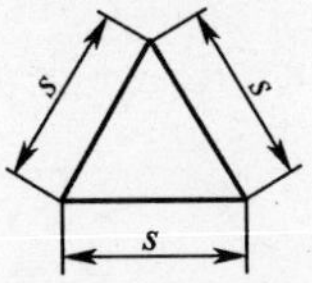	$q = \dfrac{s^4}{185 \mu L} \Delta p$
圆环平面间隙	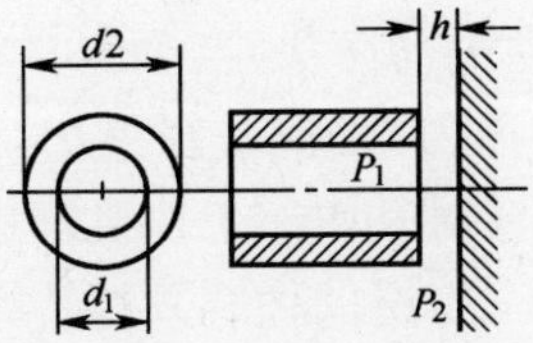	$q = \dfrac{\pi h^3}{6 \mu \ln \dfrac{d_2}{d_1}} \Delta p$

7.2.3 紊流时节流过程的流量方程

紊流流动时流体的体积流量可用式（7.12）进行计算，各节流形式之间的主要差别表现在节流系数上，常见紊流流动时节流孔的节流系数如表 7.3 所列。

表 7.3 紊流流动时节流孔节流系数

节流形式	图 示	流量计算方程
薄壁节流孔	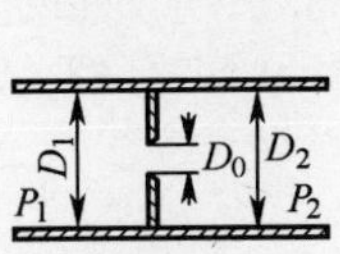	$C_d = \mathrm{const} = 0.6$
滑阀节流孔	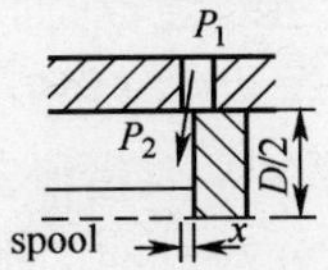	$C_d = \mathrm{const} = 0.6$

161

节流形式	图 示	流量计算方程
短管节流孔		$C_{\mathrm{d}} = \begin{cases} \left(2.163 + 64\,\dfrac{L}{D_0 Re}\right)^{-0.5} & \dfrac{D_0 Re}{L} < 50 \\[3mm] \left[1.5 + 13.74\left(\dfrac{L}{D_0 Re}\right)^{0.5}\right]^{-0.5} & \dfrac{D_0 Re}{L} > 50 \end{cases}$
细长节流孔		$C_{\mathrm{d}} = \left(\dfrac{64L}{dRe}\right)^{-\frac{1}{2}}$

7.3 恒压柱塞泵的热特性模型

恒压柱塞泵是飞机液压系统普遍采用的泵源形式,同时也是液压系统最主要的热源之一。柱塞泵的生热主要由其损失功率决定,而泵的损失功率受负载压力、输入转速、斜盘倾角、油液黏度等多种因素影响,在整个工况上是变化的,要建立比较准确的柱塞泵热特性模型,就要对其内部工作机理进行认真的分析,研究影响泵效率的各种因素,建立适用于全工况的柱塞泵热特性模型。

7.3.1 柱塞泵效率分析及压力流量计算

柱塞泵效率不仅由其结构参数决定,还受其工作参数的影响,而其中一些影响因素作用机理复杂,很难用数学模型准确描述,这里作以下假设:

① 不考虑磨损对泵效率影响。

② 不考虑溶解空气对泵效率影响。

③ 不考虑恒压调节动态特性对泵效率影响。

柱塞泵效率由其功率损失决定,这里首先分析泵的功率损失,然后建立反映各种因素影响的柱塞泵效率模型。柱塞泵效率可分为容积效率和机械效率,相对应的功率损失称为容积损失和机械损失。

1. 容积损失

柱塞泵工作过程中由于油液的填充、泄流和压缩性,从而产生填充损失、泄流损失和压缩性损失,总称为容积损失。正常工作的柱塞泵其填充损失可避免,压缩性损失也较小,而泄流损失较大,所以容积损失主要指泄流损失。泄流损失是由相对运动零件间的缝隙流引起的,如转子和分油盘间的泄流等。柱塞泵的

泄流缝隙较小,可按典型缝隙流计算,即

$$q_1 = C_1 D_m \frac{p}{\mu(p, T)} \tag{7.13}$$

式中：C_1 为泄流系数；D_m 为泵排量；p 为负载压力；$\mu(p, T)$ 为油液运动黏度,受油液压力和温度影响。

2. 机械损失

机械损失也称为力矩损失,表现为泵所需输入力矩的增量,主要由各种机械摩擦和流体动力损失引起,包括以下几个方面：

1) 干摩擦损失

干摩擦指金属直接接触表面间的摩擦,如对柱塞滑靴静压支撑和分油盘静压支撑采用剩余压紧力设计,使运动副之间存在干摩擦。干摩擦大小主要和接触表面的法向力有关,即与泵的负载压力有关,干摩擦力矩损失可表示为

$$T_u = C_u p D_m \tag{7.14}$$

式中：C_u 为干摩擦系数。

2) 常值摩擦损失

转轴密封装置等产生的损失可看作常值,不受其他因素影响,仅同泵尺寸有关,引起的力矩损失可表示为

$$T_c = C_c D_m \tag{7.15}$$

式中：C_c 为常值摩擦压力系数。

3) 黏性摩擦损失

黏性摩擦损失指相对运动机械间存在间隙流时产生的黏性阻尼损失。黏性摩擦引起的力矩损失同油液黏度、相对运动速度、泵尺寸等有关,黏性摩擦力矩损失可表示为

$$T_n = C_n \mu(p, T) D_m n \tag{7.16}$$

式中：C_n 为黏性摩擦损失系数；n 为泵转速。

4) 流体动力损失

流体动力损失指泵内流体流速突变造成的黏性内摩擦损失,如油液从工作腔和分油盘形成的通道流过时的节流损失。流体动力力矩损失为

$$T_d = C_d \rho(p, T) \alpha^3 n^2 D_m^{5/3} \tag{7.17}$$

式中：C_d 为流体动力损失系数；α 为斜盘倾角系数；$\rho(p, T)$ 为油液密度。

得到了泵各种功率损失后,柱塞泵容积效率、机械效率和总效率可表示为

$$\eta_v = \frac{\alpha D_m n p - q_L p}{\alpha D_m n p} = 1 - \frac{C_1 p}{\alpha \mu n} \tag{7.18}$$

$$\eta_m = \frac{\alpha D_m p}{\alpha D_m p + T_u + T_c + T_n + T_d} \tag{7.19}$$

$$\eta = \eta_v \eta_m \tag{7.20}$$

柱塞泵的压力流量特性受斜盘倾角控制,不考虑调压过程动特性时,泵斜盘倾角系数为

$$\alpha = \begin{cases} 1 & p \leqslant p_n \\ \dfrac{p_{\max} - p}{p_{\max} - p_n}\left(1 - \dfrac{C_1 p}{n\mu}\right) + \dfrac{C_1 p_n}{n\mu} & p_n < p \leqslant p_{\max} \end{cases} \tag{7.21}$$

式中:$p_{\max}$ 为最大压力;p_n 为调节压力。

那么柱塞泵的流量可以表示为

$$Q = \alpha D_m n \tag{7.22}$$

式(7.21)和式(7.22)结合,表达了恒压柱塞泵的压力流量特性。

7.3.2 柱塞泵热特性分析及温度计算

1. 柱塞泵传热分析

以泵功率损失分析为基础,从温度变化的角度考察油液在泵内的流动过程,泵内油液及壳体的传热过程如图7.2所示。对于油液,考察进口温度 T_i、出口温度 T_o 及回油口温度 T_e。将柱塞泵泵体分为转动部分和壳体,分别考察转动部分温度 T_r 和壳体温度 T_s。

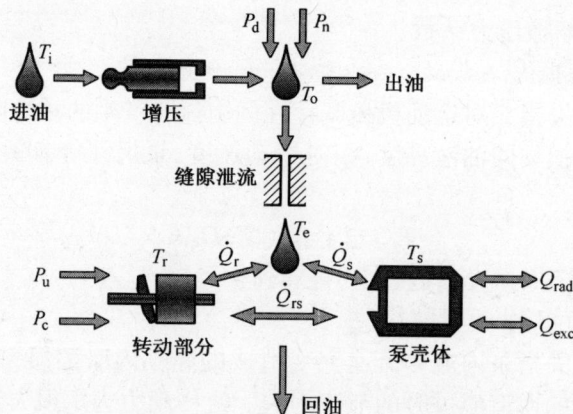

图 7.2 柱塞泵传热过程示意图

当不考虑填充损失时,油液以温度 T_i 进入泵吸油口后在柱塞的作用下压力升高,产生增压生热。高压油液离开柱塞经过分油盘流出,产生流体动力损失生热 P_d 和黏性摩擦生热 P_n,油液温度变为 T_o。其中一部分油液通过泵的各种缝隙泄流,产生泄流生热,泄流后的油液进入泵回油腔同泵转动部分和壳体进行换热,换热量分别为 $\dot{Q}_r$ 和 $\dot{Q}_s$,而后从回油口以温度 T_e 流出。泵的干摩擦功率损

失和常值摩擦功率损失为 P_u 和 P_c，可认为直接作用于泵的转动部分，使转动部分温度升高，而壳体同回油油液和转动部分都存在热交换，分别为 $\dot{Q}_s$ 和 $\dot{Q}_{rs}$，同时泵壳体还同环境存在辐射换热和自然对流换热，分别为 $\dot{Q}_{rad}$ 和 $\dot{Q}_{exc}$。

2. 柱塞泵温度计算

根据液压元件控制体温度计算方程(6.65)，泵出口油液温度 T_o 可表示为

$$
\begin{cases}
\dfrac{\mathrm{d}T_o}{\mathrm{d}t} = \dfrac{1}{c_{po}m_o}\left[\alpha D_m n\rho_o \mathrm{d}h_o + P_d + P_n + \alpha D_m n(p_o - p_i)\right] + \dfrac{\alpha_p T_o}{\rho_o c_{po}}\dfrac{\mathrm{d}p_o}{\mathrm{d}t} \\
\mathrm{d}h_o = \overline{c_{po}}(T_i - T_o) + (1 - \overline{\alpha_p T})\overline{\nu}(p_i - p_o)
\end{cases}
$$
(7.23)

同理，泵回油口油液温度 T_e 可表示为

$$
\begin{cases}
\dfrac{\mathrm{d}T_e}{\mathrm{d}t} = \dfrac{1}{c_{po}m_e}\left[q_1\rho_o \mathrm{d}h_e + \dot{Q}_r + \dot{Q}_s\right] + \dfrac{\alpha_p T_e}{\rho_o c_{po}}\dfrac{\mathrm{d}p_e}{\mathrm{d}t} \\
\mathrm{d}h_e = \overline{c_{po}}(T_o - T_e) + (1 - \overline{\alpha T})\overline{\nu}(p_o - p_e)
\end{cases}
$$
(7.24)

泵转动部分温度 T_r 可表示为

$$
\frac{\mathrm{d}T_r}{\mathrm{d}t} = \frac{1}{c_{ps}m_r}\left[P_u + P_c - \dot{Q}_r - \dot{Q}_{rs}\right]
$$
(7.25)

泵壳体温度 T_s 可表示为

$$
\frac{\mathrm{d}T_s}{\mathrm{d}t} = \frac{1}{c_{ps}m_s}\left[-\dot{Q}_s + \dot{Q}_{rs} - \dot{Q}_{rad} - \dot{Q}_{exc}\right]
$$
(7.26)

7.3.3 模型仿真验证

将建立的柱塞泵数学模型结合一个简单液压系统进行仿真计算，通过计算结果来考察模型是否能反映实际的物理趋势。为突出主要问题，减少其他因素影响，对图 7.3 所示的简单液压系统进行仿真。采用 Modelica 语言在 Dymola 环境下建立系统中各个元件的仿真模型，关于仿真模型的建立将在第 8 章中进行详细讨论，这里不再给出仿真模型建立过程及详细的仿真参数。

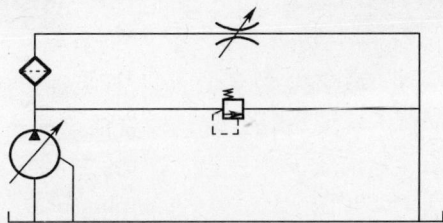

图 7.3　液压系统原理

首先考察液压系统中的油液温度、负载压力、斜盘倾角和输入转速对柱塞泵容积效率、机械效率和总效率受的影响,如图 7.4 至图 7.12 所示。

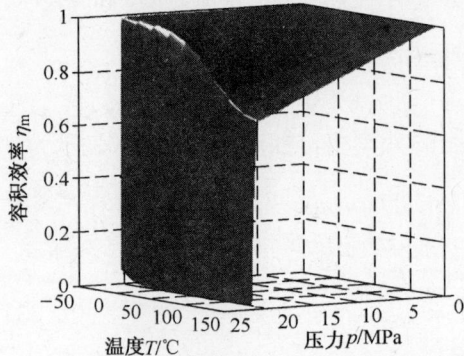

图 7.4 油温和负载压力对容积效率的影响

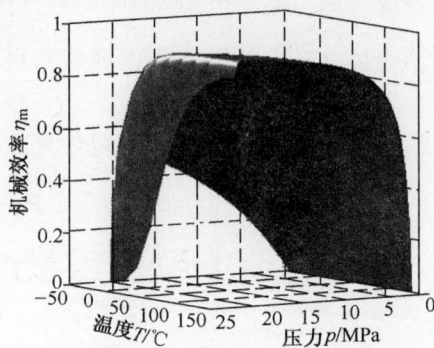

图 7.5 油温和负载压力对机械效率的影响

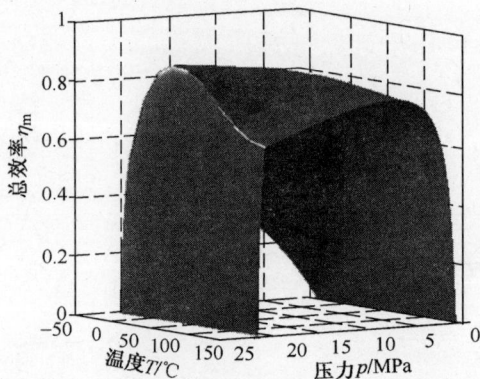

图 7.6 油温和负载压力对总效率的影响

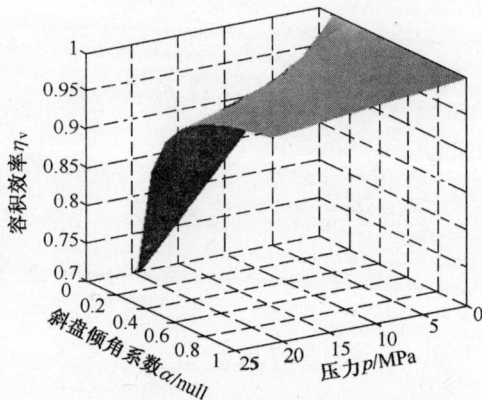

图 7.7 斜盘倾角和负载压力对容积效率的影响

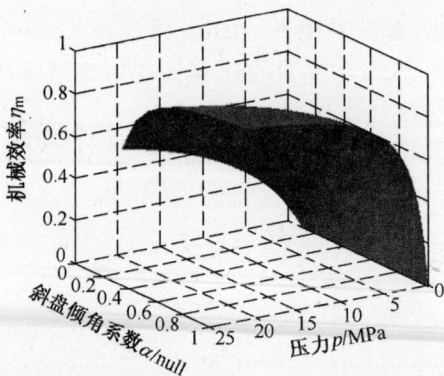

图 7.8 斜盘倾角和负载压力对机械效率的影响

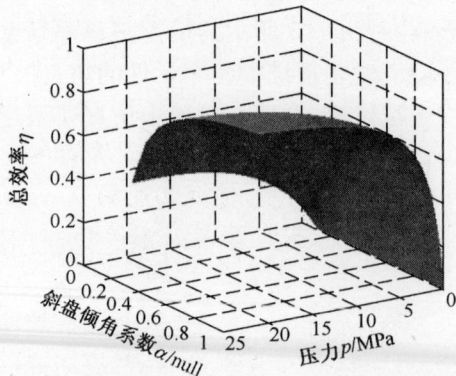

图 7.9 斜盘倾角和负载压力对总效率的影响

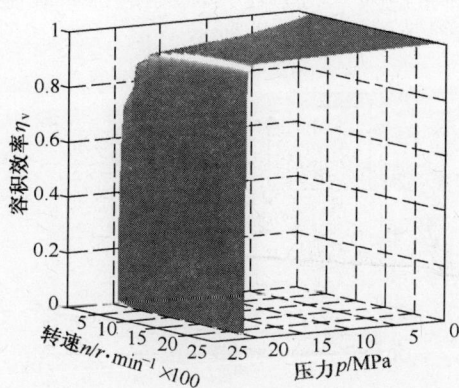

图 7.10 输入转速和负载压力对容积
效率的影响

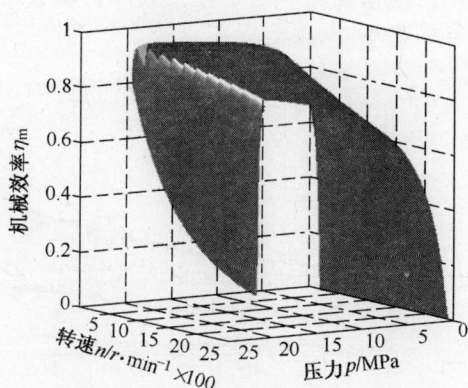

图 7.11 输入转速和负载压力对机械
效率的影响

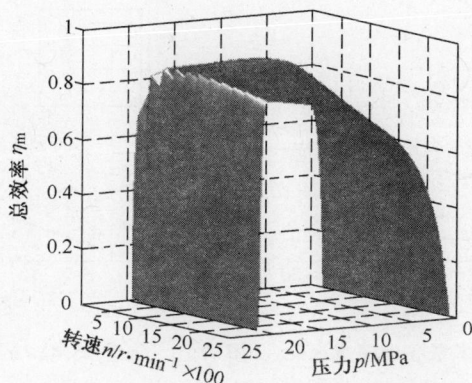

图 7.12 输入转速和负载压力对总效率的影响

从图 7.4 至图 7.12 可知,在不同工况下泵效率不同,而泵效率决定了泵的功率损失,从而直接决定了泵的温升,所以在进行泵的热特性建模和仿真中应认真考虑泵在不同工况下的损失特性。

将节流阀开度在 100s 内从最大变为零,输入转速 1000r/min 时泵内各处温度如图 7.13 所示,输入转速 2000r/min 时泵内各处温度如图 7.14 所示。从图中可知,高转速时泵各处温度更高,且出口油液温度和泵转动部分温度增加较多。

输入转速 1500/min 时改变节流阀开度,负载流量为零时泵内各处温度如图 7.15 所示,负载流量为 25.4L/min 时各处温度如图 7.16 所示。结合图 7.12可知,虽然泵出口油液为零时泵总效率为零,但输入功率较小,所以温升较小,而

167

出口油液流量为 25.4L/min 时,泵效率较高,但损失功率较大,泵引起的系统温升也较大。

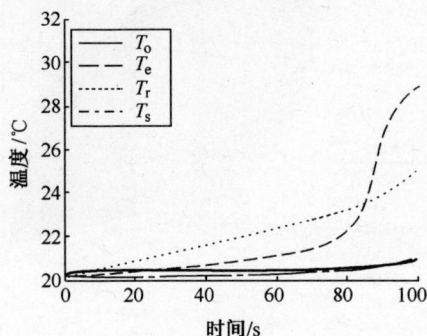

图 7.13　1000r/min 时柱塞泵各处温度变化　图 7.14　2000r/min 时柱塞泵各处温度变化

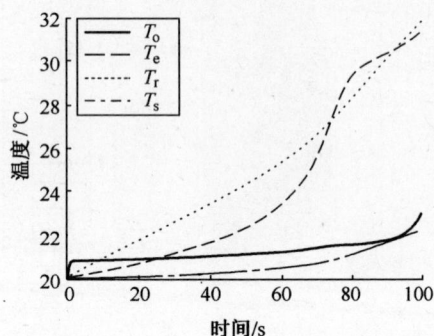

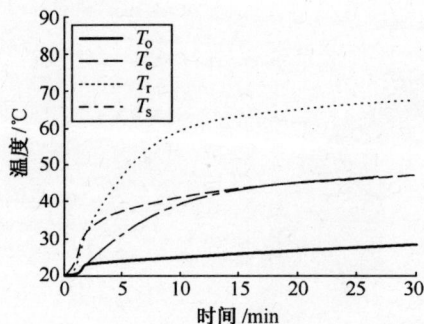

图 7.15　零流量时柱塞泵各处温度变化　图 7.16　流量 25.4L/min 时柱塞泵各处温度变化

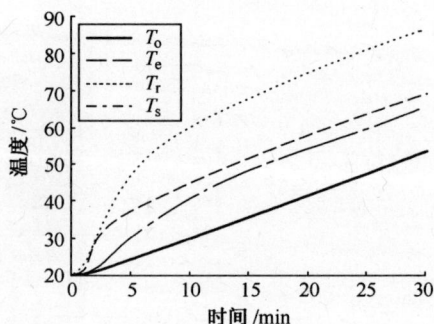

另外,不同斜盘倾角和不同的油液黏度对液油泵及系统温度变化也存在影响,这里不再给出详细的仿真结果。

7.4　液压伺服阀的热特性模型

飞机液压系统中使用了类型众多的阀类元件,各种阀类元件一般具有较大的节流损失,其发热量是影响系统热特性的重要因素。而在各种阀中,因伺服阀一般存在内部泄漏,且长时间处于工作状态,对系统热特性的影响较大。所以对液压伺服阀进行热特性建模与仿真研究,对系统热特性的仿真有着重要意义。伺服阀可分为滑阀、喷嘴挡板阀和射流管阀等,其中以滑阀使用最为广泛。下面以滑阀为例说明建模过程。

168

7.4.1　滑阀的压力流量计算

滑阀按凸肩的宽度与阀槽宽度的相互关系分为零开口阀、负开口阀和正开口阀。阀零位附近开口量的不同直接影响到阀的流量增益特性。一个零开口量滑阀如图 7.17 所示。

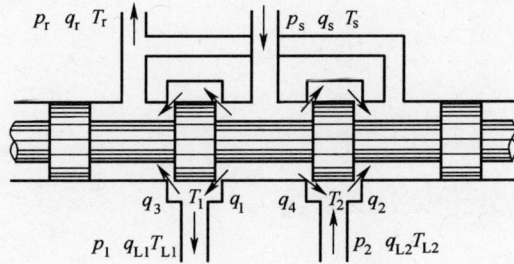

图 7.17　零开口量滑阀原理

滑阀的进口压力和流量分别为 p_s 和 q_s，回油压力和流量分别为 p_r 和 q_r。设阀对称，其供油口和回油口开口量相同，节流系数为 C_d，通油面积变化率为 w，阀位移量为 x，左移为正。各部分流量、压力、温度如图 7.17 所示。

通过滑阀各通道的流量可表示为

$$
\begin{cases}
q_1 = C_d w x \sqrt{\dfrac{2(p_s - p_1)}{\rho}} + \dfrac{w h^3 (p_s - p_1)}{12\mu L} \\[2mm]
q_2 = C_d w x \sqrt{\dfrac{2(p_2 - p_r)}{\rho}} + \dfrac{w h^3 (p_2 - p_r)}{12\mu L} \\[2mm]
q_3 = \dfrac{w h^3 (p_1 - p_r)}{12\mu (L + x)} \\[2mm]
q_4 = \dfrac{w h^3 (p_s - p_2)}{12\mu (L + x)}
\end{cases}
\qquad x \geqslant 0 \qquad (7.27)
$$

$$
\begin{cases}
q_1 = \dfrac{w h^3 (p_s - p_1)}{12\mu (L - x)} \\[2mm]
q_2 = \dfrac{w h^3 (p_2 - p_r)}{12\mu (L - x)} \\[2mm]
q_3 = -C_d w x \sqrt{\dfrac{2(p_1 - p_r)}{\rho}} + \dfrac{w h^3 (p_1 - p_r)}{12\mu L} \\[2mm]
q_4 = -C_d w x \sqrt{\dfrac{2(p_s - p_2)}{\rho}} + \dfrac{w h^3 (p_s - p_2)}{12\mu L}
\end{cases}
\qquad x < 0 \qquad (7.28)
$$

式中：h 为阀孔与阀芯之间的径向间隙；$L = 4h/3\pi$。

当 $x=0$ 时,可得到滑阀中立位置时的泄漏量为

$$q_1 = q_2 = q_3 = q_4 = \frac{\pi w h^2}{32\mu} p_s \tag{7.29}$$

滑阀各接口的流量可表示为

$$\begin{cases} q_s = q_1 + q_4 \\ q_r = q_2 + q_3 \\ q_{L1} = q_1 - q_3 \\ q_{L2} = q_2 - q_4 \end{cases} \tag{7.30}$$

以上即为零开口滑阀的压力流量特性。

7.4.2 滑阀传热分析及温度计算

1. 滑阀传热分析

滑阀的传热过程如图 7.18 所示,取进油控制体、供油口 1 控制体、供油口 2 控制体、回油控制体共 4 个控制体,温度分别为 T_s、T_1、T_2、T_r。当 $x \geqslant 0$ 时,进油控制体内油液在节流作用下流入供油口 1 控制体,流量为 q_1,供油口 1 控制体内油液一部分推动负载工作,一部分以流量 q_3 流入回油控制体。另外,进油控制体内还有一部分油液以流量 q_4 流入供油口 2 控制体,同外界负载回油混合后以流量 q_2 流入回油控制体。当 $x < 0$ 时,来油控制体在油液节流作用下流入供油口 2 控制体,流量为 q_4,供油口 2 控制体内油液一部分推动负载工作,一部分以流量 q_2 流入回油控制体。另外,来油控制体内还有一部分油液以流量 q_1 流入供油口 1 控制体,同外界负载回油混合后以流量 q_3 流入回油控制体。

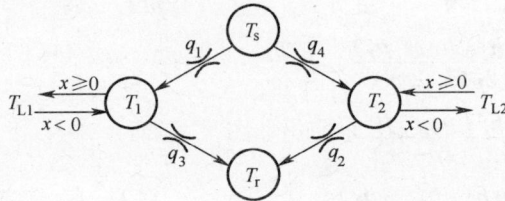

图 7.18 滑阀的传热过程

2. 滑阀温度计算

滑阀各控制体温度计算方程可表示为

$$\begin{cases} \dfrac{dT_1}{dt} = \dfrac{1}{c_p m_1} q_1 \rho (h_s - h_1) + \dfrac{\alpha_p T_1}{\alpha_p} \dfrac{dp_1}{dt} \\ \dfrac{dT_2}{dt} = \dfrac{1}{c_p m_2} [q_4 \rho (h_s - h_2) + q_{L2} \rho (h_{L2} - h_2)] + \dfrac{\alpha_p T_2}{\alpha_p} \dfrac{dp_2}{dt} \end{cases} \quad x \geqslant 0 \tag{7.31}$$

170

$$\begin{cases} \dfrac{\mathrm{d}T_1}{\mathrm{d}t} = \dfrac{1}{c_p m_1}\big[q_1\rho(h_s - h_1) + q_{L1}\rho(h_{L1} - h_1)\big] + \dfrac{\alpha_p T_1}{\alpha_p}\dfrac{\mathrm{d}p_1}{\mathrm{d}t} \\[3mm] \dfrac{\mathrm{d}T_2}{\mathrm{d}t} = \dfrac{1}{c_p m_2}q_4\rho(h_s - h_2) + \dfrac{\alpha_p T_2}{\alpha_p}\dfrac{\mathrm{d}p_2}{\mathrm{d}t} \end{cases} \quad x < 0$$

$$\tag{7.32}$$

$$\frac{\mathrm{d}T_r}{\mathrm{d}t} = \frac{1}{c_p m_r}\big[q_2\rho(h_2 - h_r) + q_3\rho(h_1 - h_r)\big] + \frac{\alpha_p T_r}{\alpha_p}\frac{\mathrm{d}p_r}{\mathrm{d}t} \tag{7.33}$$

式中：m_1、m_2、m_r 分别为供油口 1 控制体、供油口 2 控制体和回油控制体质量；h 为流体焓值。

7.4.3　模型仿真验证

为突出主要问题，对图 7.19 所示的简单液压系统进行仿真计算，$T_s = 30℃$，$p_s = 2.1\mathrm{MPa}$，$p_r = 0.1\mathrm{MPa}$。

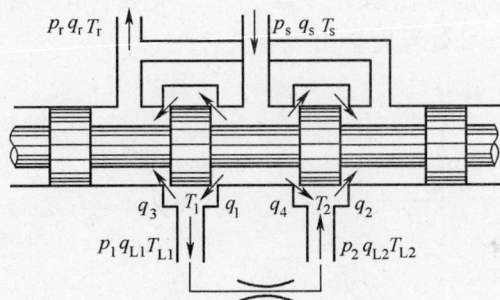

图 7.19　仿真计算原理

仿真过程中输入信号如图 7.20 所示，即阀保持中立位置，在第 20s 开始向左打开至最大，第 50s 开始向右打开至最大，第 90s 开始回中立位置。

仿真得到的滑阀各接口压力变化如图 7.21 所示。

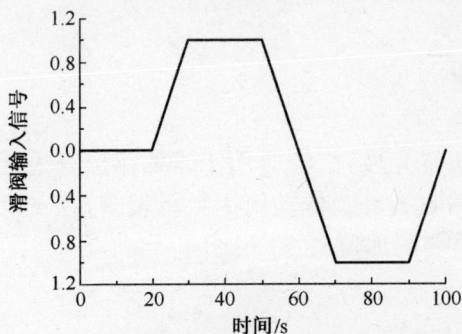

图 7.20　滑阀输入信号

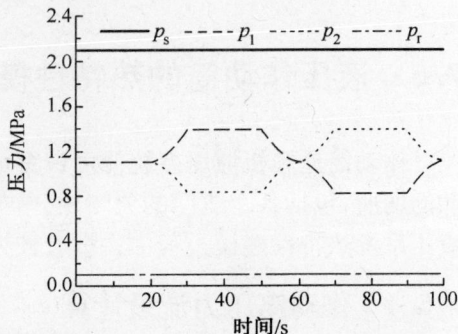

图 7.21　滑阀各接口压力变化

171

滑阀各接口流量变化如图 7.22 和图 7.23 所示,图 7.22 中阀中立位置时流量不为零是由滑阀内泄漏引起的。

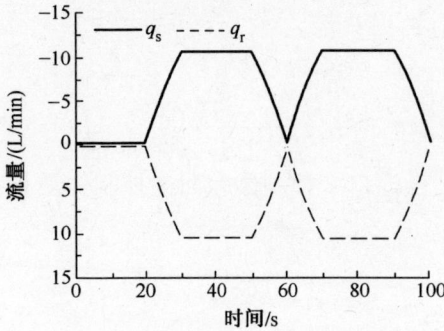

图 7.22 滑阀进油口和回油口流量

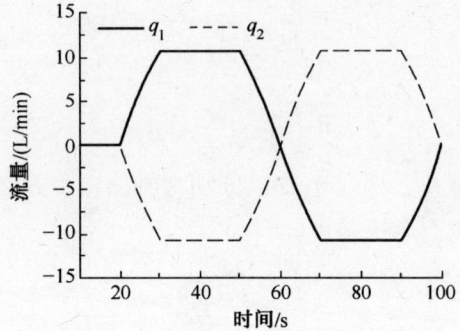

图 7.23 滑阀供油口 1 和供油口 2 处流量

滑阀各接口的温度变化如图 7.24 所示。从图中可以看出,当滑阀换向时,阀供油口 1 和供油口 2 处温度会出现突变。

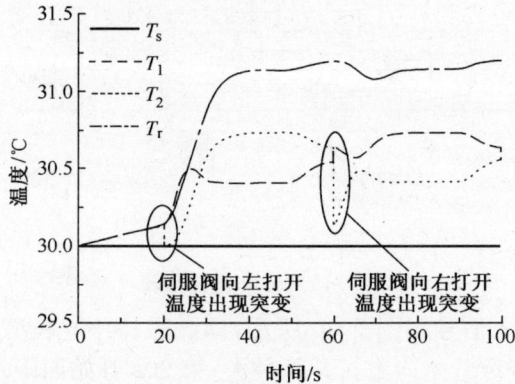

图 7.24 滑阀各接口温度变化

7.5 液压作动筒的热特性模型

作动筒是飞机液压系统使用最多的执行元件,广泛应用于需要输出直线运动的场所,包括各个舱门的关闭、起落架的收放等。作动筒因数量较多,在飞机液压系统热特性建模过程中占据着较为重要的地位。

7.5.1 作动筒压力流量计算

在进行作动筒建模过程中作以下假设:

① 不考虑作动筒油液进出口阻尼作用。

② 不考虑活塞与作动筒筒体的摩擦生热。

作动筒工作过程中主要表现出容积特性,通过输入输出的流量差异而引起作动筒两腔压力变化,再通过作动筒活塞将压差转化为力输出,通过活塞杆带动负载做功,作动筒原理如图 7.25 所示。

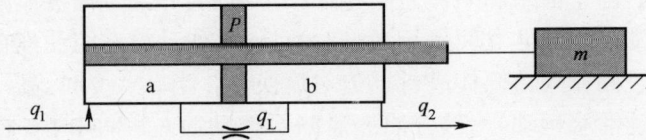

图 7.25　作动筒原理

在图 7.25 中,作动筒由容腔 a、容腔 b 和活塞 P 组成。选容腔 a 和容腔 b 为控制体,对于控制体 a 有系统来油 q_1,同时由于内部泄漏,流出控制体流量为 q_1 至容腔 b。对于控制体 b 有泄漏流量 q_1,同时向系统回油 q_2。容腔 a 和容腔 b 的边界随活塞的运动而变化。活塞 P 在容腔 a 和容腔 b 的压力作用下带动负载 m 做功。

作动筒两腔之间的泄漏量可以表示为

$$q_1 = C(p_a - p_b)/\mu \tag{7.34}$$

式中：C 为泄漏系数；μ 为油液运动黏度。

对于控制体 a,其压力 p_a 可表示为

$$\frac{\mathrm{d}p_a}{\mathrm{d}t} = B\left[\frac{1}{\rho V_a}\left(\frac{\mathrm{d}m}{\mathrm{d}t} - \rho\frac{\mathrm{d}V_a}{\mathrm{d}t}\right) + \alpha_p\frac{\mathrm{d}T_a}{\mathrm{d}t}\right] \tag{7.35}$$

式中：$V_a = (x_0 + x)A_a$ 为控制体 a 体积；x_0 为活塞初始位置；x 为活塞位移；A_a 为活塞 a 侧有效面积,且有 $\dfrac{\mathrm{d}V_a}{\mathrm{d}t} = A_a\dfrac{\mathrm{d}x}{\mathrm{d}t}$,$\dfrac{\mathrm{d}m}{\mathrm{d}t} = \rho(q_1 - q_L)$。

对于控制体 b 有

$$\frac{\mathrm{d}p_b}{\mathrm{d}t} = B\left[\frac{1}{\rho V_b}\left(\frac{\mathrm{d}m}{\mathrm{d}t} - \rho\frac{\mathrm{d}V_b}{\mathrm{d}t}\right) + \alpha_p\frac{\mathrm{d}T_b}{\mathrm{d}t}\right] \tag{7.36}$$

式中：$V_b = (l_{max} - x_0 - x)A_b$,为控制体 b 的体积；$l_{max}$ 为作动筒行程；A_b 为活塞 b 侧有效面积,且有 $\dfrac{\mathrm{d}V_b}{\mathrm{d}t} = -A_a\dfrac{\mathrm{d}x}{\mathrm{d}t}$,$\dfrac{\mathrm{d}m}{\mathrm{d}t} = \rho(q_2 + q_1)$。

对于活塞有

$$A_a p_a - A_b p_b = m\frac{\mathrm{d}^2x}{\mathrm{d}t} + B\frac{\mathrm{d}x}{\mathrm{d}t} + Kx + F_L \tag{7.37}$$

式中：B 为等效阻尼系数；K 为负载弹性刚度；F_L 为负载力。

7.5.2 作动筒传热分析及温度计算

1. 作动筒传热分析

作动筒的传热过程如图 7.26 所示,取作动筒左右两腔为两个控制体,且定义图 7.25 中活塞右移为正,即 $x > 0$。当 $x > 0$ 时,高压油液进入作动筒左腔,推动活塞运动,由于活塞和筒体之间存在一定泄漏,一部分油液泄漏至作动筒右腔,同时左腔油液与筒体之间进行强迫对流换热,作动筒右腔油液在活塞作用下向系统回油,且同作动筒筒体进行强迫对流换热。当 $x < 0$ 时,高压油液进入作动筒右腔,推动活塞运动,一部分油液泄漏至作动筒左腔,同时右腔油液与筒体之间进行强迫对流换热,作动筒左腔油液在活塞作用下向系统回油,且同作动筒筒体进行强迫对流换热。作动筒筒体与环境进行对流换热和辐射换热。

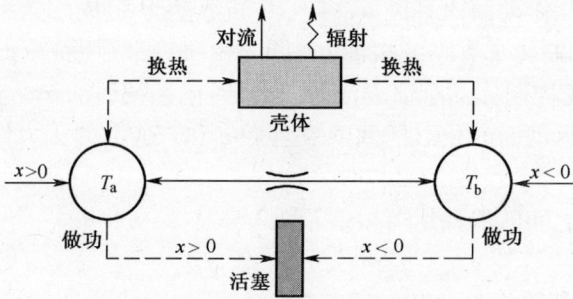

图 7.26 作动筒传热过程示意图

作动筒筒体与内部油液以及作动筒筒体同环境之间换热计算时,可将作动筒简化为圆柱管道和圆柱体,采用相应的换热计算实验关联式。

2. 作动筒温度计算

控制体 a 的温度变化可表示为

$$\begin{cases} \dfrac{\mathrm{d}T_a}{\mathrm{d}t} = \dfrac{1}{c_p m_a}\big[\rho\,q_1(h_{in} - h_a) - \dot{Q}_a\big] + \dfrac{\alpha_p T_a}{\rho\,c_p}\dfrac{\mathrm{d}p_a}{\mathrm{d}t} & x \geqslant 0 \\[3mm] \dfrac{\mathrm{d}T_a}{\mathrm{d}t} = \dfrac{1}{c_p m_a}\big[-\rho\,q_1(h_b - h_a) - \dot{Q}_a\big] + \dfrac{\alpha_p T_a}{\rho\,c_p}\dfrac{\mathrm{d}p_a}{\mathrm{d}t} & x < 0 \end{cases} \tag{7.38}$$

控制体 b 的温度变化可表示为

$$\begin{cases} \dfrac{\mathrm{d}T_b}{\mathrm{d}t} = \dfrac{1}{c_p m_b}\big[\rho q_1(h_a - h_b) - \dot{Q}_b\big] + \dfrac{\alpha_p T_b}{\alpha_p}\dfrac{\mathrm{d}p_b}{\mathrm{d}t} & x \geqslant 0 \\[3mm] \dfrac{\mathrm{d}T_b}{\mathrm{d}t} = \dfrac{1}{c_p m_b}\big[\rho q_2(h_{in} - h_b) - \dot{Q}_b\big] + \dfrac{\alpha_p T_b}{\alpha_p}\dfrac{\mathrm{d}p_b}{\mathrm{d}t} & x < 0 \end{cases} \tag{7.39}$$

壳体的温度变化可表示为

$$\frac{\mathrm{d}T_s}{\mathrm{d}t} = \frac{1}{c_{ps}m_s}[\dot{Q}_a + \dot{Q}_b - \dot{Q}_s]\tag{7.40}$$

式中：$\dot{Q}_a$、$\dot{Q}_b$、$\dot{Q}_s$分别为壳体与控制体 a 的换热流量、壳体与控制体 b 的换热流量和壳体与环境的换热流量。

7.5.3 模型仿真验证

为突出主要问题，对图 7.27 所示的简单液压系统进行仿真计算。$p_s =$ 10MPa，$T_s = 30℃$，伺服阀参数与上节相同，作动筒为单活塞双杆，双向作用，负载质量 $m = 1000\mathrm{kg}$，$K = 5000\mathrm{N/m}$。

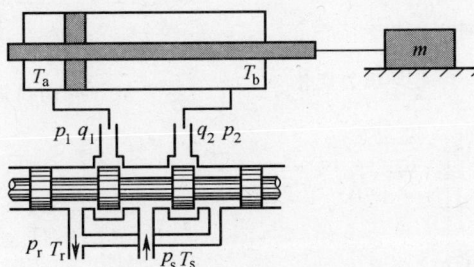

图 7.27　仿真计算原理

伺服阀输入信号如图 7.28 所示，即伺服阀在第 2s 向左打开，高压油液进入作动筒左腔推动活塞做功。

仿真所得的作动筒活塞的位移和速度如图 7.29 所示。

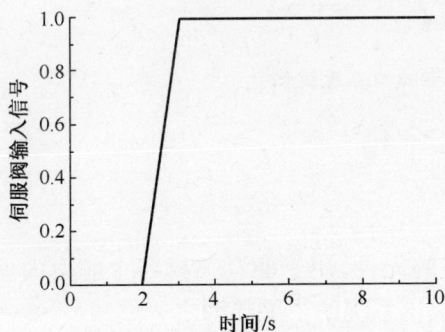

图 7.28　伺服阀输入信号

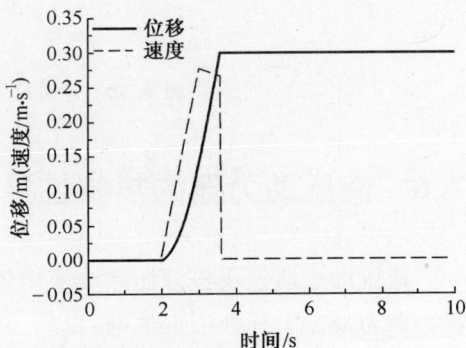

图 7.29　作动筒活塞杆位移和速度变化

作动筒左腔和右腔的压力和流量如图 7.30 和图 7.31 所示。

作动筒左腔和右腔温度变化如图 7.32 所示，作动筒未工作时由于伺服阀泄

175

漏而引起左腔进油处温度升高,作动筒停止工作后由于本身泄漏,右腔温度升高。

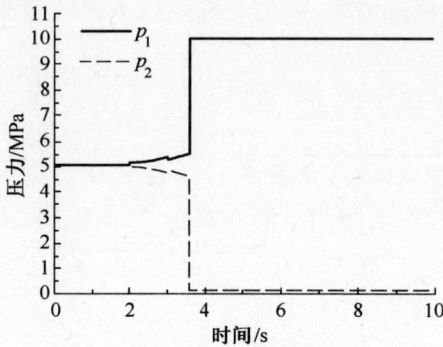

图 7.30 作动筒进口和出口压力变化

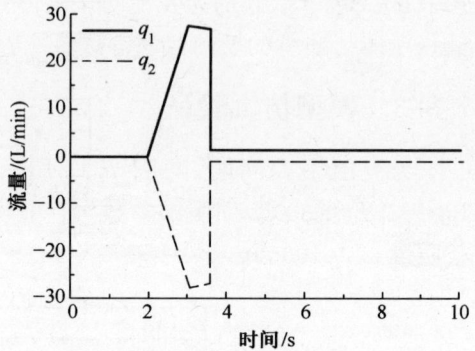

图 7.31 作动筒进口和出口流量变化

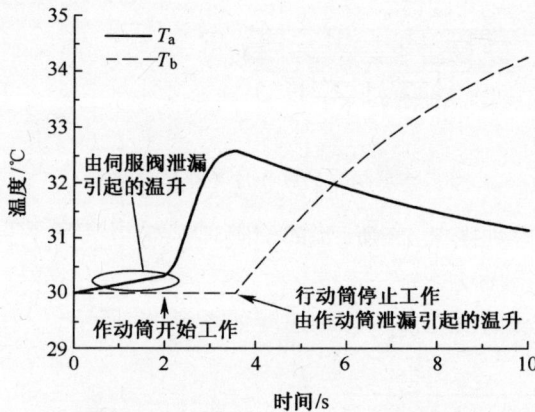

图 7.32 作动筒进口和出口温度变化

7.6 液压助力器的热特性模型

液压助力器是飞机液压系统使用较多的元件,用于驱动飞机各个舵面的偏转。助力器由于存在内部泄漏,也是飞机液压系统的主要热源之一。

7.6.1 助力器压力流量计算

助力器从原理上可以看成由伺服阀控制的一个简单伺服力输出系统,如图 7.33 所示。飞行员或舵机产生输入信号 x_i 作用于滑阀上,滑阀偏离中立位置

176

打开,高压油液进入作动筒推动负载工作,使活塞杆产生一定的位移,活塞杆位移在反馈机构作用下推动滑阀运动,使滑阀开度减小,直至回到中立位置。

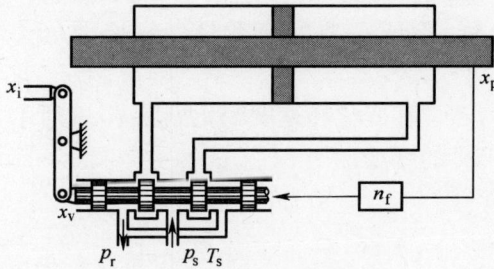

图 7.33 助力器原理

通过以上分析可知,助力器内部的压力流量计算可以采用液压伺服阀和作动筒的压力流量计算方法,但需要加入滑阀反馈方程,构成助力器的反馈控制,滑阀反馈方程可表示为

$$x_v = n_i x_i - n_f x_p \tag{7.41}$$

式中:n_i 为输入比;n_f 为反馈比。

7.6.2 助力器传热分析及温度计算

结合液压伺服阀和作动筒传热计算原理,助力器传热计算过程如图 7.34 所示。

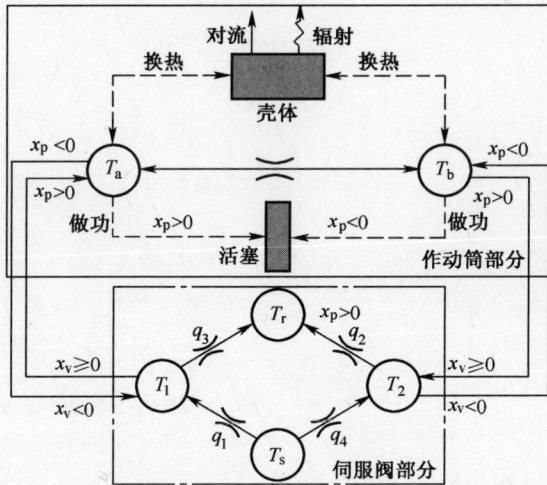

图 7.34 助力器传热过程示意图

助力器内部各控制体温度计算与液压伺服阀和作动筒温度计算相同。

7.6.3 模型仿真验证

采用恒压恒温的压力源作为助力器输入液压源,并输入如图7.35所示的控制信号进行仿真计算,验证模型的有效性。恒压源压力 $p_s = 10\text{MPa}$,温度 $T_s = 30℃$。

仿真得到的助力器位移变化和速度变化如图7.36所示。从图中可知,助力器可以很好地实现信号的跟随。

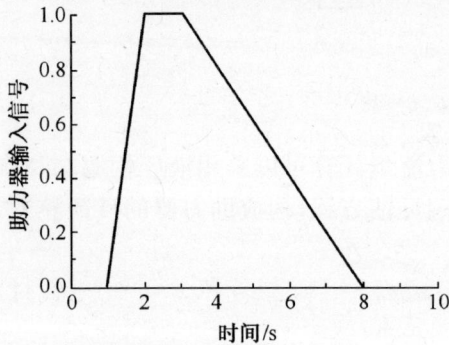

图 7.35 助力器输入信号

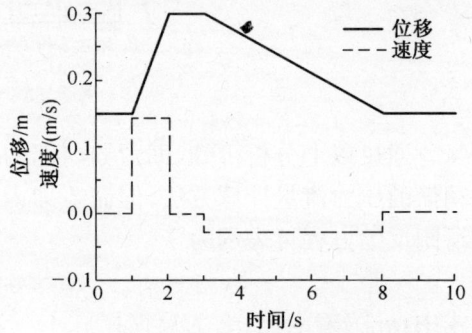

图 7.36 助力器位移和速度变化

助力器进口油液流量变化如图7.37所示,助力器进口和出口油液温度变化如图7.38所示。

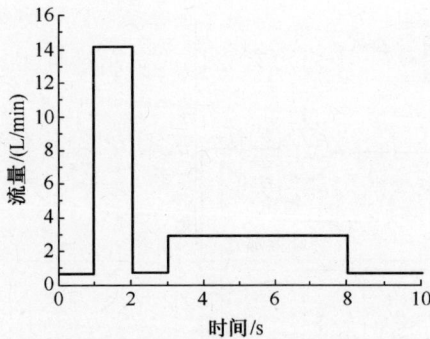

图 7.37 助力器进口油液流量变化

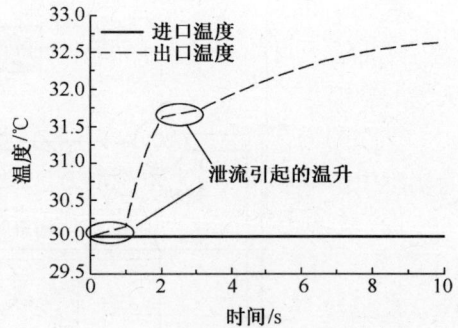

图 7.38 助力器进口和出口油液温度变化

7.7 液压管路的热特性模型

管路是液压系统中最常用的连接件,在液压系统中的数量较多。管路一般节流作用较小,和环境存在较强的对流换热和辐射换热,是液压系统中重要的热交换元件。

7.7.1 液压管路的压力流量计算

流经管路流体的压力损失包含两部分:一部分是流体在等截面的管路中流动所形成的损失,称为沿程损失;另一部分是流体由于流动方向变化或者管路界面形状变化而产生的损失,称为局部损失。因此流经管路流体的总损失可表示为

$$\Delta p = \Delta p_{\mathrm{fr}} + \Delta p_{\mathrm{loc}} \tag{7.42}$$

式中:Δp_{fr} 为管路的沿程损失;Δp_{loc} 为管路的局部损失。

定义阻力系数,则管路的总损失可以表示为

$$\Delta p = (\zeta_{\mathrm{fr}} + \zeta_{\mathrm{loc}}) \frac{l}{d} \frac{\rho v^2}{2} \tag{7.43}$$

式中:ζ_{fr} 为沿程阻力系数;ζ_{loc} 为局部阻力系数;l 为管路长度;d 为管路内径;ρ 为流体密度;v 为流体速度。

沿程阻力系数的计算可表示为

$$\zeta_{\mathrm{fr}} = \begin{cases} 64\,Re^{-1} & 0 < Re \leqslant 2320 \\ 0.3164\,Re^{-0.25} & 2320 < Re \leqslant 10^5 \\ (1.8\log Re - 1.64)^{-2} & 10^5 < Re < 10^8 \end{cases} \tag{7.44}$$

飞机液压系统中的导管都属于光滑管,一般不考虑管壁粗糙度对沿程阻力系数的影响。

管路的局部损失一般分为 3 种情况:进口起始段产生的局部损失;管路截面变化产生的局部损失;流体流动方向变化产生的局部损失。

进口起始段产生的局部损失如图 7.39 所示。

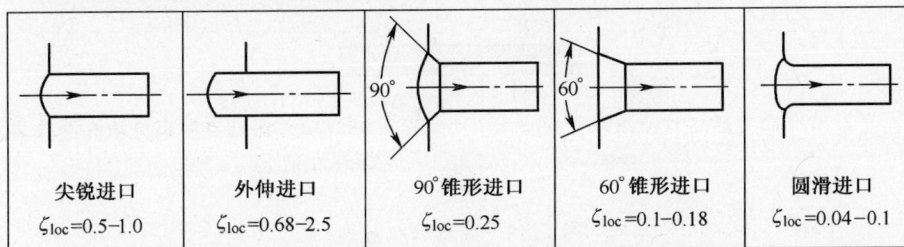

尖锐进口	外伸进口	90°锥形进口	60°锥形进口	圆滑进口
$\zeta_{\mathrm{loc}} = 0.5 - 1.0$	$\zeta_{\mathrm{loc}} = 0.68 - 2.5$	$\zeta_{\mathrm{loc}} = 0.25$	$\zeta_{\mathrm{loc}} = 0.1 - 0.18$	$\zeta_{\mathrm{loc}} = 0.04 - 0.1$

图 7.39 进口起始段产生的局部损失系数

管路截面变化产生的局部损失如图 7.40 所示。

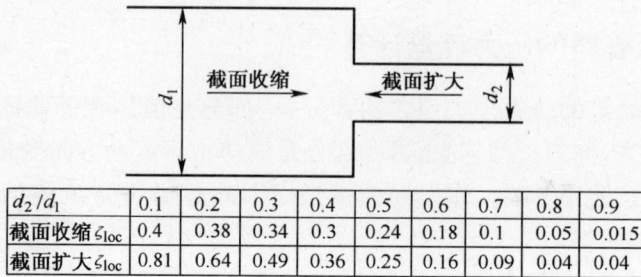

d_2/d_1	0.1	0.2	0.3	0.4	0.5	0.6	0.7	0.8	0.9
截面收缩 ς_{loc}	0.4	0.38	0.34	0.3	0.24	0.18	0.1	0.05	0.015
截面扩大 ς_{loc}	0.81	0.64	0.49	0.36	0.25	0.16	0.09	0.04	0.04

图 7.40　管路截面积变化产生的局部损失系数

流体流动方向变化产生的局部损失如图 7.41 所示。

图 7.41　流体流动方向变化产生的局部损失系数

7.7.2　液压管路的传热分析及温度计算

1. 管路传热分析

管路的传热机理如图 7.42 所示。当油液进入管路后同管壁发生强迫对流换热,同时管路本身存在一定的液阻,油液产生一定的压降后流出,管壁同内部油液换热的同时与环境进行自然对流换热和辐射换热。

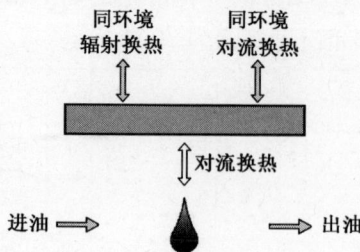

图 7.42　管路传热原理

2. 管路的温度计算

管路的温度变化可表示为

180

$$\frac{\mathrm{d}T_{\mathrm{o}}}{\mathrm{d}t} = \frac{1}{C_{\mathrm{po}}m_{\mathrm{o}}} \left[\rho_{\mathrm{o}}q_{\mathrm{in}}(h_{\mathrm{in}}-h) - \dot{Q}_{\mathrm{l}}\right] + \frac{\alpha_{\mathrm{p}}T_{\mathrm{o}}}{\rho_{\mathrm{o}}C_{\mathrm{po}}}\frac{\mathrm{d}p}{\mathrm{d}t} \tag{7.45}$$

式中：$\dot{Q}_{\mathrm{l}}$ 为油液与管壁的强迫对流换热热流量。

管壁的温度变化可表示为

$$\frac{\mathrm{d}T_{\mathrm{s}}}{\mathrm{d}t} = \frac{1}{C_{\mathrm{ps}}m_{\mathrm{s}}} \left[\dot{Q}_{\mathrm{l}} - \dot{Q}_{\mathrm{s}} - \dot{Q}_{\mathrm{r}}\right] \tag{7.46}$$

式中：$\dot{Q}_{\mathrm{s}}$ 为管壁与环境的自然对流换热热流量；$\dot{Q}_{\mathrm{r}}$ 为管壁与环境辐射换热热流量。

参 考 文 献

[1] 李永林,徐浩军,曹克强,等. 航空柱塞泵全工况效率分析及热力学建模[J]. 北京航空航天大学学报, 2010,36(12):1469 - 1472.

[2] 李永林,李宝瑞,沈燕良,等. 液压伺服阀的热力学模型研究及数字仿真[J]. 系统仿真学报,2009,21 (2):340 - 343.

[3] Yonglin Li, Xinbing Su, Haojun Xu, et al. Thermal - hydraulic modeling and simulation of high power hydro - motor[A]. Proc of 2008 IEEE Intl. Conf. on Sys. Simulation and Scientific Computing [C], 2008.

[4] 李永林. 液压系统热力学模块化建模及仿真研究[D]. 西安:空军工程大学工程学院,2008.

[5] 李永林. 飞机液压系统温度环境适应性工程关键技术研究[D]. 西安:空军工程大学,2011.

[6] Modeling of Hydraulic Systems:Tutorial for HyLib [K]. Modelon AB.

第8章　飞机液压系统热特性模型的仿真实现

只有将数学模型采用一定的仿真语言转变为仿真模型,完成仿真计算和分析,数学模型才具有意义。仿真模型建立过程中要综合考虑仿真对象的特点、数学模型的特点及工程使用的方便。本章讨论飞机液压系统热特性模型的仿真实现,采用面向对象的思想,搭建飞机液压系统热特性仿真的框架,进行飞机液压系统类层次与类库设计,元件通用结构和接口的定义,讨论仿真过程中非线性问题的处理,以 Modelica 语言为工具建立飞机液压系统热特性仿真模块库。

8.1　面向对象仿真的原理与方法

仿真过程具有 3 个基本的活动,即系统建模、仿真建模和仿真试验,联系这 3 个活动的是计算机仿真中的 3 个要素:系统、模型、计算机。研究的液压系统热特性建模是一个连续系统仿真的问题,连续系统仿真的过程如图 8.1 所示。

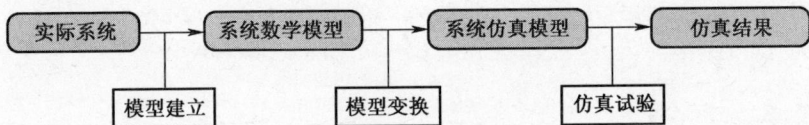

图 8.1　连续系统仿真过程

从图 8.1 中可知,在本书前面的讨论中已经完成了数学模型的建立过程,即得到了飞机液压系统热特性的数学模型,本章主要讨论模型变换过程,即采用一定仿真技术和工具建立系统的仿真模型。

在仿真模型建立过程中,总希望所建立的仿真模型具有模块化的特点,单个的液压元件可以通过对应的模块来描述。这些模块还应具有图形化的操作界面,可以方便地采用不同的模块来组建液压系统,而不需要进行额外的编程工作。系统参数和仿真参数的修改也可以采用图形化的方法完成。这就需要采用面向对象技术来建立系统的仿真模型。

面向对象技术是 20 世纪 90 年代软件工程发展的关键技术,面向对象技术与仿真相结合,形成了一种新的建模与仿真方法——面向对象的建模与仿真方法（Object Oriented Modelling & Simulation，OOMS）。OOMS 是一种框架化、层次化和模块化的建模与仿真方法，有利于提高模型的封装性、灵活性、重用性和可维护性，在各个工程领域得到了广泛的应用。

对象（Object）是面向对象技术中的基本概念，客观世界中的任何事物在一定的前提下都可以成为认识的对象。对象本身具有动和静两方面的内容，静的方面指对象的种类属性，动的方面描述对象行为活动，另外对象之间还存在相互作用和依存关系。因此对象的表示包括 3 个方面：属性、活动、关联关系。在计算机内，可以用 3 个方面来定义一个对象，分别是数据、操作、接口。数据描述对象的属性，操作描述对象的行为活动，接口描述对象与其他对象的关联关系，如图 8.2 所示。

图 8.2　对象的定义

面向对象（Object Oriented）是一种认识客观世界的方式，是一种描述客观世界的方法，也是一种在计算机中实现客观世界的技术。面向对象的观点认为世界是由很多对象构成的，每个对象都有自己的内部状态和运动规律，不同对象间又是相互联系和相互作用的。通过一定的方法对所有对象以及对象之间的相互关联进行描述就完成了客观世界的描述，同时这种描述也是在计算中实现客观世界的一种技术。

在飞机液压系统仿真过程中，面向对象仿真与传统仿真方法相比具有很大的优势。飞机液压系统结构复杂，对于大型飞机其液压系统可能包含 2～3 套完全独立的液压子系统。同时，飞机液压系统包含的附件数量较多，系统工作状态复杂，在对系统的仿真中，期望所建立的模型可以方便地适应于不同飞机液压系统的建模，在使用中也可以方便地更改模型的结构，从而对不同环境下系统的性能进行分析，而这些要求使用传统的建模和仿真方法是不可能实现的。

采用面向对象技术开发的仿真模块具有良好的封装性、可重用性及互操作性，使得大量模块可以存入模块库中，为不同仿真目的所重用，可以节省大量的编码工作，从而减少仿真软件开发的时间与费用。如果这种模块库足够丰富，使得组成仿真模型的所有模块均可从库中直接调用，那么仿真模型的建立就可以不作编程工作而完成。

概括起来，面向对象仿真的优点主要有以下几个：

（1）模块化。面向对象的方法是一种自然地将系统分解为模块的方法，即类是模块，通过类的定义全面地支持模块化。构成面向对象仿真模型的是基本单元模块化的对象。在模块化的对象中，对象的所有信息都保存在对象中，只有通过规定的接口才可以读取与修改。

（2）可重用。在面向对象仿真中，各种模型可以作为类存放在类库中，形成可重用的模型库或模块库。库中的模型可以作为未来建立新模型的构件，实现重用。

（3）可扩充。应用面向对象技术建立的仿真系统中，具有良好的可扩充性，可以方便地在系统中加入新的模块来增加仿真的功能。

（4）可理解。面向对象仿真系统中的对象直接表示客观系统中的真实对象，这些真实对象在面向对象仿真系统中可以采用外观相似的图标表示，用户可以采用图形界面与仿真系统进行交互，利用可视化的界面来直接建立系统的仿真模型。

采用面向对象仿真方法建立仿真系统的主要过程如下[1]：

1. 面向对象分析

面向对象分析（Object Oriented Analysis）是通过对问题域和系统任务的分析和研究，确定该问题所涉及的对象，对象间的关联关系以及对对象进行的有关操作，进行系统应用环境分析和用户对系统需求的分析。

2. 面向对象设计

面向对象设计（Object Oriented Design）是面向对象分析的补充，主要任务是如何把现实中的问题抽象到系统中来，然后在软件系统中设计各个对象、对象间的关系以及每个对象内部的功能，并且要确立对象哪些功能应该在哪些类中进行描述。

3. 面向对象的实现

面向对象的实现（Objected Orient Implementation）主要实现面向对象的设计阶段所规定的各个对象应该完成的任务，即用仿真语言来描述模型中的对象，产生最终的模型，并在仿真环境中进行仿真。

8.2　飞机液压系统热特性仿真框架

依据面向对象分析的方法，对飞机液压系统热特性仿真问题进行分析，确定该问题所涉及的对象以及对象间的关联关系，如图8.3所示。

在飞机液压系统热特性仿真过程中共包含6个方面的内容：飞机任务剖面定义、元件动作剖面定义、平台诱发环境温度仿真、材料物理特性计算、液压元件

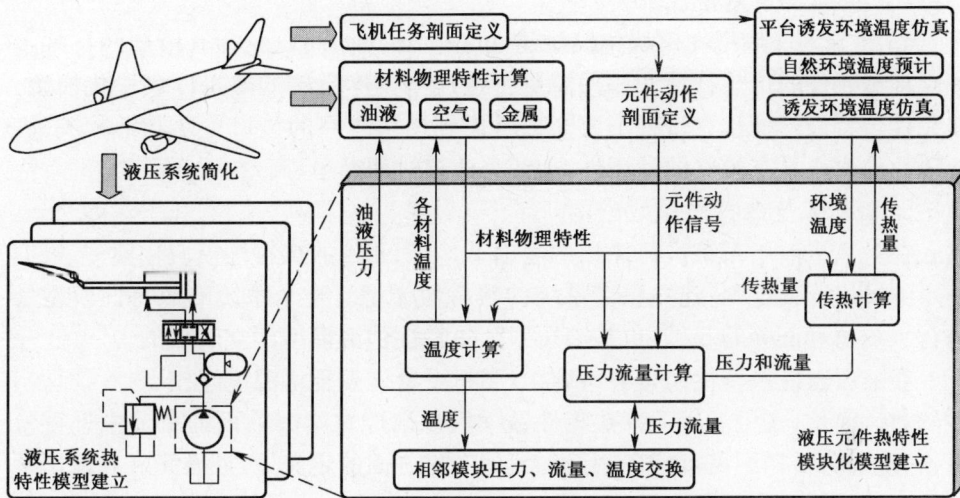

图 8.3　飞机液压系统热特性仿真框架

热特性模块化模型建立、液压系统热特性模型建立。下面就各方面的具体内容和相互关系进行说明。

1. 飞机任务剖面定义

根据飞机的设计要求确定需进行仿真的典型任务剖面,对于不同设计用途的飞机其典型的任务剖面不同。不同的任务剖面直接影响到飞机飞行过程中的环境温度和各子系统及元件的工作状态,进而影响到整个系统的热特性。任务剖面定义是元件动作剖面定义和平台诱发环境温度仿真的基础。

2. 元件动作剖面定义

根据飞机任务剖面来确定子系统或附件的动作剖面,如副翼舵机在完成某任务剖面时所要完成的动作剖面。有了元件的动作剖面才可以确定元件在整个飞行过程中的工作状态,元件动作剖面是各元件压力流量计算的基础。

3. 平台诱发环境温度仿真

根据任务剖面定义的飞行高度确定飞机所处的自然环境温度,结合飞行状态和飞机结构本身的热特性,对液压系统及其附件所处的诱发环境温度进行仿真,平台诱发环境温度仿真为设备元件的传热计算提供环境温度数据。

4. 材料的物理特性计算

材料的物理特性随材料的压力和温度的变化而变化,而材料的物理特性又会影响到系统的压力流量特性和热特性。根据材料的温度和压力等参数的变化,需要计算材料的各种物理特性的变化。材料物理特性是液压元件压力流量

185

计算和传热计算的基础。

5. 液压元件热特性模块化模型建立

根据元件的传热特性和压力流量特性建立具体元件的热特性模块化模型。在元件热特性模型建立过程中要充分考虑到模块之间的接口关系和继承关系，使得元件模块具有较好的适用性，也使得建模过程简单、高效。

6. 液压系统热特性模型建立

在对飞机液压系统进行简化的基础上，采用元件的热特性模块化模型，根据一定的模块连接规则，建立整个系统的热特性模型。整个系统的热特性模型是进行系统仿真试验的基础，也是液压系统热特性仿真模型建立的目的。

在液压系统热特性仿真各内容中，飞机平台诱发环境温度建模、材料物理特性的数学模型、飞机液压元件热特性数学模型已经在本书前面的章节中进行了讨论，这里简要介绍飞机任务剖面和元件动作剖面的定义，对液压元件和液压系统热特性模型的仿真实现进行重点讨论。

8.3 飞机任务剖面和元件动作剖面定义

8.3.1 飞机任务剖面定义

飞机任务剖面定义是进行飞机诱发环境温度计算的基础。现代飞机一般要求具有执行多种任务的能力，且在不同地区或受空中管制等因素影响下，在完成相同任务时的飞行剖面也不尽相同，这就要求根据仿真目的的不同选取典型飞行任务剖面。如飞机液压系统散热设计时，需要选取系统热负荷较大的飞行任务剖面。确定了飞机的任务剖面才能根据任务剖面规定的飞机高度、速度以及对应的其他自然环境条件来进行飞机诱发环境温度的计算，飞机的诱发环境温度是进行液压元件传热计算的基础。

飞机的任务剖面规定了飞机完成某次飞行的速度、高度和时间的关系以及应完成的任务，如某飞行任务剖面如图 8.4 和图 8.5 所示。

图 8.4 中飞机任务共分为 10 个阶段，分别为：①地面准备；②起飞爬升；③盘旋飞行；④高度提升；⑤巡航飞行；⑥俯冲飞行；⑦爬升飞行；⑧巡航飞行；⑨下滑降落；⑩地面滑行。

8.3.2 元件动作剖面定义

飞机在完成不同飞行任务时，各子系统或元件的工作状态不同，液压系统的热负荷也不同。元件动作剖面规定了各元件工作状态与时间的关系，是进行元件压力流量计算和传热计算的基础。如执行某飞行任务时飞机升降舵子系统液压舵机动作剖面如图 8.6 所示。图中表示了升降舵子系统液压舵机的工作时机和每次工作时的舵机行程。

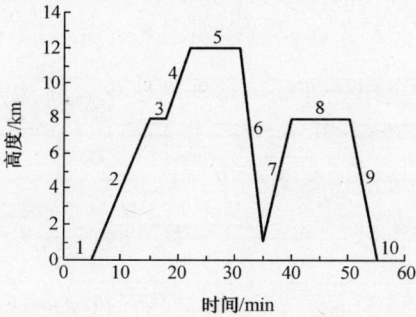

图 8.4　飞机飞行高度剖面

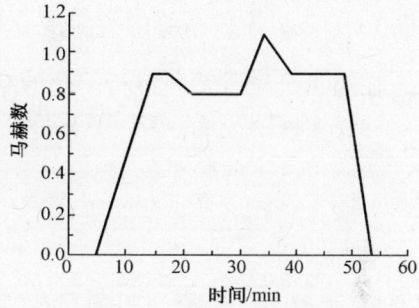

图 8.5　飞机飞行速度剖面

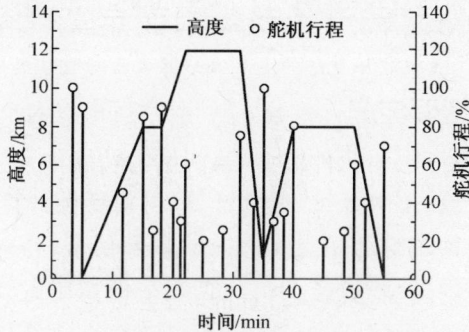

图 8.6　某飞行任务时升降舵子系统液压舵机动作剖面

8.4　飞机液压系统的类层次与类库设计

面向对象建模方法的关键是确定对象类的通用结构和连接规则,实现类的继承和连接,从而建立整个大系统的仿真模型。在确定类的通用结构前要通过系统的层次分解,来确定需建立的基础类和模型类之间的继承关系。类的连接主要是通过接口定义和接口控制方程实现的。

系统的可分解性是面向对象建模的基础,即系统可以分解为相互作用的各子系统,而各子系统又可以进行再分解,直至分解为最基本的功能单元。面向对象建模时,对基本功能单元建立数学模型,通过对基本功能单元数学模型的继承来建立上一级元件的数学模型,直至建立整个系统的数学模型,从而完成系统的建模过程。系统的类层次分解包含了各类之间的继承关系,合理的类层次分解可以提高模型的利用率,提高建模效率,充分发挥面向对象建模的优势。

采用面向对象的方法,将液压系统逐层分解,建立基本功能单元的类模型模块,然后通过继承,建立元件、子系统和系统的类模型模块,即可完成液压系统的建模工作,飞机液压系统的类层次分解及面向对象建模过程如图8.7所示。

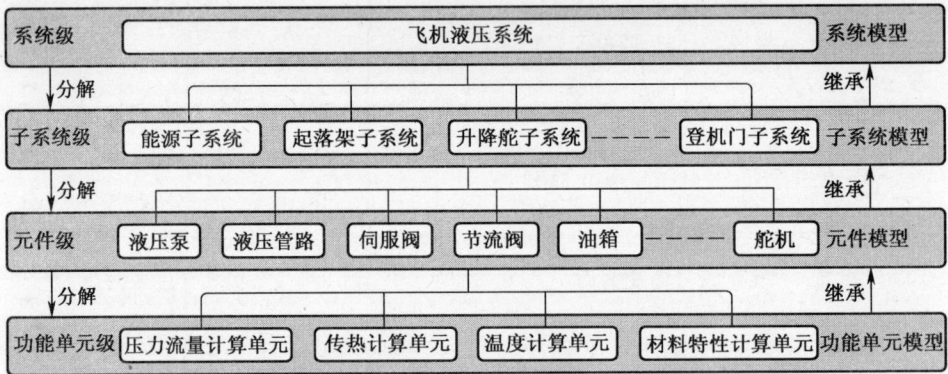

图 8.7　飞机液压系统的类层次分解及面向对象建模过程

将飞机液压系统热特性模型分为4层,第一层为整个飞机液压系统模型,第二层为子系统模型,第三层为元件模型,第四层为功能单元模型。在建模过程中首先建立压力流量计算、传热计算、温度计算、材料特性计算等功能单元类模型,通过对功能单元类模型的继承建立元件类的数学模型,将元件类数学模型组合建立子系统类的数学模型,最后将子系统类数学模型组合完成系统数学模型的建立。

建立的飞机液压系统热特性类库结构如图8.8所示。

系统热特性仿真类库由 6 个子库构成,分别为基本功能类库、飞机平台诱发环境温度类库、液压元件类库、液压子系统类库、飞行控制类库、系统模型类库,图8.8中表示了各类库之间的继承关系,各类库包括的类模块及功用说明如下:

1. 基本功能类库

其包括用于液压元件类模块或其他类模块建立时使用的基本功能模块,又包含 3 个子类库,分别为接口模块类库、传热计算类库和材料特性计算类库。

2. 飞机平台诱发环境温度类库

其包括进行飞机平台诱发环境温度仿真的模块,用于飞机平台诱发环境温度的仿真计算。

3. 液压元件类库

其包括液压元件的热特性仿真类模块,以及液压系统工作过程中涉及的外

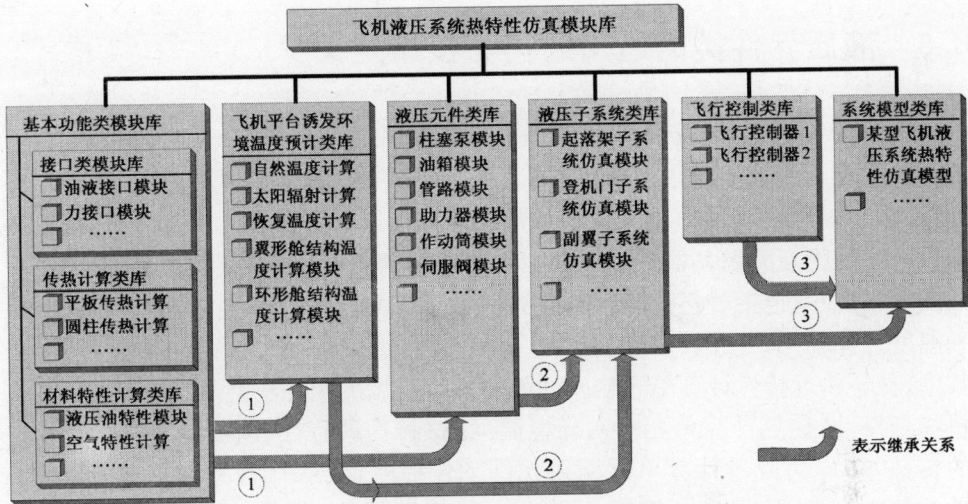

图 8.8　飞机液压系统热特性仿真的类库设计

部元件,如负载类模块等,用于液压子系统和系统的热特性仿真模型建立。

4. 液压子系统类库

其包括飞机液压子系统的热特性仿真类模块,同时包括飞机全机平台诱发环境温度仿真类模块,用于飞机液压系统热特性仿真模型的建立。

5. 飞行控制类库

其包括子系统及液压元件动作控制的信号输出类模块,用于完成子系统和元件的动作控制信号输出。

6. 系统模型类库

其包括全机液压系统级的热特性仿真模型,用于飞机液压系统热特性的仿真和分析或其他用途的系统热特性仿真和分析。

基本功能类库中包括基础的、底层的功能类模块,处于整个模块库的第四层。通过对基本功能类模块的继承,结合相关原理,完成飞机平台诱发环境温度类库和液压元件类库的建立,属于第一次继承。

飞机平台诱发环境温度类库和液压元件类库位于模块库的第三层,通过对这两个类库的继承,建立液压子系统和诱发环境温度子系统的仿真模块,属于第二次继承。

飞行控制模块主要包括信号输出模块,飞行控制类库和液压子系统类库位于整个模块库的第二层,通过对这两个模块库的继承,可以建立飞机液压系统的热特性仿真模型,属于第三次继承。

系统模型类库位于模块库的第一层。

8.5 液压元件类的通用结构与接口定义

　　元件模型是面向对象的飞机液压系统热特性建模的核心,元件模型通过对基本功能单元的继承建立起具有实际物理含义的液压元件模块,是可以完成仿真计算的基础模块,元件类模型之间的数据交换方式反映了元件之间及系统各参数之间的相互关系。根据液压系统的层次分解,液压元件类模块的通用结构如图 8.9 所示,包括材料物理特性计算单元、传热计算单元、压力流量计算单元和温度计算单元,各计算单元之间以及同外界的数据交换关系如图 8.9 所示。其中,材料物理特性计算单元输入油液的压力和温度及环境温度,输出所需的材料物理特性;传热计算单元输入环境温度、材料物理特性、油液流量,输出元件的传热量;压力流量计算单元输入元件动作控制信号、材料物理特性,输出元件的压力和流量;温度计算单元输入材料物理特性、元件的压力流量和传热量,输出油液温度;在有力作用的液压元件其压力流量计算单元还要输出作用力。

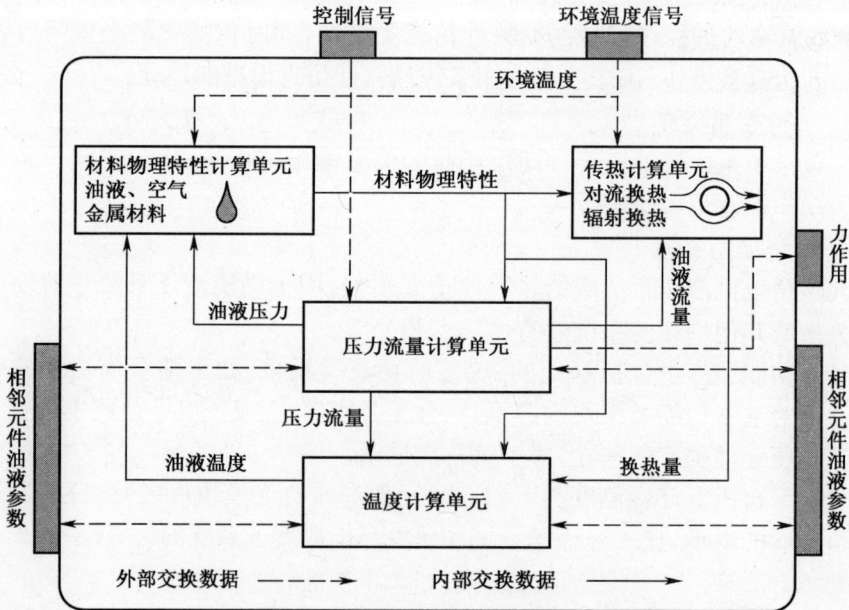

图 8.9　液压元件类模块通用结构

　　接口定义是各类模块间连接的基础,合理的接口定义可以简化系统连接过程,使仿真模型结构更加合理,接口控制方程描述了接口数据之间的相互关系。

根据液压元件模块通用结构,液压元件涉及 4 种类型的接口:控制信号接口、环境温度接口、力作用接口和油液接口。下面分别定义各接口需交换的数据,并建立接口控制方程。

1. 控制信号接口

控制信号接口用于交换元件动作的控制信号,是一个简单的数据输入过程。控制信号接口定义如图 8.10 所示。

图 8.10　控制信号接口

接口控制方程为

$$\text{Signal}_1 = \text{Signal}_2 = \cdots \tag{8.1}$$

2. 环境温度接口

环境温度接口用于输入液压元件的外部环境温度,位于不同舱室的液压元件其外部环境温度不同,环境温度数据可以采用数组的形式。环境温度接口也是一个数据输入过程,如图 8.11 所示。

图 8.11　环境温度接口

接口控制方程为

$$\text{Tenv}_1 = \text{Tenv}_2 = \cdots \tag{8.2}$$

3. 力作用接口

力作用接口用于液压元件输出力和外部机构的力交换。液压元件的输出力不仅与油液压力及有效作用面积有关,还和位移、速度和加速度有关,所以力作用接口应包括这些状态量,如图 8.12 所示。

图 8.12　力作用接口

接口控制方程为

191

$$\begin{cases} F_1 + F_2 + \cdots = 0 \\ x_1 = x_2 = \cdots \\ v_1 = v_2 = \cdots \\ a_1 = a_2 = \cdots \end{cases} \tag{8.3}$$

4. 油液接口

油液接口用于相邻液压元件之间油液状态参数的数据交换,针对液压系统热特性仿真问题,油液的状态参数主要包括油液的压力、流量和温度,考察图 8.13 所示的液压元件连接结构。

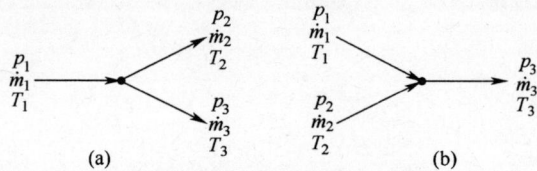

图 8.13　液压元件连接结构

对于图 8.13(a),油液流入接口,分两路流出,假设油液流入时流量为正,流出时流量为负,则有

$$\begin{cases} p_1 = p_2 = p_3 \\ \dot{m}_1 + \dot{m}_2 + \dot{m}_3 = 0 \\ T_1 = T_2 = T_3 \end{cases} \tag{8.4}$$

而对于图 8.13(b),油液经两路流入接口,汇合后流出,则有

$$\begin{cases} p_1 = p_2 = p_3 \\ \dot{m}_1 + \dot{m}_2 + \dot{m}_3 = 0 \end{cases} \tag{8.5}$$

此时,温度 T_1、T_2、T_3 可能不相等,由于液压元件油液流动方向是可变的,即可以从图 8.13(a)所示的流动状态转变为图 8.13(b)所示的流动状态,此时温度参数 T 就不能完成油液状态参数的传递任务,需要引入新的状态参数。

由第 6 章热力学第一定律可知,接口处流体稳定流动时,不考虑接口处流体的传热、动能、势能,并且接口处无轴功,那么对于多输入多输出的开放系统,其热力学第一定律可表示为

$$\sum_i h_{1,i} \dot{m}_{\text{in},i} - \sum_j h_{2,j} \dot{m}_{\text{out},j} = 0 \tag{8.6}$$

考虑到油液流入时流量为正,流出时流量为负,则有

$$\sum_i h_{1,i} \dot{m}_{\text{in},i} + \sum_j h_{2,j} \dot{m}_{\text{out},j} = 0 \tag{8.7}$$

那么可以定义状态参数焓流量 $\dot{H}$,且 $\dot{H} = \dot{m}h$,再考察图 8.13(a)和图

8.13(b)，根据热力学第一定律有

$$\dot{H}_1 + \dot{H}_2 + \dot{H}_3 = 0 \tag{8.8}$$

这样，无论流动方向如何变化，描述接口之间参数关系的控制方程不变。温度参数以不影响元件传热计算结果为原则选取，并采用计算后的温度统一表示，即图 8.13(a) 中使用 T_1，使 $T_2 = T_3 = T_1$，图 8.13(b) 中使用 T_3，使 $T_1 = T_2 = T_3$。这样，油液接口定义如图 8.14 所示。

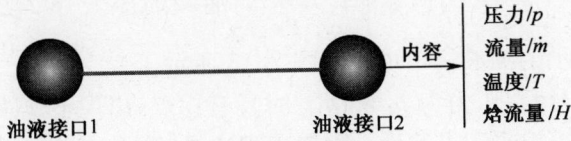

图 8.14 油液接口

接口控制方程为

$$\begin{cases} p_1 = p_2 = \cdots \\ \dot{m}_1 + \dot{m}_2 + \cdots = 0 \\ T_1 = T_2 = \cdots \\ \dot{H}_1 + \dot{H}_2 + \cdots = 0 \end{cases} \tag{8.9}$$

8.6 仿真过程中非线性问题的处理

液压系统热特性仿真过程中存在着大量的非线性和刚性问题，主要原因在于：

① 油液的高体积弹性模量，使得体积的较小改变会引起压力的较大变化。

② 不同容腔的容积相差较大，如阀中容腔与作动筒中容腔，较大的容腔差异使求解困难。

③ 小质量部件和大质量部件共存，使系统运动方程的求解较为困难。

④ 各种阀门的打开、关闭和换向产生强的非线性，引起不连续和间断点。

⑤ 流量计算和传热计算过程中因为方程转换而引起的不连续点。

这些刚性问题或非线性问题使得仿真求解变得异常困难，并且使仿真时间增长、仿真过程不稳定，甚至引起仿真过程终止，无法得到仿真结果。解决液压系统仿真过程中刚性问题的方法可分为两种[1]：一是改进求解算法，采用更适用于刚性问题的求解器[6,7]；二是对系统数学模型进行简化和改进，使得数学模型求解时不出现刚性问题或降低问题的刚性。

求解算法的改进对刚性问题的求解具有很好的效果,但求解算法也存在一定的局限性。另外,即使求解算法可以处理的刚性问题,在求解过程中,也会因为刚性问题的存在使得求解时间变长,仿真过程不稳定。因此,这里讨论改进数学模型的方法来解决系统求解中的刚性问题。

在5.2节中描述油液中空气析出的亨利定理时,就采用了改进数学模型的方法降低问题的刚性。描述油液中空气析出的亨利定理可表示为

$$\theta = 1 - \frac{p - p_{\mathrm{Hv}}}{p_{\mathrm{g}} - p_{\mathrm{Hv}}} \tag{8.10}$$

式(8.10)表示的油液析出过程如图8.15所示。

这样,亨利定律在压力为 p_{g} 和 p_{Hv} 时具有拐点,出现不连续问题,不利于仿真计算和应用。可以采用 θ 的另一种修正表达式解决这个问题,θ 可表示为

$$\theta = (1 - y)^5 (1 + 5y + 15y^2 + 35y^3 + 70y^4) \tag{8.11}$$

式中

$$y = \frac{p - p_{\mathrm{Hv}}}{p_{\mathrm{g}} - p_{\mathrm{Hv}}}$$

这样空气的析出过程如图8.16所示。

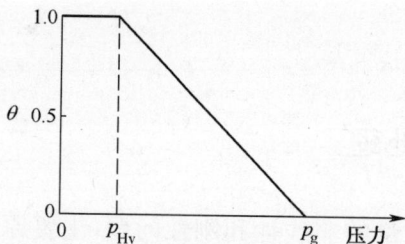

图8.15　修改后描述油液中空气析
出的亨利定律

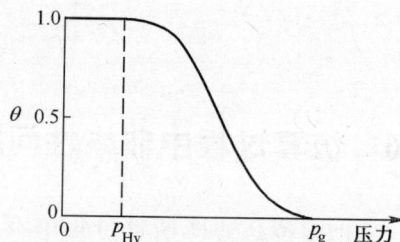

图8.16　采用修正表达式描述油液
中空气的析出

这样就对原有的计算公式进行了改进,而采用新的计算公式,得到的计算结果相差不大,在整个计算区间内不再出现不连续点,从而使数学模型求解变得更容易。

下面再讨论液压系统中另一个常见的刚性问题的处理:节流过程的流量计算。在7.2节中讨论了节流过程的数学模型,节流过程因为临界雷诺数较小,所以一般不考虑其层流过程,采用紊流时节流过程流量方程计算,可表示为

$$q = AC_{\mathrm{d}}\sqrt{\frac{2}{\rho}\Delta p} \tag{8.12}$$

而在液压系统中,油液流动的方向可变,所以,式(8.12)严格意义上应该写成

194

$$q = \text{sign}(\Delta p) A C_{\text{d}} \sqrt{\frac{2}{\rho} \mid \Delta p \mid} \qquad (8.13)$$

式(8.13)对 Δp 求导,则有

$$\frac{\mathrm{d}q}{\mathrm{d}\Delta p} = \text{sign}(\Delta p) A C_{\text{d}} \frac{1}{\sqrt{2\rho \mid \Delta p \mid}} \qquad (8.14)$$

式(8.14)在 $\Delta p \to 0$ 时,有 $\mathrm{d}q/\mathrm{d}\Delta p \to \infty$,即在压差为零时方程存在奇异点,从而使方程的求解变得困难。针对此问题,在压差较小时就不能再使用紊流状态的节流公式计算,而要使用层流状态的节流公式,即在 Δp 接近零时,油液的压力和流量是线性变化的,而且要确定好过渡点,使得层流和紊流的过渡不存在不连续点。

众所周知,节流过程中雷诺数和节流系数有以下关系,即

$$C_{\text{d}} = k \sqrt{Re} \qquad (8.15)$$

雷诺数与节流系数关系如图 8.17 所示。

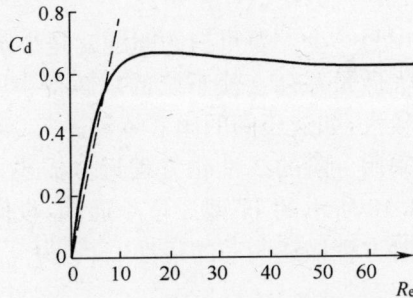

图 8.17 雷诺数与节流系数的关系

当雷诺数较小时流体为层流流动,可以采用图 8.17 中虚线表示层流流动时节流系数的变化,设临界雷诺数为 Re_{t},对应的节流系数为 C_{dt},则虚线的斜率可为 $C_{\text{dt}}^2/Re_{\text{t}}$。为了满足斜率要求,并且在层流和紊流过渡中不出现不连续点,可以采用以下流量计算方程[9,10],即

$$\begin{cases} q = \text{sign}(\mathrm{d}p) C_{\text{d}} A \sqrt{\frac{2 \mid \mathrm{d}p \mid}{\rho}} & \mid \mathrm{d}p \mid > p_{\text{tr}} \\ q = \frac{3 A \upsilon Re_{\text{t}}}{4D} \left(\frac{\mathrm{d}p}{p_{\text{tr}}}\right) \left(3 - \frac{\mid \mathrm{d}p \mid}{p_{\text{tr}}}\right) & \mid \mathrm{d}p \mid \leqslant p_{\text{t}} \\ p_{\text{tr}} = \frac{9 Re_{\text{t}}^2 \rho \upsilon^2}{8 C_{\text{dt}}^2 D^2} \end{cases} \qquad (8.16)$$

式中:υ 为运动黏度;Re_{t} 为层流向紊流转化的临界雷诺数;C_{dt} 为临界雷诺数对应的节流系数。

另外,也可以采用单个方程来描述节流过程中层流向紊流的转换,并且消除在零压力时出现的奇异点,满足这种要求的雷诺数与节流系数的关系可表示为

$$C_d = \frac{C_{dt}\sqrt{Re}}{\sqrt{Re} + \sqrt{Re_t}} \tag{8.17}$$

式(8.17)中,当雷诺数较小时有

$$C_d \approx \frac{C_{dt}\sqrt{Re}}{\sqrt{Re_t}} \tag{8.18}$$

当雷诺数远大于临界雷诺数时,有

$$C_d = C_{dt} \tag{8.19}$$

那么得到流量计算方程为

$$\begin{cases} q = \left(\dfrac{C_{dt}}{\sqrt{Re_t}}\right)^2 \dfrac{2AD}{\rho\upsilon}\Delta p & Re < Re_t \\[3mm] q = \text{sign}(\Delta p)AC_d\sqrt{\dfrac{2}{\rho}\mid\Delta p\mid} & Re_t < Re \end{cases} \tag{8.20}$$

液压系统仿真过程中另一个需要重视的问题就是小质量运动和大质量运动并存的问题。小质量和大质量并存会使系统的求解变得困难,而且有些小质量的运动对系统特性影响较大,如液压阀的阀芯运动。

对于这类问题可以采用一阶的线性化方程近似描述,而不考虑小质量运动的动态过程,对于如图8.18所示的 H 型3位4通阀,设阀中位时位移为零,可采用以下线性化分段一阶方程描述阀芯的运动,表示为

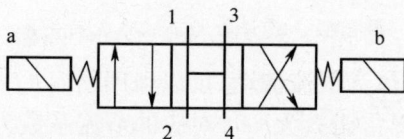

图 8.18　H 型 3 位 4 通阀

$$\dot{y} = \begin{cases} y_a/T_{oa} & a\ 开启 & y < y_a \\ -y_a/T_{sa} & a\ 关闭 & y > 0 \\ -y_b/T_{ob} & b\ 开启 & y < -y_b \\ y_b/T_{sb} & b\ 关闭 & y < 0 \\ 0 & 其他 \end{cases} \tag{8.21}$$

式中:y_a 为 a 端通电的最大位移绝对值;y_b 为 b 端通电的最大位移绝对值;T_{oa} 为阀芯向 a 端运动所需时间;T_{sa} 为阀芯由 a 端复位所需时间;T_{ob} 为阀芯向 b

196

端运动所需时间；T_{sb} 为阀芯由 b 端复位所需时间。

有了阀芯速度方程，设进油为正，出油为负，则通过各阀口的流量可表示为

$$\begin{cases} q_1 = -q_{21} + q_{14} \\ q_2 = -q_{21} - q_{23} \\ q_3 = -q_{23} + q_{34} \\ q_4 = -q_{14} - q_{34} \end{cases} \tag{8.22}$$

阀各端口间的流量公式可写成

$$\begin{cases} q_{21} = \text{sign}(p_2 - p_1) B_{21} (Y_n + y) \sqrt{p_2 - p_1} \\ q_{14} = \text{sign}(p_1 - p_4) B_{14} (Y_n - y) \sqrt{p_1 - p_4} \\ q_{23} = \text{sign}(p_2 - p_3) B_{23} (Y_n - y) \sqrt{p_2 - p_3} \\ q_{34} = \text{sign}(p_3 - p_4) B_{34} (Y_n + y) \sqrt{p_3 - p_4} \end{cases} \tag{8.23}$$

式中：B_{21} 为端口 2 与端口 1 间的液阻；B_{14} 为端口 1 与端口 4 间的液阻；B_{23} 为端口 2 与端口 3 间的液阻；B_{34} 为端口 3 与端口 4 间的液阻；Y_n 为阀芯重叠量。

阀芯位移 y 按式(8.21)计算。

对于小容积与大容积并存的问题，一般可以不考虑小容积的压缩性，即认为流入小容积的油液流量与流出小容积的油液流量相等，从而避免小容积的压缩性计算。

8.7　面向对象仿真语言 Modelica

Modelica 语言是一种完全支持面向对象仿真的语言，并且还具有代数微分方程描述和无因果性的特点，特别适宜于液压系统热特性的仿真计算。这里选用 Modelica 作为建模语言，完成飞机液压系统热特性模型的仿真实现。本节对 Modelica 语言及其平台 Dymola 作详细介绍。

8.7.1　Modelica 语言的发展

回顾建模和仿真技术的发展，在 20 世纪 50 年代以前，模拟方法占据主要地位，模拟方法主要采用模拟电路对数学方程进行求解。随着数字计算机的发明和应用，数值方法越来越多地应用到仿真过程中，也使得仿真技术和仿真软件得到了较快的发展。在采用数值模拟方法过程中，数学模型的建立和计算求解是影响建模和仿真技术发展的主要障碍。

数值计算方法，特别是代数微分方程（Algebraic Differential Equation, ADE)求解方法的研究是仿真技术发展的动力之一。从 20 世纪 70 年代就开始

了对 ADE 问题求解方法的研究,1988 年 Gear 首先提出了 ADE 指标约简方法,同年 Pantelides 提出了 Pantelides 方法[14],Pantelides 方法的提出使得 ADE 问题的计算机求解成为可能[15]。ADE 问题的求解,使得仿真人员从 ADE 模型向常微分方程(Ordinary Differential Equation,ODE)模型的转化中解放出来,可以更多地专注于数学模型本身。

1978 年,Hilding Elmqvist 在其博士论文中开发了 Dynamic Modeling Language,并以此为基础提出开发 Dymola。在面向对象思想和 ADE 求解算法逐渐成熟后,各种仿真软件如雨后春笋般出现,主要有[16] ASCEND(1991)、Dymola(1996)、gPROMS(1994)、NMF(1996)、ObjectMath(1995)、Omola(1993)、SIDOPS＋(1997)、Smile(1995)、U. L. M. (1996)和 VHDL‐AMS(1997)。

Modelica 计划正是试图借鉴这些软件的成功经验,建立一种统一的建模仿真语言的背景下产生的。Modelica 语言以 Dynamic Modeling Language 及其他仿真软件成功经验为基础,召集各软件方面专家共同开发,试图建立一种全新的面向对象的多领域物理系统联合建模语言。

1996 年 10 月,作为欧洲信息技术研究战略项目(ESPRIT)中的欧洲基础研究仿真工作组计划(Simulation in Europe Basic Research Working Group),Modelica 语言正式开始开发,该开发项目由 Hilding Elmqvist 担任主席。1997 年 2 月,Modelica 开发项目组成为欧洲仿真联合协会(Federation of European Simulation Societies,EUROSIM)下的一个技术委员会[16,17]。

1997 年 9 月,Modelica 项目组推出了 Modelica1.0 版本,该版本模型建立采用 ADE 形式描述,可以解决连续系统的相关问题[18,19]。1998 年 12 月推出了 Modelica1.1 版本[20],1999 年 12 月又推出了 Modelica1.3 版本。

2000 年 2 月,为了促进 Modelica 语言的发展、推广和应用,在瑞典 Linköping 大学成立了 Modelica 联盟,开展 Modelica 语言规范中的公式、算法、函数等的研究,完善 Modelica 语言的语义结构[21]。

到目前为止,Modelica 已开发出多种不同领域的模块库,应用于传热[22]、液压[23]、气动、机械、汽车、电子、动力传输、空调、太阳能[24]、造纸[25]、航空发动机[26]、电力系统[27]等领域的仿真计算中,可解决多领域物理系统联合仿真问题[28]。目前 Modelica 已经发展到 3.2 版[29]。

8.7.2 Modelica 的特点

Modelica 语言是一种面向对象的、陈述式建模语言,可以处理多领域的复杂系统建模和仿真问题。Modelica 语言的最大特点有两个,即面向对象和陈述式建模。

1. 面向对象

Modelica 语言是完全基于面向对象思想开发的仿真语言,面向对象是 Modelica 语言模型组织的基本架构。采用面向对象思想建立仿真模型时,建立基本单元的仿真模块,这些模块中封装了基本单元的变量、关系及结构,通过对基本单元的继承建立元件的仿真模型,通过接口的连接来描述这些元件之间的相互关系,进而建立子系统和系统的仿真模型。面向对象的思想使复杂的大型系统的建模和仿真成为可能,Modelica 支持完整的面向对象的应用。

2. 陈述式建模

陈述式建模主要指模型的描述方式。陈述式建模指采用一种工程技术人员习惯的、自然的模型描述方式来建立模型。主要表现为采用 ADE 建立仿真模型,模型内各个状态变量之间无因果性。传统的建模方法是采用 ODE 描述变量之间的相互关系,常用的模型描述方程为

$$\frac{\mathrm{d}x}{\mathrm{d}t} = f(x, u)$$
$$y = f(x, u) \tag{8.24}$$

式中: u 为输入; y 为输出; x 为状态变量。

采用 ODE 描述的一大特点是方程符合求解格式,对模型的求解带来很大的便利。但 ODE 描述也带来一些问题,主要是 ODE 描述中的数据流是单向的,即存在输入和输出的单向关系,即因果性,这给系统中一些相互耦合变量间关系的描述带来困难,如液压系统中的压力和流量计算。其次,很多物理量之间的描述采用 ADE 形式,即

$$f\left(x, \frac{\mathrm{d}x}{\mathrm{d}t}, u, y\right) = 0 \tag{8.25}$$

要将 ADE 描述,特别是非线性的代数微分方程组转化为常微分方程组,不仅需要很高的数学技巧,而且花费大量的时间和精力,有时还很难完成。Modelica 中完全支持 ADE 描述的建模过程,且无需定义变量之间的输入输出关系,采用自然的 ADE 描述。这样可以使建模人员无需过多的微分方程求解知识,只关注数学模型本身,即陈述式的建模。

由于 Modelica 的上述特点,使得 Modelica 可以处理大型液压系统的建模和仿真问题,其陈述式建模可直接描述实际系统的物理拓扑结构,仿真模型之间的连接对应于实际元件之间的真实连接,可以实现面向液压原理图的建模和仿真过程。

为了说明以上特点,下面以简单的电路仿真为例来说明 Modelica 语言的主

要特点,仿真电路如图 8.19 所示。

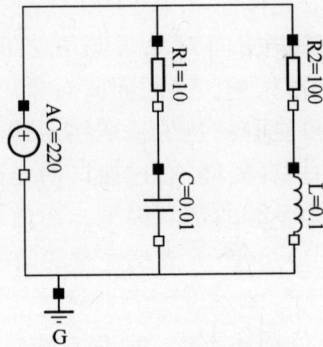

图 8.19　电路系统模型

图 8.19 中电路可看作由多个标准元器件连接而成的系统。包括 1 个电源、2 个电阻、1 个电感、1 个电容和 1 个接地点。在 Modelica 语言下,图 8.19 中电路系统模型表达为

```
model circuit
  Resistor R1(R= 10);
  Capacitor C(C= 0. 01);
  Resistor R2(R= 100);
  Inductor L(L= 0. 1);
  VsourceAC AC;
  Ground G;
equation
  connect (AC. p, R1. p);
  connect (R1. n, C. p);
  connect (C. n, AC. n);
  connect (R1. p, R2. p);
  connect (R2. n, L. p);
  connect (L. n, C. n);
  connect (AC. n, G. p);
end circuit;
```

模型中,circuit 是系统模型,其下层为组件模型类,包括 Resistor、Capacitor、Inductor、VsourceAC、Ground,体现了系统的分层结构。语句 Resistor　R1(R=10)定义了 Resistor 类的一个电阻元件 R1,并且声明 R1 的电阻值 R=10。Resistor 类的详细定义没有给出。同样,程序分别定义了电容、电感、电阻、电源、接地点等元件,各元件的连接使用 connect 语句完成。Modelica

200

语言直接表达了电路系统的拓扑结构,在仿真环境的支持下,可以使用图标来代替类的定义,通过连线来完成元件间的连接,那么最后组建的仿真模型与真实系统一致。事实上,图 8.19 即为在仿真环境下建立的图形化的 Modelica 模型,与真实电路的拓扑结构完全一致。

Modelica 语言支持完全的面向对象应用和陈述式的建模,在程序中并不需要声明元件的输入和输出关系,如果采用类似 Simulink 的框图模型,那么图 8.19 中电路的仿真模型如图 8.20 所示。

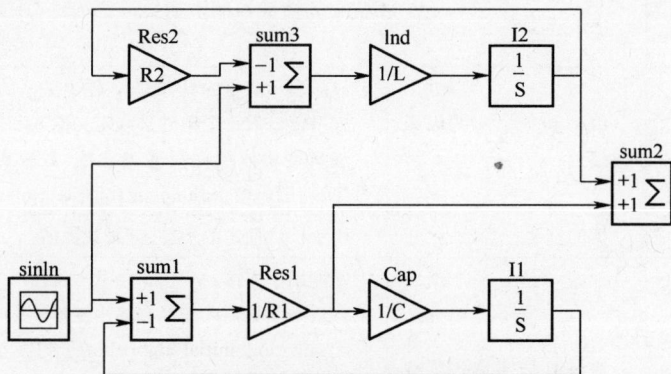

图 8.20 电路系统的框图模型

从图 8.20 中可以看出,框图模型需要定义输入和输出参数,不能再反映系统原有的拓扑结构。上面的例子直观地反映了 Modelica 建模所具有的优势。下面介绍 Modelica 语言的一些基本语义和使用规则。

8.7.3 Modelica 中类(class)的定义

Modelica 中所有模型都是以类定义的,类在 Modelica 中也称为模型,其定义中包含组件声明和方程定义。组件声明描述类的组成属性,方程定义表达类的行为,描述组件之间的数值约束关系。一个类的组件和方程既可以在它的定义中直接定义,也可以通过继承从基类中获得。为了便于组织和理解代码,Modelica 中的一般类(class)派生出 7 种特殊类,分别为记录(record)、类型(type)、模型(model)、框(block)、包(package)、函数(function)、连接器(connector)。这些特定类是一般类概念的特殊化形式,在模型中特定类关键字可以被一般类关键字 class 替代,而不会改变模型的行为。这 7 种约束类是依据使用目的的不同设计的,特殊类在使用上有所限制。7 种约束类的功能和使用限制如表 8.1 所列。

表 8.1　7 种约束类的功能和使用限制

类名称	功　能	使　用　限　制
模型(model)	定义完整的陈述式模型	不能用于连接
连接器(connector)	定义组件之间的连接接口	其定义或任何组件中不允许存在方程
记录(record)	定义数据结构	不能用于连接； 不能直接用来仿真； 成员变量不能声明 input/output、inner/outer、flow 类型
框图(block)	用于基于框图的因果建模	只能表示固定的具有输入、输出关系的方程； 表示接口的每个组件必须定义输入和输出变量； 成员变量或组件只能为参数、常量或输入、输出变量,只能用前缀 parameter/constant、input/output 声明
类型(type)	类的别名	用于扩展预定的类型、记录或数值
函数(function)	通过算法实现过程或建模	不能用于连接； 参数必须是输入变量和输出变量； 无 equation、initial algorithm 子句或至多一个 algorithm； 可调用函数需要有算法子句或外部函数接口； 不能调用内置函数 der、intial、terminal、sample、pre、edge、change、reinit、delay、cardinality
包(package)	用于组织模型的层次	只包含类和常量声明； 不能直接用来仿真

下面以最常用的模型 model 类为例说明类的定义过程,需要仿真的物理过程如图 8.21 所示。

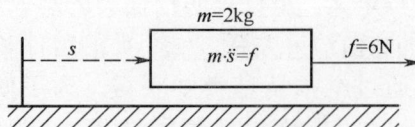

图 8.21　力推动的质量块

图 8.21 所示的物理过程可以定义为模型 model 类,如下:

```
model MovingMass1  "mass block model";
    parameter Real m = 2  "mass of block";
    parameter Real f = 6  "force";
    Real s  "displacement";
```

202

```
    Real v  "velocity";
equation
    v = der(s);
    m * der(v) = f;
end MovingMass1;
```

8.7.4　连接(connect)和连接器(connector)

在 Modelica 中,组件的接口称为连接器,建立在组件连接器上的耦合关系称为连接。如果连接表达的是因果耦合关系,则称其为因果连接。模型类必须有明确的接口,即连接器,用于实现组件与外界的数据交换。模型类应该定义为与环境无关,即在模型类定义中只能包含方程,只能使用局部变量与连接器变量,并要求组件与外界的通信必须通过组件连接器完成,这也是组件可重用的关键。

Modelica 连接器是连接器(connector)类的实例。连接器类的主要用途就是定义组件接口的属性与结构。连接器中定义的变量可划分为两种类型:流变量和势变量。流变量为通过型变量,如流量、力、力矩等,其输入连接器的量与输出连接器的量数值相同,符号相反,由关键字 flow 定义。势变量是一种跨越型变量,如电压、位移、角度等,其输入连接器的量与输出连接器的量数值相同,符号也相同,无需特别声明。常见的不同领域的流变量和势变量如表 8.2 所列。

表 8.2　常用物理领域势变量和流变量

物 理 领 域	势 变 量	流 变 量
电学	电压 U	电路 i
一维平移	位移 s	力 F
一维转动	角度 θ	转矩 M
液压	压力 p	流量 $\overset{m}{m}$
传热	温度 T	热流量 Φ
化学	化学势 μ	质点流量 $\dot{N}$

以电路元件接口连接器为例,说明连接器类的定义过程如下:

```
connector Pin  "electric connector"
Real v  "voltage";
flow Real i "current";
end Pin;
```

Modelica 连接必须建立在相同类型的两个连接器上,从而表达组件之间的耦合关系,这种耦合关系在语义上通过方程实现,在模型编译时会转化为方程。

流变量之间的耦合关系由零和形式的方程表示。势变量之间的耦合关系由等值形式的方程表示。例如,有连接类 Pin 的两个实例 P1 和 P2,并且有连接 connect(P1,P2),那么连接转化成方程为

$$\begin{cases} \text{P1}.v = \text{P2}.v \\ \text{P1}.i + \text{P2}.i = 0 \end{cases} \tag{8.26}$$

8.7.5　模型的平衡

一个完整的 Modelica 模型所包含的未知量与方程的数量应该相同,这样方程才可以进行求解。如果建立了一些 Modelica 模型,模型继承了多个元件,将这些模型进行连接,有时会提示错误信息,显示系统中缺少方程或方程过多,这时有可能是整个模型未知量与方程数量不等引起的。

对于元器件的连接器,如果连接器定义了输入和输出,就可以方便地检查元件方程的个数是否正确。可以假定输入已知,然后检查元件是否有足够且刚好的方程来计算输出量和内部变量。同样,只要将元件间的输出和输入相连,也容易检查元件的使用是否正确。而 Modelica 中连接器为非因果连接,并没有定义输入和输出,不能采用这样的方法进行检查,为解决这个问题,Modelica 采用了平衡模型的概念。

假设连接器具有 n_f 个流变量和 n_p 个势变量,平衡模型的方法要求连接器中流变量和势变量相等,即 $n_f = n_p$。考虑一个简单的例子,一个 Modelica 模型只包含一个接口,接口中包含 n_f 个流变量和 n_p 个势变量。模型最简单的连接如图 8.22 所示,图中左侧模型为未连接,右侧为连接一个相同的模型。

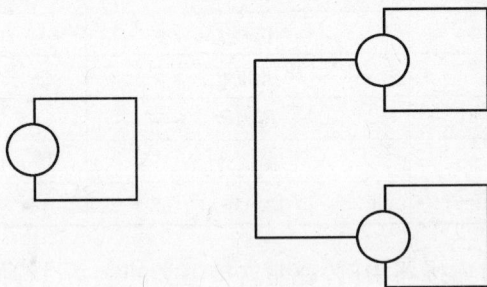

图 8.22　简单模型的连接

模型未连接时,那么由流变量的定义,所有流变量为零,这时模型中方程的个数应该与势变量数和内部变量数之和相同,如果模型包含 n_1 个内部变量,那么方程的个数应该为 $n_1 + n_p$。当元件与自身相同的元件相连时,图 8.22 中右侧上方元件的未知量个数为 $n_{11} + n_f + n_p$,右侧下方元件的未知量个数为

$n_{21} + n_f + n_p$，总的未知量个数为 $n_{11} + n_{21} + 2n_f + 2n_p$。而上方元件包含的方程个数为 $n_{11} + n_p$，下方元件包含的方程个数为 $n_{21} + n_p$，连接点产生方程数为 $n_f + n_p$。那么总的方程数为 $n_{11} + n_{21} + n_f + 3n_p$。方程数减去未知量个数为 $n_p - n_f$。为了使方程数与未知量个数相等，则必须有 $n_p = n_f$。即在任何 Modelica 模型连接器中，其流变量个数与势变量个数相同。

8.7.6 局部模型（Partial models）与继承（Inheritance）

局部模型的定义和重用是 Modelica 中很重要的一种应用。以开始介绍的电路系统为例，电路系统中很多元件都具有两个接口，这样就可以定义一个接口模型类 TwoPin，使其包含两个针脚，即 p、n，以及描述元件压降的量 v，具体如下：

```
partial model TwoPin
    Pin p, n;
    Voltage v;
equation
    v = p. v - n. v;
    p. i + n. i = 0;
end TwoPin;
```

方程定义了简单电器元件中量的常用关系。声明 partial 表示这个模型类不是一个完整模型，因此必须增加一个基本方程。现在使用 TwoPin 定义一个电阻元件，并增加电阻值参数，代码如下：

```
model Resistor
    extends TwoPin;
    parameter Resistance R;
equation
R * p. i = v;
end Resistor;
```

声明 parameter 表示参数 R 在仿真计算前可以进行修改，但在仿真过程中保持不变。在定义了局部模型 TwoPin 时，可以使用声明 extends 进行继承。

8.8 Modelica 语言运行平台 Dymola

使用 Modelica 语言进行建模及仿真分析时，需要一定的平台支持，来完成模型建立、语意分析和转换、错误管理、计算求解以及仿真结果后处理等[30]。

8.8.1 Dymola 平台简介

目前主要的 Modelica 平台有以下几个：

1. Dymola

1978 年，Hilding Elmqvist 在其博士论文中提出开发 Dynamic Modeling Language，并以此为基础开发了 Dymola，该软件先由 Simula 68 完成，后采用 C++进行了改写[31]。1991 年 Elmqvist 成立了 Dynasim AB 公司，在商业模式下重新开始了 Dymola 的开发工作，值得指出的是，Elmqvist 正是 Modelica 开发项目主席[1]。2006 年 Dassalt Systemes 接收了 Dynasim AB 公司，2010 年成立了 Dassalt Systemes AB 公司，Dynasim AB 成为它的一个子公司[31]。Dymola 目前已发展到 7.4 版，支持 Modelica3.1。

2. MathModelica[11]

MathModelica 由瑞典 Linköping 大学 PELAB 实验室设计开发，它通过集成 Microsoft Visio、Mathmatica 和 Dymola 仿真引擎开发而成。其中，Microsoft Visio 用于实现图形建模，Dymola 仿真引擎用于模型转化和求解，Mathmatica 的 notebook 用于文本建模和仿真后处理。MathModelica 拥有和 Dymola 一样的图形和文本建模能力。与 Dymola 不同的是，MathModelica 的各组成模块没有集成在同一个框架中，在建模仿真过程常常需要反复激活和切换操作界面。

3. MapleSim[33]

MapleSim 是由加拿大 Maplesife 公司研制的高效能、多领域建模仿真工具，MapleSim 中可直接使用 Modelica 模型，或将 MapleSim 模型导入 Modelica 中。

4. SimulationX[33]

SimulationX 是由德国 ITI GmbH 公司开发的仿真平台，其内含的 SimulationX TypeDesigner 支持 Modelica 语言的建模。

5. OpenModelica[11]

OpenModelica 是公开源代码的 Modelica 自由软件包，由 Linköping 大学和开源 Modelica 联盟（Open Source Modelica Consortium，OSMC）联合开发和支持。它的开发始于 1998 年，2005 年 11 月发布了第一个版本。

6. MWorks[34-37]

MWorks 由华中科技大学国家 CAD 支撑软件工程技术研究中心研发，是国内自主开发的基于 Modelica 语言的复杂系统建模、仿真与优化一体化的计算平台，在国内及亚太地区处于领先地位，目前已发布了商业版。

另外,还有 JModelica. org、SimForge、Modelicac、AMESim、MoSILAB 等 Modelica 语言的支持平台[11]。

在以上的平台中,Dymola 是最早支持 Modelica 语言的仿真平台,也是目前为止发展最为完善的 Modelica 语言平台之一,本书以 Dymola 为平台进行 Modelica 模型的开发和仿真。

Dymola 平台的框架如图 8.23 所示,Dymola 具有强大的图形化的模型编辑能力,适用 Modelica 语言存储模型,并具有数据和图形输出功能。Dymola 的编译器可将 Modelica 语言转化为 C 语言程序进行仿真,并且转化后的 C 语言程序可以用于 Simulink 中。

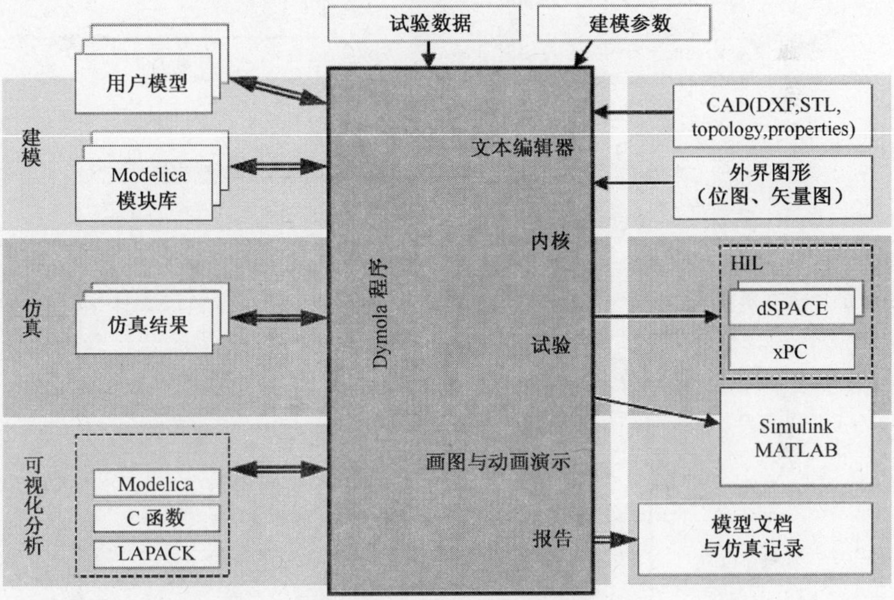

图 8.23　Dymola 平台框架

在 Dymola 平台上,Modelica 语言的建模和仿真过程如图 8.24 所示。

8.8.2　Dymola 中创建 Modelica 模型

这里首先来认识一下 Dymola 的主窗口。图 8.25 所示为 Dymola 的主窗口,Dymola 的主窗口具有两种工作模式:建模模式(Modeling)和仿真模式(Simulation)。建模模式用于寻找、浏览和建立模型;仿真模式用于模型仿真、结果输出和行为演示。模式切换通过主窗口右下角的按钮 [Modeling Simulation] 完成。

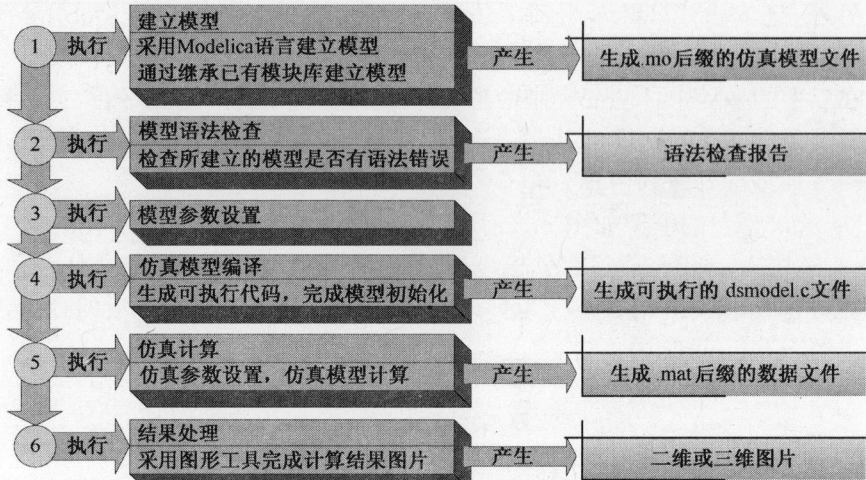

图 8.24　Modelica 语言的建模和仿真过程

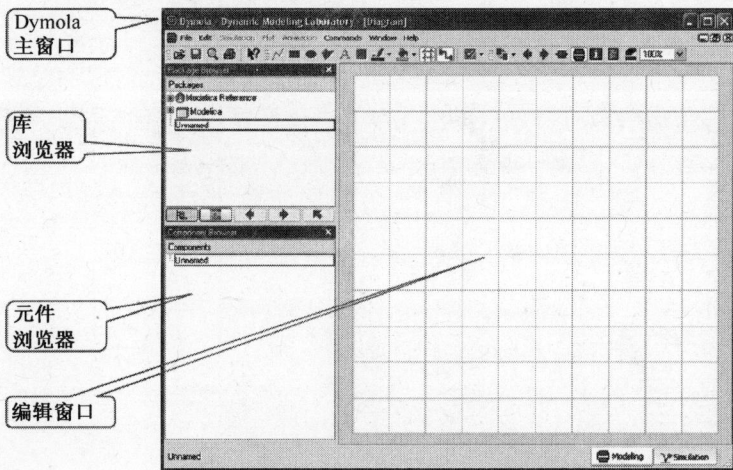

图 8.25　Dymola 主程序窗口

　　为了说明 Dymola 平台中 Modelica 模型的建模过程,以图 8.26 所示的单摆模型为例进行说明。

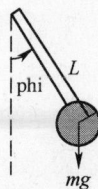

图 8.26　单摆模型

在图 8.26 中，phi 为杆与垂直方向的夹角，m 为球体的质量，L 为杆的长度。假设杆长度不变，并且不考虑杆的质量和摆动过程中空气的阻力，重力加速度为常数，球体的力矩平衡方程可写为

$$J\dot{w} = -mgL\sin(\text{phi}) \tag{8.27}$$

式中：J 为球体相对于固定点的惯量，$J = mL^2$；$\dot{w}$ 为角速度对时间求导，$w = \text{dphi}/\text{d}t$。

下面在 Dymola 中创建单摆的模型，首先在 Dymola 主窗口中，选择 File→New→Model 菜单命令，建立一个新模型，如图 8.27 所示。

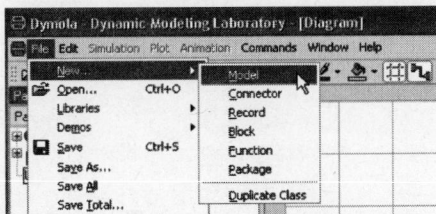

图 8.27　创建一个新模型

出现创建新模型对话框（图 8.28），输入模型名称 Pendulum。

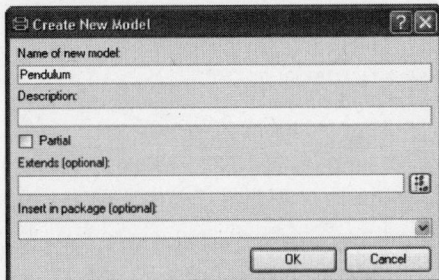

图 8.28　创建新模型对话框

单击 OK 按钮确认后会在库浏览器中看到所创建的模型。Dymola 中模型可以在不同的视图下进行编辑，如果要定义方程来描述模型行为时，最好采用 Modelica Text 视图，在 Dymola 主窗口中单击 Modelica Text 图标，进入 Modelica Text 视图。此时编辑窗口就可以进行文本编辑，如图 8.29 所示。

依据单摆的数学模型来建立 Modelica 模型，首先定义参数和变量，定义单摆系统的参数为球体质量 m，杆长度 L，重力加速度 g 和球体的转动惯量 J，并分别给出默认值，参数 J 由其他参数计算得到。然后定义系统变量：角度 phi 和角速度 w，角度给出初值 0.1，角速度未给出初值，默认初值为 0，如下：

model Pendulum

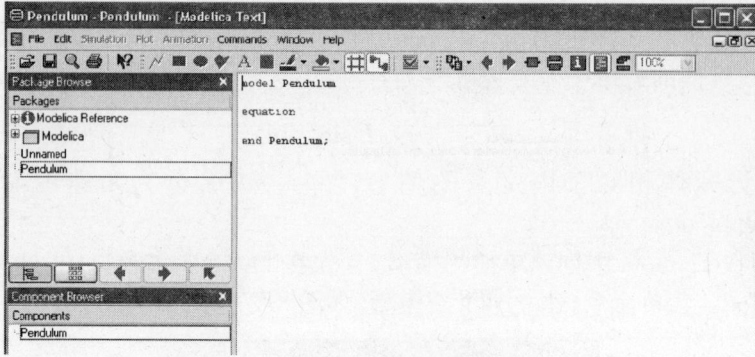

图 8.29　文本编辑视图

```
    parameter Real m=1 ;//定义球体质量参数
    parameter Real L=1 ;//定义杆长参数
    parameter Real g=9.81 ;//定义重力加速度参数
    parameter Real J=m*L^2 ;//定义球体转动惯量参数
    Real phi(start=0.1) ;//定义角度
    Real w ;//定义角速度
equation
    der(phi)=w;
    J*der(w)=-m*g*L*sin(phi);
end Pendulum;
```

　　输入程序并保存,此时需要对程序的语法进行检查,单击 按钮,Dymola
会自动对程序进行语法检查,并且不同的语句会采用不同的颜色显示。蓝色为
Modelica 中的关键词,红色为类型定义和操作,黑色为数值、变量或参数,绿色
为注释,如图 8.30 所示。

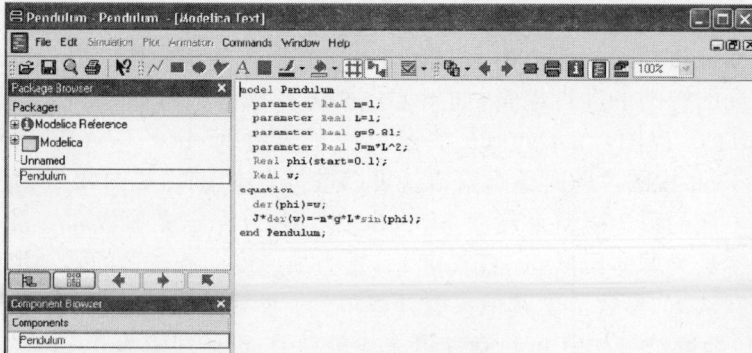

图 8.30　文本编辑视图

语法检查后的结果如图 8.31 所示。

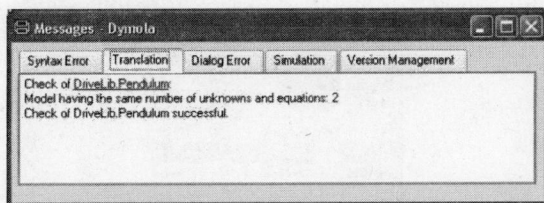

图 8.31　文本编辑视图

检查通过后单击 [Modeling] [Simulation] 按钮进入仿真模式进行模型的仿真。要开始仿真单击 按钮或选择 Simulation→Setup 菜单命令来设置仿真参数，如图 8.32 所示。

图 8.32　设置仿真参数

仿真参数设置对话框如图 8.33 所示。

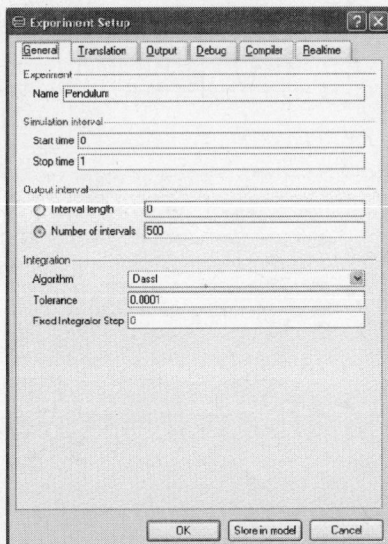

图 8.33　仿真参数设置对话框

设置仿真停止时间 Stop time 为 10s,单击 OK 按钮,完成设置。要开始仿真单击 按钮或选择 Simulation→Simulate 菜单命令开始仿真,如图 8.34 所示。

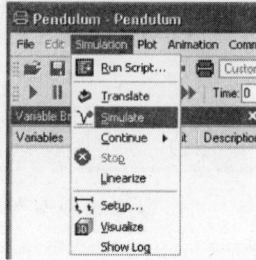

图 8.34　仿真参数设置界面

仿真结束,元件浏览器会显示仿真中的变量用于图形输出,只需要单击变量名称前的方框,变量的图形就会显示出来,如图 8.35 所示。

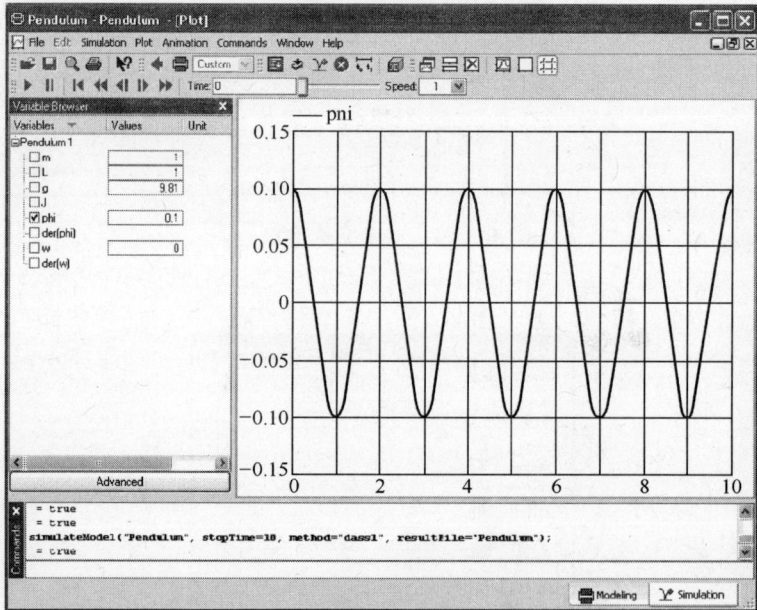

图 8.35　仿真结果的显示

8.9　Dymola 中飞机液压系统热特性仿真模块库建立

本节讨论在 Dymola 平台上飞机液压系统热特性仿真类库的建立过程,以常见的 H 型 3 位 4 通伺服阀为例进行说明。伺服阀是液压系统中典型的阻尼元件,应用广泛。伺服阀建模过程中涉及油液接口和控制信号输入接口,而伺服阀各油路之间都可以看成是典型的节流过程,这样在建立伺服阀模型时可以对油液接口、信号输入接口和节流元件进行继承。而节流元件也是典型的阻尼元件,可对具有两个接口的阻尼元件进行继承。两个接口的阻尼元件是很多阻尼元件的共有特征,所以建立这个元件,方便阻尼元件建模时继承使用,两个接口的阻尼元件需要继承油液接口。伺服阀建立过程中的继承关系如图8.36 所示。

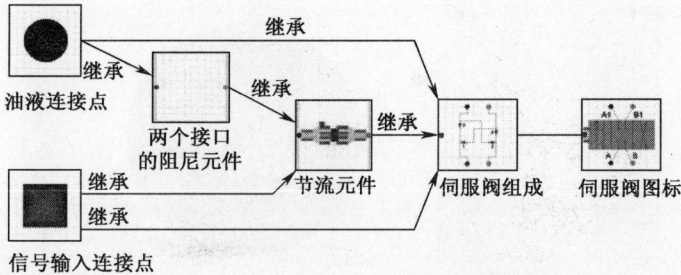

图 8.36　伺服阀建立过程中的继承关系

8.9.1　油液连接点

在 8.5 节液压元件的通用结构与接口定义中,规定油液的压力、流量、温度和焓流量作为液压元件接口需交换的数据。根据 Modelica 对接口数据的定义,压力和温度为势变量,流量和焓流量为流变量。将液压元件与相邻元件交换数据的接口称为连接点,首先需要建立连接点模块。

在模块库窗口创建连接点 PortA 和 PortB,PortA 和 PortB 内容相同,用于区分元件油液的输入输出或油液流动方向,以 PortA 为例进行说明。PortA 中包含 4 个变量:压力、流量、温度、焓流量,模块中各变量赋给初值,代码如下:

```
connector PortA "component port"
    outer AHSTSim. Component. StartT startT;//初始温度
    Modelica. Slunits. Pressure p(start = 1.01e5);//压力
    flow Modelica. Slunits. MassFlowRate dm(start = 0);//质量流量
    Modelica. Slunits. Temp _ K T(displayUnit = "degC",start = startT. StartT);//温度
flow Real dH;//焓流量
end PortA;
```

代码中,connector 用于声明是连接点模型,初始温度采用全局变量,方便对

所有元件初始温度进行统一修改,采用 outer AHSTSim. Component. StartT startT 语句来引用全局温度变量 AHSTSim. Component. StartT。采用 Modelica 自带的国际标准变量来定义接口内的变量,对各个变量都赋予了初值,使用 flow 来声明流变量。油液连接点图标如图 8.37 所示。

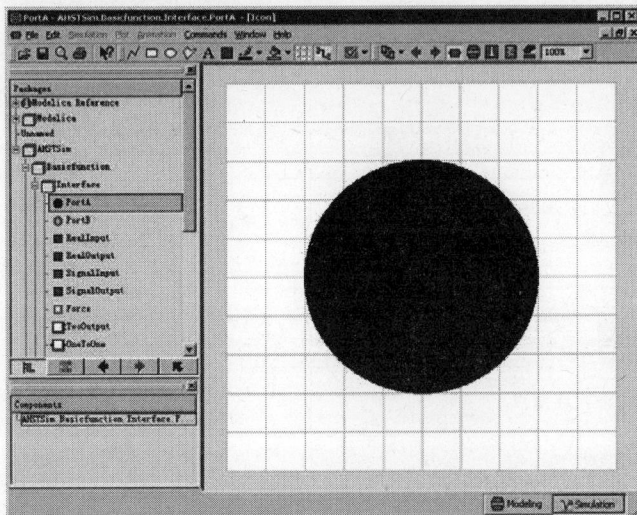

图 8.37　油液连接点的定义

8.9.2　两个接口的阻尼元件

很多阻尼元件都具有两个接口,所以这里定义一个只具有两个接口的阻尼元件,用于这些元件建模时继承使用。两个接口的阻尼元件继承了连接点模块,对于两个接口的阻尼型元件较为关心其进出口的压差和流量,所以定义压差 dp 和质量流量 dm 两个变量,方便使用,代码如下:

```
partial model Two _ portR    "two port component which have resistance charac-
teristic"
    Modelica. Slunits. Pressure dp(start = 10);//进出口压差
    Modelica. Slunits. MassFlowRate dm(start = 0);//质量流量
    PortA portA;//继承油液接口
    PortB portB;//继承油液接口
equation
    dp = portA. p − portB. p;
    dm = portA. dm;
```

portA. dm＋portB. dm＝0；

end Two_portR；

　　模型采用 partial model 声明，说明这个模型只是一个局部模型，不具有完整的物理含义，只能用于其他模型的继承，不能单独完成仿真计算。阻尼型元件由于不考虑其动态特性，由质量守恒有流入和流出元件的流量相等，规定流入为正，流出为负，则有 portA. dm＋portB. dm＝0。两个接口的阻尼元件图标如图8.38 所示。

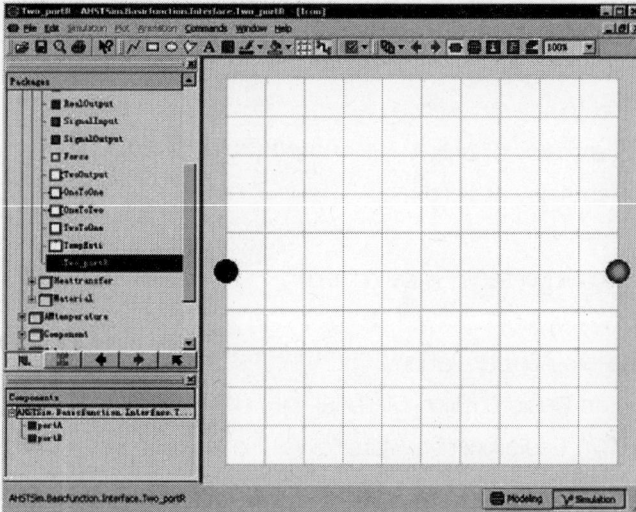

图 8.38　两个接口的阻尼元件图标

8.9.3　节流元件

　　下面建立的节流元件是一个具有完整物理意义的元件，所以采用 model 进行声明。节流元件为可变节流元件，即可以根据外部信号的输入来改变节流口的开度，所以需要继承信号输入连接点和两个接口的阻尼元件。节流元件建立时需要定义一些内部变量来完成计算。节流元件的代码如下：

model OrificeS "reducer model consider temperature influence Simple"

　　//interface inherit

　　extends AHSTSim. Basicfunction. Interface. Two_portR；

　　outer AHSTSim. Component. StartT startT；

　　//geometric and structure parameter definition

　　parameter Real Rtr＝100 "critical nummber"；

```modelica
    parameter Real Cturb = 0. 62 "reduce coeffient";
    parameter Real mshell(unit = "kg") = 0. 8 "shell mass";
    Modelica. SIunits. VolumeFlowRate q(displayUnit = "l/min");
protected
    Real ro; //density
    Real cp; //specific heat
    Real vis; //viscosity
    Real A; //restriction area
    Real averT; //average temperature
    Real averP; //average puressure
    Real dh; //enthalpy difference
    Real hA; //enthalpy of portA
    Real hB; //enthalpy of portB
public
    Basicfunction. Interface. SignalInput d;
equation
    //inside parameter caculation
    ro = AHSTSim. Basicfunction. Material. Oil. No12 _ ro(averP, averT);
    cp = AHSTSim. Basicfunction. Material. Oil. No12 _ cp(averP, averT);
    vis = AHSTSim. Basicfunction. Material. Oil. No12 _ dvis(averP, averT);
    //pressure and flow caculation
    averP = (portA. p + portB. p)/2;
    A = 3. 14 * d^2/4;
    dm = ro * sign(dp) * Cturb * A * sqrt(2 * abs(dp)/ro);
    q = dm/ro;
    //temperature caculation
    averT = (portA. T + portB. T)/2;
    dh = cp * (portA. T - portB. T) + (1 - AHSTSim. Basicfunction. Material. Oil. No12 _ exp
        (averT)
        * averT) * dp/ro;
    der(portB. T) = dm * dh/(mshell * AHSTSim. Basicfunction. Material. Metel. St _
                    cp _ carbon ( )) + AHSTSim. Basicfunction. Material. Oil. No12 _
                    exp(portB. T) * portB. T * der(portB. p)/(ro * cp);
    hA - hB = dh;
```

216

```
    portA. H = portA. dm * hA;
    portB. H = portB. dm * hB;
end OrificeS;
```

建模过程中不考虑元件的传热,认为是绝热过程。节流阀开度由外部输入信号决定,采用 public 来声明外部输入变量 d。节流元件的图标如图 8.39 所示。

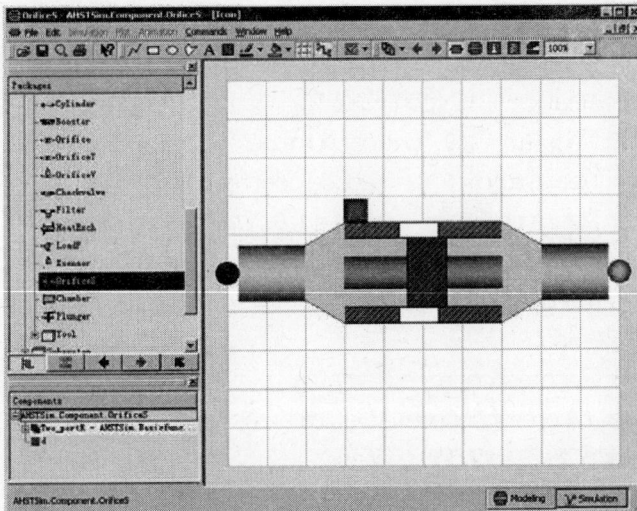

图 8.39　节流元件图标

8.9.4　伺服阀

伺服阀各接口之间的油液流动可以看成是节流过程,可以采用节流元件直接进行模拟。在模型建立过程中,一般不知道伺服阀内部详细的几何结构参数,工程上常采用特定压差对应的流量来表示伺服阀的压力流量特性,为了使用上的方便,采用工程上常用的表示方法来设置伺服阀参数,然后再根据伺服阀压力流量特性反推出阀内部几何参数,对伺服阀进行仿真建模。另外,伺服阀的开度需要根据输入信号的大小进行调解,所以还需要采用一定的代码模拟各通路节流过程的节流元件的开度变化。伺服阀模块程序代码如下:

```
model Diverter3 _ 4 "diverter van 3 _ 4"
    //interface inherit
    Basicfunction. Interface. PortA portA;
    Basicfunction. Interface. PortB portB;
    Basicfunction. Interface. PortA portA1;
```

217

```
    Basicfunction. Interface. PortB portB1;
    outer AHSTSim. Component. StartT startT;
    //geometric and structure parameter definition
    parameter Modelica. SIunits. Pressure dpchar = 210e5  "character puressure
    difference";
    parameter Real qchar(unit = "l/min") = 30 "correspondence flow";
    parameter Real qleak(unit = "l/min") = 0. 8 "correspondence leak flow";
    parameter Real Tchar(unit = "degC") = 40 "correspondence temperature";
    parameter Real k = 0. 1 "open value";
    parameter Real Rtr = 100 "critical nummber";
    parameter Real Cturb = 0. 62 "reduce coefficient";
    parameter Real mshell(unit = "kg") = 1. 6 "shell mass";
protected
    Real roT;//density
    Real visT;//viscosity
    Real dchar;//corespondence diametral
    Real dleak;//coresspondece leak diametral
    Real Achar;//corespondence area
    Real Aleak;//corespondence leak area
    Real PA;//opening of servo valve
    Real PB;//opening of servo valve
public
Basicfunction. Interface. SignalInput x;//input signal
    OrificeS orificeS1(Rtr = Rtr, Cturb = Cturb, mshell = mshell/4);
    OrificeS orificeS2(Rtr = Rtr, Cturb = Cturb, mshell = mshell/4);
    OrificeS orificeS3(Rtr = Rtr, Cturb = Cturb, mshell = mshell/4);
    OrificeS orificeS4(Rtr = Rtr, Cturb = Cturb, mshell = mshell/4);
equation
    roT = AHSTSim. Basicfunction. Material. Oil. No12 _ ro(dpchar/2, Tchar + 273. 15);
    visT = AHSTSim. Basicfunction. Material. Oil. No12 _ dvis(dpchar/2, Tchar + 273. 15);
    Achar = 3. 14 * dchar^2/4;
    Aleak = 3. 14 * dleak^2/4;
    qchar/60000 = Cturb * Achar * sqrt(2 * dpchar/roT + (visT * Rtr/(2 * Cturb *
                dchar * roT))^2) - Achar * visT * Rtr/(2 * dchar * roT);
    qleak/60000 = Cturb * Aleak * sqrt(2 * dpchar/roT + (visT * Rtr/(2 * Cturb *
                dleak * roT))^2) - Aleak * visT * Rtr/(2 * dleak * roT);
```

PA = if noEvent(x < k) then 0 else if noEvent(x >= 0.75) then 1 else (x-k)/(0.75-k);

PB = if noEvent(x > -k) then 0 else if noEvent(x <= -0.75) then 1 else (-x-k)/(0.75-k);

orificeS1. d = PB * dchar + dleak;

orificeS2. d = PB * dchar + dleak;

orificeS3. d = PA * dchar + dleak;

orificeS4. d = PA * dchar + dleak;

connect(portA, orificeS1. portA) annotation;

connect(orificeS1. portA, orificeS3. portA);

connect(orificeS3. portB, portA1);

connect(portB1, orificeS4. portA);

connect(orificeS4. portB, orificeS2. portB);

connect(orificeS2. portB, portB);

connect(orificeS3. portB, orificeS2. portA);

connect(orificeS1. portB, orificeS4. portA);

end Diverter3 _ 4;

　　伺服阀建立过程中继承了油液连接点、信号输入连接点、节流模型,通过代码求解各节流元件的开度,从而完成对伺服阀的控制。伺服阀的图形编辑界面如图 8.40 所示,图中反映了节流元件和信号输入元件的连接关系。伺服阀图标如图 8.41 所示。

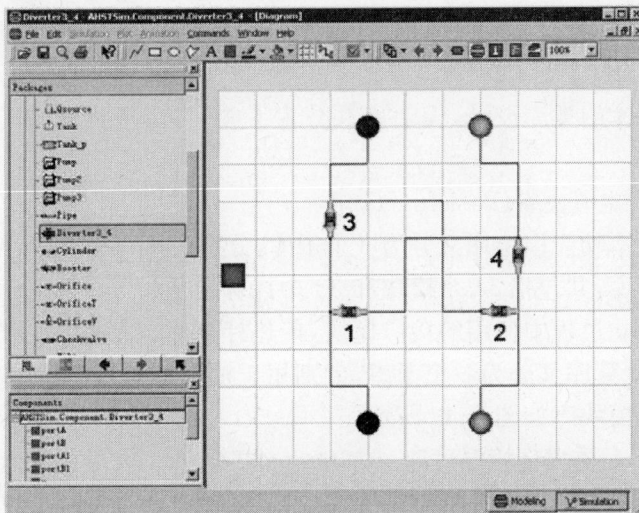

图 8.40　伺服阀图形编辑界面

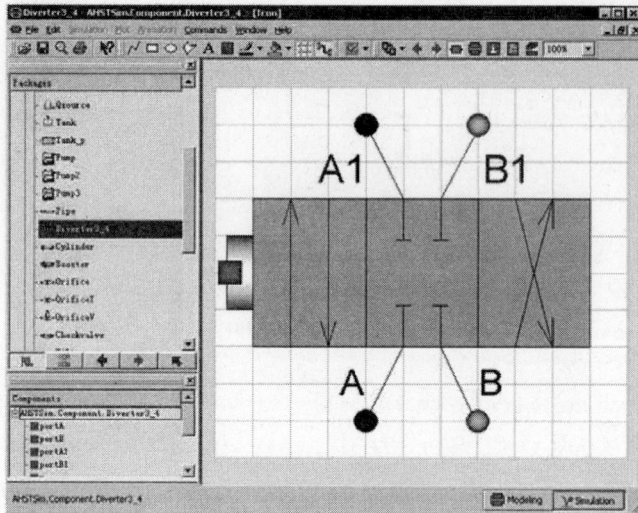

图 8.41　伺服阀图标

8.10　飞机液压系统热特性仿真模块库

以 Modelica 语言为工具,在 Dymola 平台上建立了飞机液压系统热特性仿真模块库"AHSTSim（aircraft hydraulic system temperature simulation）"。AHSTSim 可以完成一般飞机液压系统的热特性仿真,考虑了较详细的诱发环境温度计算、传热计算和元件的热特性模型。以此为工具可以开展飞机液压系统的热设计工作。

根据模块库的类库设计,模块库共分为 6 个子库,下面对各子库分别进行说明。

1. 基本功能模块库（Basicfunction）

建立的基本功能模块库又分为 3 个子库,分别为接口模块库、传热计算库和材料特性计算库,共包括 14 个模块和 33 个计算函数。其中接口模块库定义液压元件模块建立过程中使用的接口模块,传热计算库包括所使用的传热计算函数,材料特性计算库又分为 3 个子库,分别用于油液、空气和金属材料物理特性的计算。接口模块库如图 8.42 所示。

2. 飞机平台诱发环境温度库（AMtemperature）

建立的飞机平台诱发环境温度库共包括 20 个模块,主要有飞行状态定义模块、自然环境温度模块、太阳辐射强度计算模块、恢复温度计算模块、各相似传热

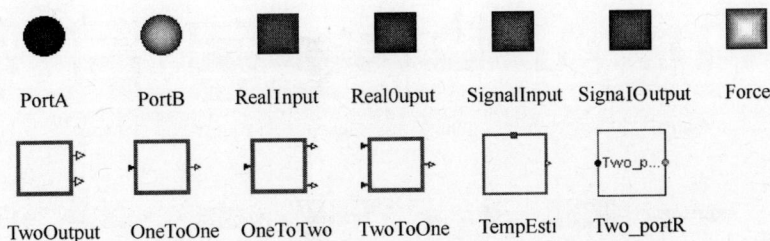

图 8.42　接口模块库

结构计算模块、数据输出模块等。飞机平台诱发环境温度库如图 8.43 所示。

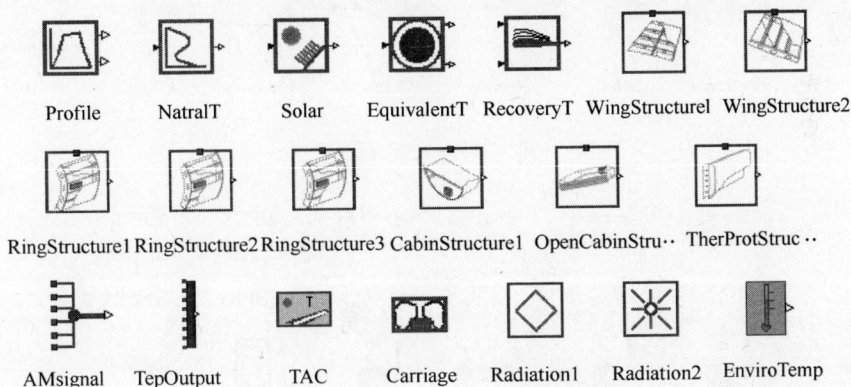

图 8.43　飞机平台诱发环境温度库

3. 液压元件库(Component)

建立的液压元件库包括飞机液压系统热特性仿真过程中常用的液压元件，共有 23 个模块，用于飞机液压子系统和系统热特性仿真模型的建立。液压元件库建立过程中充分利用 Modelica 语言的继承性，提高模型的利用率。液压元件库如图 8.44 所示。

4. 液压子系统库(Subsystem)

建立的液压子系统库包括飞机液压系统中常见的子系统模型，如能源子系统、起落架子系统及舱门子系统等，同时也包括平台诱发环境温度模型。液压子系统库如图 8.45 所示。

5. 飞行控制库(Flycontrol)

飞行控制库包括飞机液压系统仿真过程中的控制模块，在仿真过程中用于给各子系统发送飞行动作控制信号，飞行控制模块本质上是一个矢量信号源，控制不同子系统的打开或关闭。飞行控制库如图 8.46 所示。

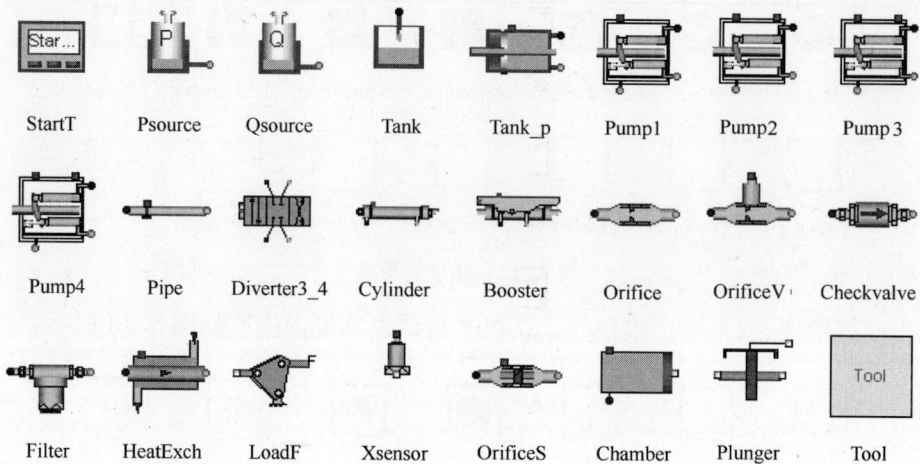

图 8.44　液压元件库

StartT　Psource　Qsource　Tank　Tank_p　Pump1　Pump2　Pump3

Pump4　Pipe　Diverter3_4　Cylinder　Booster　Orifice　OrificeV　Checkvalve

Filter　HeatExch　LoadF　Xsensor　OrificeS　Chamber　Plunger　Tool

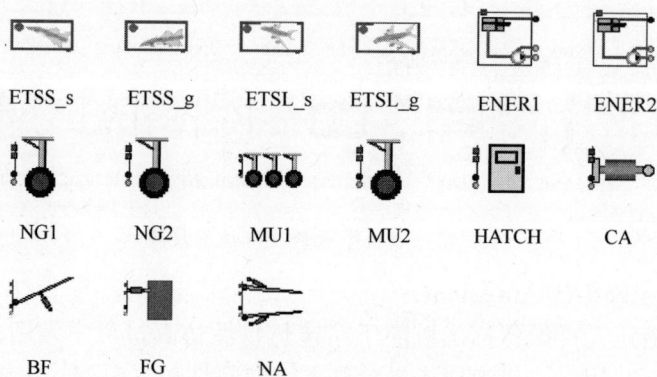

ETSS_s　ETSL_s　ETSL_s　ETSL_g　ENER1　ENER2

NG1　NG2　MU1　MU2　HATCH　CA

BF　FG　NA

图 8.45　液压子系统库

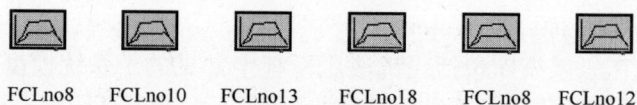

FCLno8　FCLno10　FCLno13　FCLno18　FCLno8　FCLno12

图 8.46　飞行控制库

6. 系统模型库（Hysystem）

系统模型库包括特定任务剖面的环境温度计算模型和飞机液压系统的热特性仿真模型，用于飞机全机液压系统热特性的仿真和热设计，系统模型库如图 8.47 所示。

222

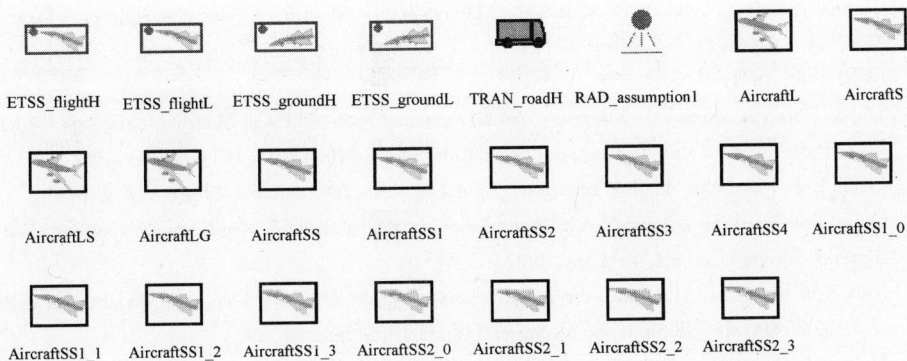

图 8.47 系统模型库

参 考 文 献

[1] 张江平,吕俊芳. 面向对象仿真建模的研究[J]. 航空计测技术,2001,21(6).

[2] 郭齐胜,董志明,单家元,等. 系统仿真[M]. 北京:国防工业出版社,2008.

[3] 康凤举,杨慧珍,高立娥等. 现代仿真技术与应用[M]. 北京:国防工业出版社,2008.

[4] 张毅,王士星,等. 仿真系统分析与设计[M]. 北京:国防工业出版社,2010.

[5] 郭晓晨,李梅,周玉文. 液压系统动态建模中刚性问题的研究[J]. 液压气动与密封,2006,(2):5-8.

[6] 张海平,陆元章. 液压仿真中的 Stiff 问题应该用低阶隐式方法来解[J]. 机床与液压,1988,16
(5):2-8.

[7] 张辉,郁凯元. 液压动态仿真软件积分算法的改进与应用[J]. 系统仿真学报,2005,17(2):479-482.

[8] 骆建彬,俞新陆,巢克念. 复杂大功率液压系统仿真研究[J]. 系统仿真学报,1996,8(4):65-71.

[9] 高钦和,黄先祥. 复杂液压系统动态特性仿真中的刚性问题研究[J]. 系统仿真学报,2003,15
(4):482-485.

[10] 高钦和,郭晓松. 液压回路计算机仿真中阀口流量模型的改进[J]. 计算机工程与应用,2003,
12:209-211.

[11] Ellman A,PichéR. A Modified Orifice Flow Formula for Numerical Simulation[A]. Proc. of ASME
International Mechanical Engineering Congress and Exposition[C],Atlanta,1996.

[12] Borutzky W,Barnard B,Thoma J. An orifice flow model for laminar and turbulent conditions[J].
Simulation Modelling Practice and Theory,2002,10:141-152.

[13] Karl Johan Astrom,Hiding Elmqvist,Svén Erik Mattsson. Evolution of Continuous-Time
Modeling and Simulation[A]. Proceedings of the 12th European Simulation Muticonference[C],
Manchester,UK,1998.

[14] 阳海军. Modelica 软件中微分代数方程指标约简算法分析[J]. 计算机工程与设计,2010,31
(1):130-133.

223

[15] Hiding Elmqvist, Sven Erik Mattsson, Martin Otter. Modelica - The New Object - Oriented Modeling Language [A]. Proceedings of the 12th European Simulation Muticonference [C], Manchester, UK, 1998.

[16] Hiding Elmqvist, Sven Erik Mattsson. An Introduction to the Physical Modeling Language Modelica [A]. Proceedings of the 9th European Simulation Symposium[C], Passau Germany, 1997.

[17] Sven Erik Mattsson, Hiding Elmqvist. Modelica - An International Effort to Design the Next Generation Modeling Language[A]. Proceedings of 7th IFAC Symp. On Computer - Aided Control Systems Design[C], Gent, Belgium, 1997.

[18] Sven Erik Mattsson, Hiding Elmqvist. An Overview of the Modeling Language Modelica [A]. Proceedings of Eurosim'98 Simulation Congress[C], Helsinki Finland, 1998.

[19] Hiding Elmqvist, Sven Erik Mattsson, Martin Otter. Modelica - An International Effort to Design an Object - Oriented Modeling Language[A]. Proceedings of the 1998 Summer Computer Simulation Conference[C], Nevada USA, 1998.

[20] Hiding Elmqvist, Sven Erik Mattsson, Martin Otter. Modelica - A language for Physical System Modeling, Visualization and Interaction[A]. Proceedings of the 1999 IEEE Symposium on Computer - Aided Control System Design[C], Hawaii USA, 1999.

[21] 魏欣, 曹建文. Modelica 建模软件中拓扑排序相关算法研究[J]. 计算机工程与设计, 2010, 31(4): 691 - 695.

[22] Anton Sodja, Borut Zupancic. Modelling thermal processes in buildings using an object - oriented approach and Modelica[J]. Simulation Modelling Practice and Theory, 2009, (17): 1143 - 1159.

[23] Borutzky W, Barnard B, Thoma J U. Describing bond graph models of hydraulic components in Modelica [J]. Mathematics and Computers in Simulation, 2000, 53: 381 - 387.

[24] Franke R. Modeling and Optimal Design of a Central Solar Heating Plant with Heat Storage in the Ground Using Modelica [A]. Proceedings of the Eurosim'98 Simulation Congress [C], Espoo, Finland, 1998.

[25] Gianantonio Bortolin, Stefan Borg, Per Olof Gutman. Modeling of the wet end part of a paper mill with Dymola[J]. Mathematics and Computers in Simulation, 2004, 65: 31 - 38.

[26] 曹源, 金先龙, 孟光. 航空发动机的非线性模块化建模与仿真[J]. 计算机辅助设计与图形学报, 2005, 17(3): 505 - 510.

[27] 赵洪山. 电力系统混杂建模与分析[D]. 北京: 华北电力大学, 2004.

[28] Sven Erik Mattsson, Hiding Elmqvist, Martin Otter. Physical system modeling with Modelica[J]. Control Engineering Prcatice, 1998(6): 501 - 510.

[29] History of Modelica[EB/OL]. http://en. wikipedia. org/wiki/Modelica♯History.

[30] 黄华. 多领域统一建模语言分析器研究与实现[D]. 北京: 华中科技大学, 2005.

[31] History of Dymola[EB/OL]. http://en. wikipedia. org/wiki/Dymola.

[32] 赵建军, 丁建完, 周凡利, 等. Modelica 语言及其多领域统一建模与仿真机理[J]. 系统仿真学报, 2006, 18(增 2): 570 - 573.

[33] Modelica Tools[EB/OL]. http://www. modelica. org/tools.

[34] 丁建完, 陈立平, 周凡利, 等. 复杂陈述式仿真模型的相容性分析[J]. 软件学报, 2005, 16(11): 1868 - 1875.

[35] 丁建完,陈立平,周凡利,等. 陈述式基于方程仿真模型的约简[J]. 计算机辅助设计与图形学学报,2005,17(12):2696-2701.

[36] 吴义忠,刘敏,陈立平. 多领域物理系统混合建模平台开发[J]. 计算机辅助设计与图形学学报,2006,18(1):120-124.

[37] jiang Z S, Wu Y Z, Chen L P. Solving Strategy for Repetitious Simulation of Multi-domain Physical System Based on Modelica[J]. CADDM,2007,17(2):58-70.

[38] 李永林,曹克强,徐浩军,等. 基于 Dymola 的液压系统热力学模块化建模与仿真[J]. 系统仿真学报,2010,22(9):2043-2047.

[39] 任博,曹克强,李永林,等. 基于 Dymola 的变量泵温度仿真与试验验证[J],机床与液压,2010,38(7):113-116.

[40] 丁华,曹克强,李永林,等. 基于 Modelica 和 Dymola 的飞机液压能源系统动态特性仿真[J]. 机床与液压,2010,38(7):120-122.

第9章 飞机液压系统的热设计

飞机液压系统的高温、低温和温度冲击都会给系统的正常工作带来较大影响，这就要求在液压系统设计的过程中开展有效的热设计工作，使系统的热特性达到飞机的设计要求。本章讨论飞机液压系统的热设计问题，内容包括飞机液压系统热设计方法、相关的标准规范、温度型别的选取、液压系统热特性分析、不同泵源形式的热特性分析、液压系统的散热设计、低温环境下的热设计及液压系统试验中的温度测量。

9.1 飞机液压系统热设计方法

液压系统工作在一定的物理环境中，温度是任何物理环境所具有的基本的环境属性，对环境中的物质具有全面的根本性的影响。液压系统的本质是一种能量转换装置，而这种能量转换是依靠液压油为介质实现的，液压油的特性受温度变化影响较大。另外，液压系统中很多元件，如密封件、伺服阀等其工作特性都受温度变化的影响，因此温度是影响液压系统工作的全面性、根本性的因素。

液压系统在能量转换的过程中不可避免地存在一定的损失，另外，液压系统中很多元件的工作原理决定其存在一定的节流损失，这些损失都以热量的形式被油液吸收，从而引起油液温度的升高。在极端低温环境里，由于与环境的热交换作用，会引起油液温度的下降。另外，温度变化较大或工作状态变化较为剧烈的情况下会引起温度冲击的出现。所以影响液压系统的温度因素主要有高温、低温和温度冲击。

高温对液压系统的影响主要表现在：液压油氧化分解、变质；液压油黏度下降；系统效率下降；密封件老化；伺服阀卡死；密封件润滑不良；绝缘失效；金属腐蚀增加；运动副磨损加剧；工作寿命缩短。

低温对液压系统的影响主要表现在：系统启动困难；系统效率下降；密封件硬化。

温度冲击对液压系统的影响主要表现在：运动部件卡死；伺服阀零漂；伺服阀特性变化；元件工作特性变化。

在飞机液压系统设计过程中要避免以上问题的出现，以达到系统的设计要求，就要开展液压系统的热设计工作。将以控制液压系统工作温度在合理的范围内，避免因系统工作温度原因而出现性能下降、故障等的设计过程，称为飞机液压系统的热设计。

飞机液压系统热设计是液压系统设计过程中的一项重要工作。通过开展系统性的热设计工作会给整个液压系统的性能、质量、可靠性等的提升带来帮助，主要表现在以下几个方面：

（1）降低系统设计的难度。高温引起的系统设计中的问题相比高压引起的设计问题更难以解决，较低的系统工作温度可以避免很多潜在问题的出现，从而降低系统设计的难度。

（2）延长液压油的使用寿命。高温可以引起液压油的氧化分解，温度超过液压油正常使用温度时，每当温度升高15℃，油液的稳定使用寿命降低90%。

（3）控制油液污染。高温引起的油液氧化分解、密封件老化、运动副磨损等都会引起液压油的污染，从而影响到整个系统的工作。

（4）提高系统的使用寿命。油液温度过高、过低或较大的温度冲击都会引起元件和系统的腐蚀、故障，加剧系统的磨损，从而降低系统的使用寿命。

（5）提高系统工作的可靠性。高温或低温会引起很多元件的故障和失效，降低系统工作的可靠性。

（6）提高系统对环境的适应能力。温度的大范围变化会引起密封失效、伺服阀的零漂、特性变化、卡死、系统效率下降等严重问题，有可能导致系统功能失效或性能下降，表现出对极端环境的不适应。液压系统的热设计可以提高系统对环境的适应能力。

飞机液压系统的热设计工作是伴随液压系统的设计工作进行的。完整的飞机液压系统的设计工作分为5个阶段：论证阶段、方案阶段、工程研制阶段、设计定型阶段和生产定型阶段。液压系统的热设计工作也是伴随着这5个阶段的工作展开的。

这里总结了在液压系统设计各阶段中热设计应该完成的主要工作和相互关系，如图9.1所示。液压系统的热设计是伴随着整个飞机和液压系统其他方面的设计工作同步展开的。热设计工作和整个飞机的设计工作以及液压系统其他方面的设计工作具有高度的交互关系，互相影响，迭代进行。图9.1中并没有给出热设计工作与整个飞机设计工作以及液压系统其他方面设计工作的交互关系，所以图9.1中只反映了在液压系统设计过程中热设计应完成的主要工作和相互关系，不作为进行液压系统热设计的程序和步骤。

下面分阶段说明液压系统热设计的内容。

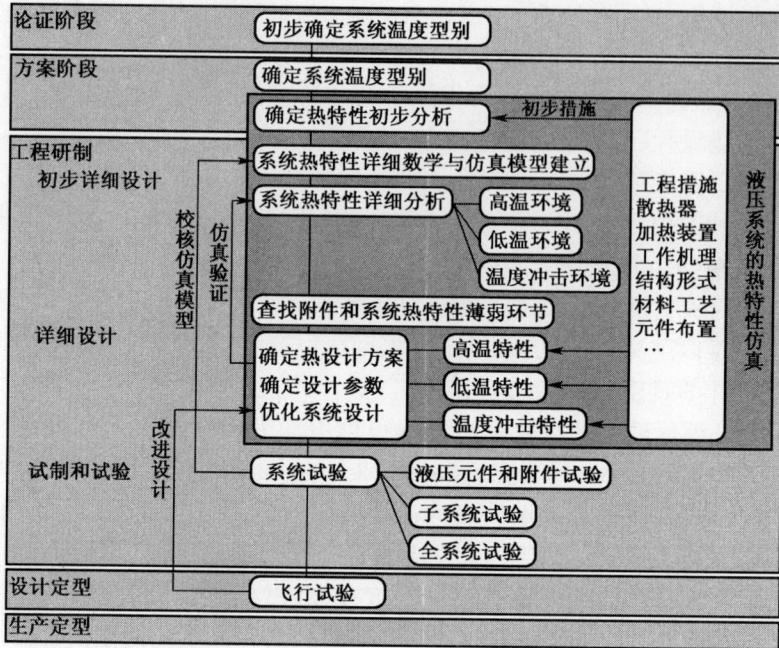

图 9.1 飞机液压系统热设计的工作内容

论证阶段　初步确定系统温度型别

方案阶段　确定系统温度型别　确定热特性初步分析　初步措施

工程研制
初步详细设计　系统热特性详细数学与仿真模型建立　系统热特性详细分析　高温环境　低温环境　温度冲击环境

校核仿真模型　仿真验证

详细设计　查找附件和系统热特性薄弱环节　确定热设计方案　确定设计参数　优化系统设计　高温特性　低温特性　温度冲击特性

工程措施　散热器　加热装置　工作机理　结构形式　材料工艺　元件布置 …

液压系统的热特性仿真

改进设计

试制和试验　系统试验　液压元件和附件试验　子系统试验　全系统试验

设计定型　飞行试验

生产定型

1. 论证阶段

在飞机研制的论证阶段,液压系统设计应配合飞机总体方案论证工作,初步确定液压系统的功能、组成和各子系统的布局及系统最主要、最基本的技术参数。液压系统的热设计应配合液压系统和飞机总体方案的论证工作进行,并初步确定液压系统的温度型别。在初步确定系统温度型别时应考虑以下因素:

(1) 用户对飞机和液压系统的要求。

(2) 飞机总体设计对液压系统的要求。

(3) 现有飞机液压系统的技术参数。

(4) 相关成品厂、研究所的技术能力。

(5) 相关的国标、国军标和航标要求。

2. 方案阶段

液压系统方案设计阶段的工作是确定液压系统原理图、确定液压系统的主要技术参数、确定成品附件的技术要求等。液压系统的热设计工作在这个阶段应该完成的工作有以下几项:

(1) 确定系统的温度型别。

(2) 液压系统热特性初步分析。

(3) 确定是否需要采取一定的工程措施。

（4）选定系统工作油液。

方案阶段的热设计工作是为整个系统原理图确定、主要技术参数确定、主要成品技术要求确定提供支持。

在方案阶段以及包括后续的工程研制阶段，可以采用的热设计措施主要有以下几种：

（1）合理的液压泵效率和壳体回油流量。

（2）减少伺服控制装置的静耗油量。

（3）减少液压系统的内漏和节流损失。

（4）避开在高温区布置液压系统成品、附件和管路。

（5）采用高效的散热方式冷却液压油，如采用空气—液压油散热器、燃油—液压油散热器、液压管路穿越燃油箱散热等。

（6）合理的热交换器安装布局，根据系统热状态分析，将其安装于泵壳体回油管路或系统回油管路上，还要根据液压回油压力和流量情况考虑是否设置旁通阀。

（7）低温情况下的加热装置。

（8）采用不易受温度影响的附件结构。

（9）采用适用更大温度范围的密封材料。

3. 工程研制阶段

工程研制阶段可分为初步详细设计、详细设计和试制与试验 3 个阶段。

1）初步详细设计

在方案阶段液压系统初步热特性分析基础上建立液压系统详细的热特性数学和仿真模型，依据飞机整机的设计情况，建立飞机诱发环境温度的数学和仿真模型。在建模过程中应考虑以下因素：

（1）飞机的任务剖面和使用环境要求。

（2）飞机的结构特点。

（3）对诱发环境温度影响的相关系统工作情况。

（4）成品附件在飞机上的布局和管路的初步走向。

（5）成品附件的技术改进和参数更改。

（6）液压系统的工作特性，如压力流量变化等。

建立了液压系统热特性仿真模型后需要对液压系统在不同使用环境、执行不同任务时的热特性进行详细的仿真计算，从计算结果来发现系统热设计过程中的薄弱环节，判断是否需要采取新的工程措施。对原有措施使用的参数进行复算，判断是否达到理想的效果，结合系统设计其他方面的要求，判断是否达到了最优设计。

这一阶段可以根据一些原理和方案试验的结果对仿真模型进行初步的校核。

另外,在初步详细设计过程中应提出液压元件或附件、子系统、全系统以及飞行试验中与热特性相关的试验项目和要求。

2) 详细设计

详细设计的目标是发出供生产用的全套图纸和技术文件。在详细设计阶段可以根据详细设计过程中进行的一些更改对仿真模型作进一步的完善,并进行必要的复算工作,确保整个液压系统设计的协调性。

3) 试制和试验

试制和试验阶段是对液压系统设计的考核过程。在试制和试验阶段对液压元件或附件、子系统和全系统进行全面的试验工作,从而验证液压系统是否达到规定的设计要求。在这个阶段也需要对附件、子系统和全系统的热特性进行全面的试验工作,发现设计中存在的问题,同时对液压系统热特性仿真模型可以进行全面的校核。经试验确定的不合理的设计要进行改正,并进行复算。

4. 设计定型阶段

设计定型阶段是通过飞行试验来全面考察液压系统的功能、性能、安全性、可靠性等是否满足飞机战术和技术要求和使用要求。依据飞行试验对液压系统的热特性进行全面的考核,判断是否满足飞机设计的要求。同时针对飞行试验中暴露的问题进行必要的修改。

5. 生产定型阶段

生产定型阶段的主要目的是对制造工艺的全面而深入的考核。在此阶段热设计工作也需要配合其他方面的更改作好复算和校核工作,确保整个系统设计的协调性。

从液压系统热设计的主要内容来看,液压系统的热特性仿真是液压系统热设计过程中的关键技术和主要手段。系统热特性的分析、关键设计参数的确定、采取必要工程措施、系统热特性的校核和复算、系统热设计的更改、与其他方面设计的协调都离不开系统热特性仿真的支持。

9.2 飞机液压系统热设计涉及的相关标准规范

在飞机液压系统热设计过程中涉及一些国家标准、国家军用标准和航标,总结如下:

1. 国家标准和规范

GJB 150A—2009   军用装备实验室环境试验方法

GJB 456—1988	飞机液压系统温度型别和压力级别
GJB 638A—1997	飞机Ⅰ、Ⅱ型液压系统设计、安装要求
GJB 1177—1991	石油基航空液压油
GJB 1482—1992	飞机液压系统附件通用规范
GJB 2188—1994	飞机变量液压泵通用规范
GJB 2189—1994	飞机定量液压马达通用规范
GJB 5036—2001	飞机液压系统散热器通用规范
GJB 1172—1991	军用设备气候极值
GJB 4239—2001	装备环境工程通用要求
GJB 2770—1996	军用物资储存环境条件
GJB 3493—1998	军用物资运输环境条件
GJB 6117—2007	环境工程术语
HB 6167—1989	民用飞机机载设备环境条件和试验方法
Q/XJ 2007—1992	12 号航空液压油
SH 0358—1995	10 号航空液压油

2. 国外标准和规范

MIL—STD—810G	环境工程考虑和试验室测试	2008
MIL—STD—210C	军用系统的设备设计和试验用气候环境资料	1987
MIL—HDBK—310	发展军用装备的全球气候数据	1997

9.3 温度型别的选取

液压系统的温度型别是系统一个最基本参数,是液压系统和附件设计的重要原始依据,合理地选取液压系统的温度型别,对于系统的热设计具有重要的意义。

1. 温度型别分类[1]

飞机液压系统的温度型别是由工作液的最低温度和最高温度确定的。温度型别按表 9.1 所列分为 6 个型别。

表 9.1 飞机液压系统的温度型别

型别	Ⅰ	Ⅱ	Ⅲ	Ⅳ	Ⅴ	Ⅵ
温度范围/℃	−55～+70	−55～+135	−55～+200	−55～+320	−55～+400	−55～+650

2. 温度型别的选取原则

随着飞机性能的提高,液压系统的功率和额定压力呈增高趋势,而电液伺服阀和零、负重叠量滑阀的伺服作动器的采用,使系统发热量增大,从而引起系统温度增高。液压系统热设计的总体思路与原则是不宜采用高温系统。高温系统比高压系统设计上的技术难度更大,高温需要对液压系统的材料进行全面更换,给新品研制带来巨大的困难,较合理的方法是控制系统温度,采用合理的散热方式、合理的热交换措施加以解决。因此,温度型别的选取应根据型号的特点,在满足飞机和系统要求的情况下,采用简单、可靠、有效的系统散热方案,最大限度地减少系统的发热量,提高系统效率,使系统的温度型别尽可能降到较低的型别。温度型别的选取应综合权衡下列因素:

① 飞机设计要求对液压系统规定的功能、性能等要求。

② 液压系统的发热状况,如泵效率、节流损失、伺服作动器的损失等。

③ 液压系统的散热设计方案,如采用自然通风散热、强迫通风散热或燃油散热。

④ 液压系统在飞机上的布局情况,应使系统尽量远离高温区。

⑤ 液压系统液压油和密封材料的性能。

⑥ 飞机的研制周期和研制经费。

⑦ 液压系统的功率和负载特性。

⑧ 对液压系统污染控制的影响。

⑨ 对液压系统渗漏控制的影响。

9.4　液压系统的热特性分析

液压系统的热特性分析是进行系统热设计的基础。通过对液压系统进行详细的热特性分析,可以查找系统和附件热特性上的薄弱环节,作为开展热设计的依据。本节以案例的形式讨论如何进行液压系统热特性的分析工作,这里开展的热特性分析以第 8 章中建立的液压系统热特性仿真模型库(AHSTSim)为基础进行。

9.4.1　飞机液压系统热特性仿真模型建立

假设某型飞机具有两套独立的液压系统,用于完成飞控系统、起落架系统等系统的操纵,建模过程中对飞机液压系统进行一定的简化,并只对其中一套液压系统进行仿真研究。

建立飞机全机液压系统热特性仿真模型时,首先采用液压元件库建立主要子系统的仿真模型,包括平台诱发环境温度子系统、液压能源子系统、前起落架子系统、主起落架子系统、舱门子系统和舵面操纵子系统。采用这些子系统模块以及飞行控制模块和其他液压元件模块建立全机液压系统热特性的仿真模型。

液压能源子系统的建立过程如图9.2所示。

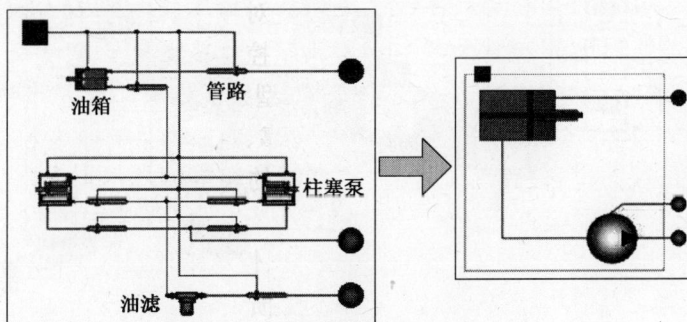

图9.2　液压能源子系统的建立

主起落架子系统的建立过程如图9.3所示。

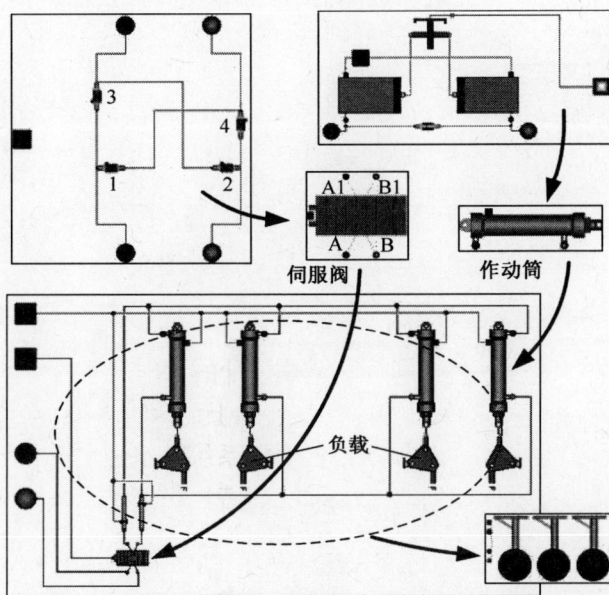

图9.3　主起落架子系统的建立

飞机平台诱发环境温度仿真模型如图9.4所示。主要使用了飞行状态定义模块、太阳辐射计算模块、等效自然环境温度模块、自然环境温度计算模块、恢复温度计算模块、无空调大舱室模块、内壁恒温环形舱模块、内壁加热环形舱模块、梁架翼形舱模块、梁架桁条翼形舱模块和开启舱模块。

其他子系统建立过程不再详述,建立的飞机全机液压系统热特性仿真模型

233

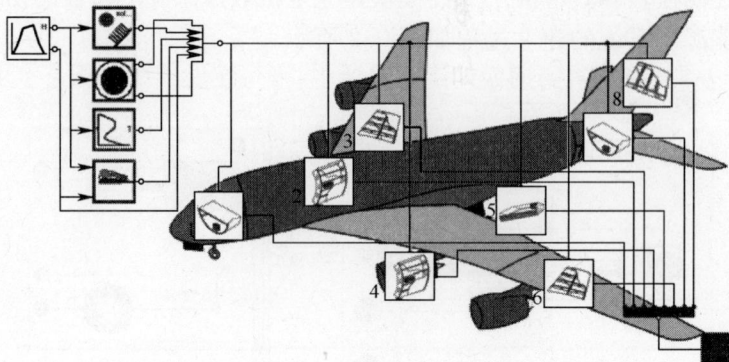

图 9.4　飞机平台诱发环境温度仿真模型

如图 9.5 所示，其包括飞机能源系统、主起落架系统、前起落架系统、舱门系统、副翼舵机、平尾舵机、垂尾舵机和散热器。

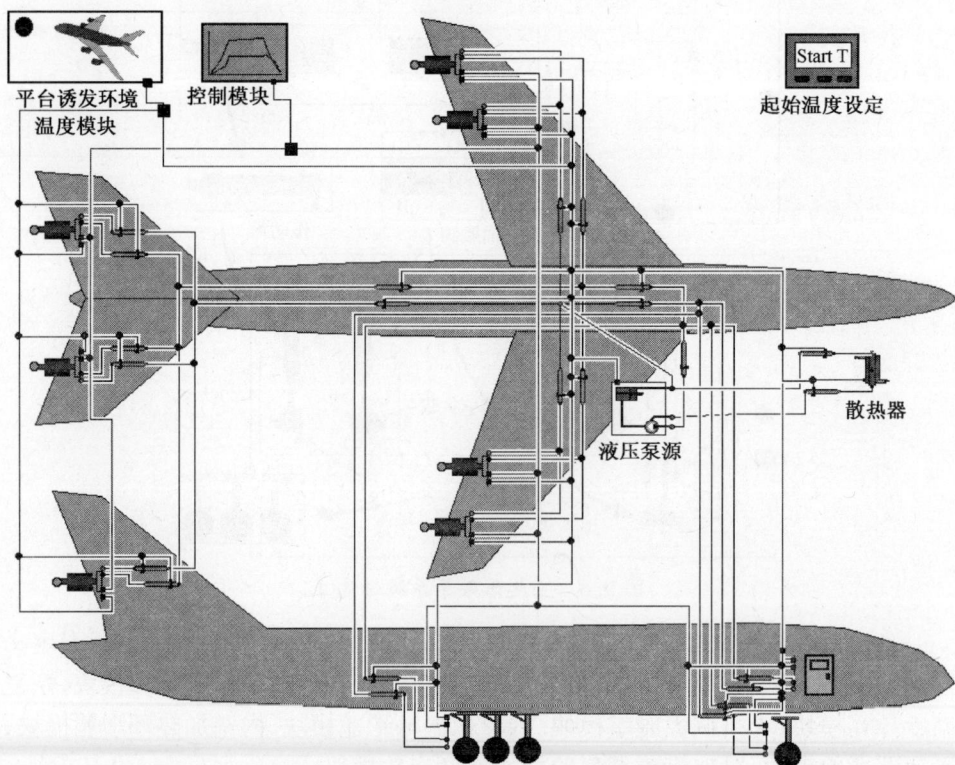

图 9.5　飞机全机液压系统热特性仿真模型

9.4.2 仿真计算与结果分析

仿真过程中飞行高度剖面如图 9.6 所示,飞行速度剖面如图 9.7 所示。

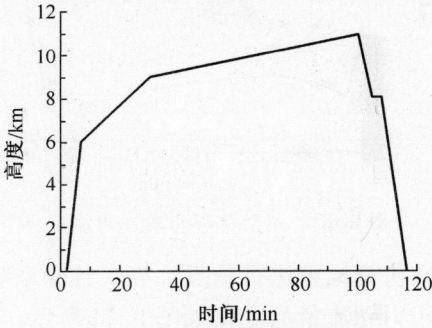

图 9.6 飞机飞行高度剖面

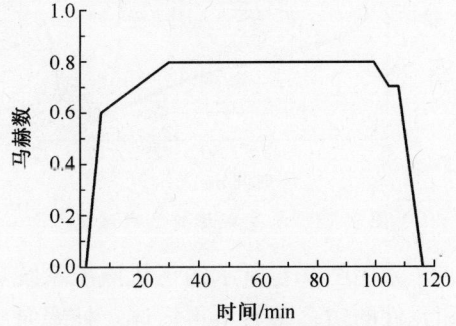

图 9.7 飞机飞行速度剖面

大气温度取 1‰时间风险率高气温全国极值[3],如图 9.8 所示。太阳辐射强度取热带实测太阳辐射强度[8],如图 9.9 所示。

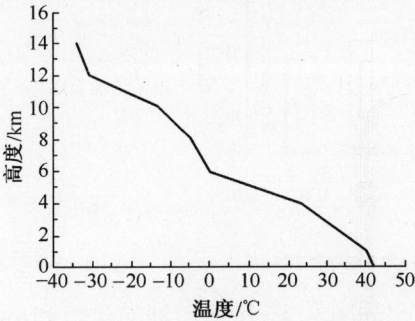

图 9.8 大气温度随高度变化

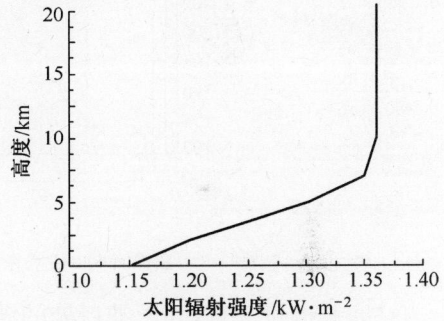

图 9.9 太阳辐射强度随高度变化

飞机全机诱发环境温度的部分仿真结果如图 9.10 至图 9.13 所示。

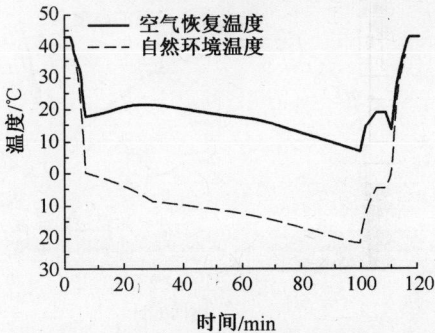

图 9.10 空气恢复温度和自然环境温度

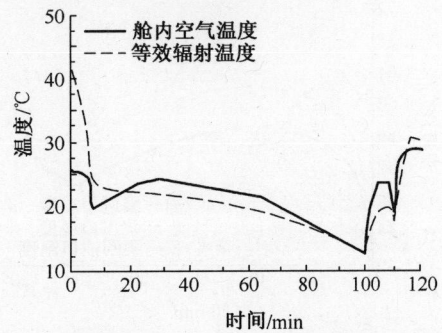

图 9.11 大舱室 1 内温度

235

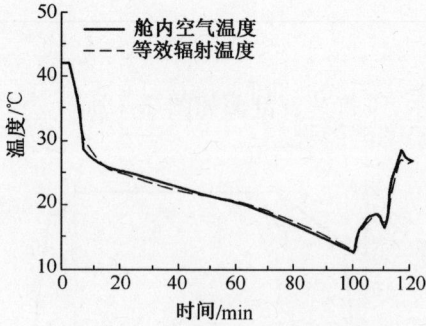

图 9.12　机身环形舱 2 内温度

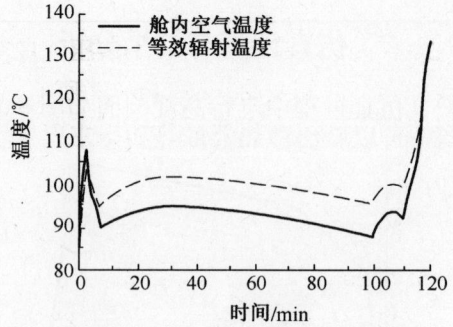

图 9.13　发动机环形舱 4 内温度

采用图 9.5 所示的飞机液压系统热特性仿真模型进行仿真计算。各子系统和元件的仿真参数不再详述。柱塞泵出口压力和流量的变化如图 9.14 所示。

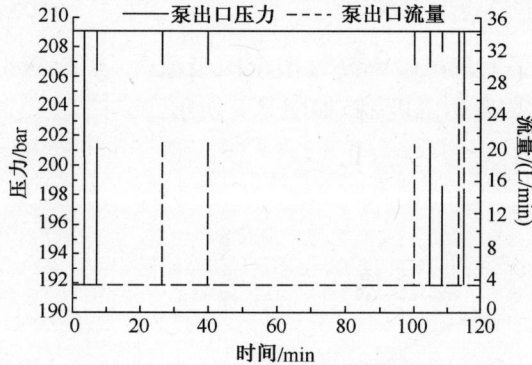

图 9.14　柱塞泵出口压力和流量变化

柱塞泵进口、出口和回油口处的温度变化如图 9.15 所示。油箱进口和出口温度的变化如图 9.16 所示。从图中可知,子系统动作时,会引起油箱进口温度的突变,但进口温度的突变对油箱出口温度影响不大。

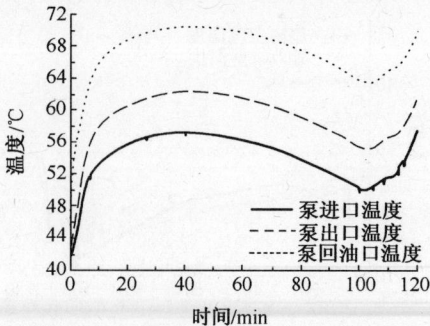

图 9.15　柱塞泵进口和出口温度变化

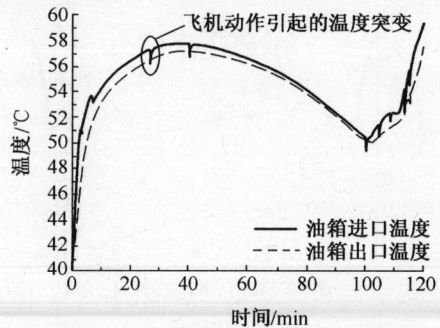

图 9.16　油箱进口和出口处温度变化

236

液压系统设置有空气—液压油散热器，飞行过程中对系统进行散热，散热器进口和出口温度变化如图 9.17 所示，散热器散热功率的变化如图 9.18 所示，从图中可以看出散热器散热功率主要受环境温度的影响。

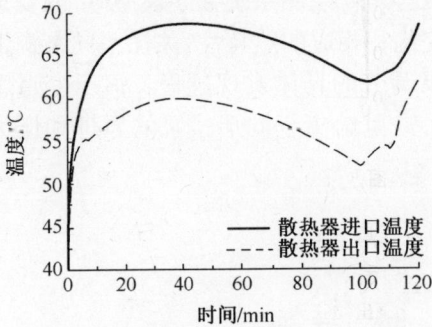

图 9.17　散热器进口和出口温度变化

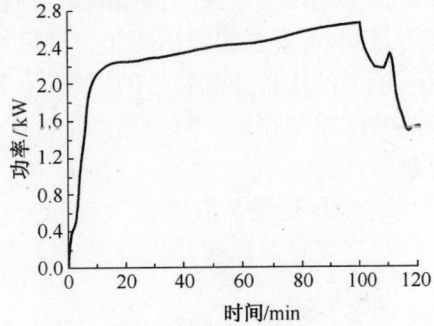

图 9.18　散热器散热功率变化

从仿真的结果来看，在所选择的任务剖面下，整个飞机液压系统的温度能控制在较好的范围内，如果系统为Ⅱ型液压系统，系统的散热设计能够满足系统温度型别的要求。

9.5　不同泵源形式的热特性分析

飞机液压系统的功率损失可分为两部分：泵源系统的功率损失和负载的功率损失。而负载效率一般较泵源系统高，所以液压系统主要的功率损失是由泵源引起。液压泵源的热特性对整个系统的热特性会产生较大影响，对泵源系统的不断研究目的之一也是要减少泵源的功率损失。在 2.3.3 小节中对飞机液压系统先后采用的泵源形式已经作了介绍，主要有：定量泵＋溢流阀形式；定量泵＋溢流阀＋蓄能器形式；恒压变量泵形式，近几年，又提出了负载敏感泵形式、双级压力变量泵和智能泵等泵源形式。现代飞机液压系统泵源主要采用恒压变量泵形式。

泵源形式的不断发展降低了系统无用功的消耗，提高了系统效率，改善了系统的热特性，而不同泵源形式对飞机液压系统热特性影响的效果需要进行定量分析。这里建立恒压变量泵形式、双级恒压变量泵形式、负载敏感泵形式和智能泵形式的泵源系统，通过对全机液压系统的热特性仿真，来研究不同泵源形式对飞机液压系统热特性的影响。

9.5.1　泵源系统的数学模型

双级恒压变量泵通过双级调节恒压变量泵的输出压力来实现双级压力调

节。负载敏感泵通过负载敏感阀使变量泵输出压力和负载压力保持恒定的差值,实现负载敏感控制。智能泵通过无级调节恒压变量泵输出压力和流量来实现泵的智能化。可以说无论是双级恒压变量泵形式、负载敏感泵形式,还是智能泵形式都是以变量泵为基础的。为简化问题,建立泵源系统数学模型时,以变量泵为基础,考虑泵源输出的压力流量特性变化和相应的热特性,关注不同泵源形式对整个液压系统热特性的影响,不考虑泵调节的具体实现过程。恒压变量泵的热特性模型在第 7 章中已经进行了讨论,这里给出不同形式泵的原理和压力流量特性。

1. 恒压变量泵形式

恒压变量泵原理及压力流量特性如图 9.19 所示。

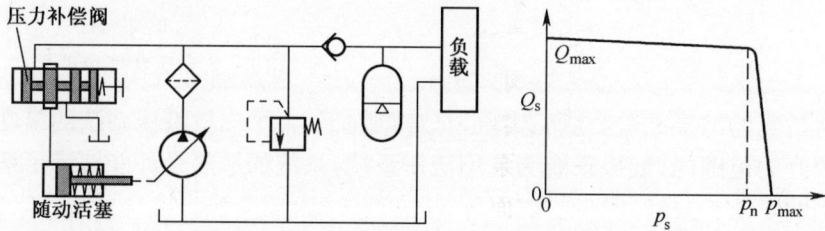

图 9.19 恒压变量泵原理及压力流量特性

恒压变量泵工作过程中,泵出口高压油液经泵调节机构改变泵斜盘倾角,实现泵出口压力的恒压控制。恒压变量泵出口压力恒定,有利于伺服控制机构的工作,输出流量可根据负载需要自动调节,效率较高。

2. 双级恒压变量泵形式

双级恒压变量泵原理及压力流量特性如图 9.20 所示。

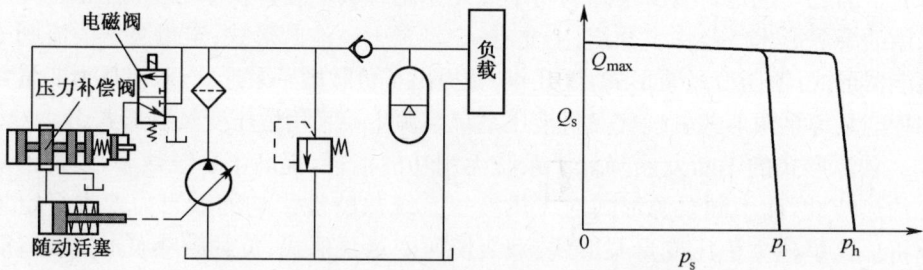

图 9.20 双级恒压变量泵原理及压力流量特性

双级恒压变量泵的实现形式有多种,这里给出其中一种。电磁阀通电后作用于压力补偿阀阀芯弹簧,使阀芯弹簧受压,从而使泵的出口压力增加。双级恒压变量泵可以在高压 p_h 和低压 p_l 之间切换,这里给出高、低压的转换规律:当飞机进入俯冲和格斗阶段时采用高压供压,其余时间采用低压供压。

3. 负载敏感泵形式

负载敏感泵原理如图 9.21 所示[7]。

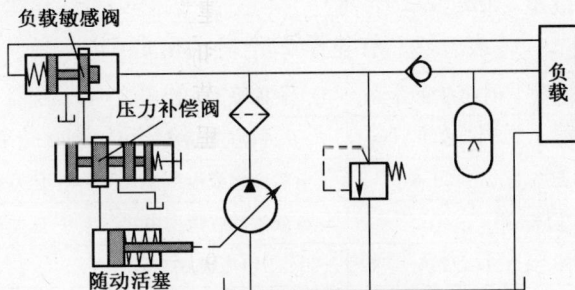

图 9.21　负载敏感泵原理

负载敏感泵通过负载敏感阀来感受液压系统负载需求,通过压力补偿阀控制随动活塞,改变泵排量,从而实现负载敏感控制。负载敏感泵输出的压力流量由负载情况确定,由于负载敏感泵需要较长负载反馈回路,所以这种形式在飞机上的使用受到了限制,但飞机舵面负载通常和飞行速度成正比,所以仿真过程中采用文献[8]给出的压力调节规律,即

$$p = \begin{cases} p_{\min} & 0 < v_{\mathrm{b}} < v_{\mathrm{b\,min}} \\ p_{\min} + \dfrac{p_{\max} - p_{\min}}{v_{\mathrm{n\,max}}^2 - v_{\mathrm{b\,min}}^2}(v_{\mathrm{b}}^2 - v_{\mathrm{b\,min}}^2) & v_{\mathrm{b\,min}} < v_{\mathrm{b}} < v_{\mathrm{n\,max}} \end{cases} \tag{9.1}$$

式中:$v_{\mathrm{n\,max}}$ 为最大使用表速;$v_{\mathrm{b\,min}}$ 为最小机动表速;$p_{\min}$ 为液压系统最低安全压力;$p_{\max}$ 为液压泵最大输出压力;v_{b} 为飞机表速。

4. 智能泵形式

智能泵原理如图 9.22 所示。

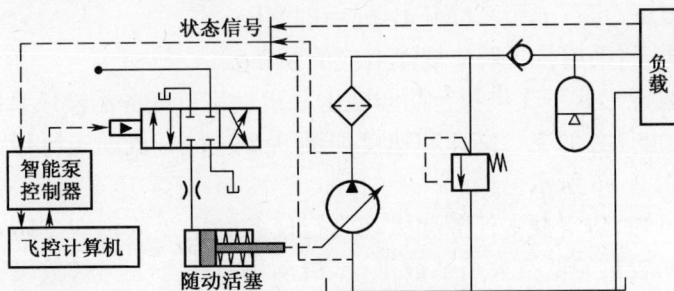

图 9.22　智能泵原理

智能泵工作过程中智能泵控制器采集泵和负载工作状态信号,传给飞控计

算机,飞控计算机采用一定的控制算法对伺服阀进行控制,从而控制泵输出的流量和压力,实现泵的智能控制。智能泵工作过程中有 4 种工作模式,分别为变压力工作、变流量工作、恒功率工作和负载敏感工作,仿真过程中采用文献[6]中的智能泵工作模式设定,如表 9.2 所列。

表 9.2　智能泵工作模式设定[6]

任务序号	任务模式	时间百分比/%	智能泵工作模式	设定量
1	起飞	1.9	恒流量模式	大流量
2	爬升和巡航	29.6	负载敏感或恒压模式	压差设定中或中恒压
3	盘旋和下降	22.2	负载敏感或恒压模式	压差设定中或中恒压
4	俯冲	2.4	恒压模式	高恒压
5	格斗	3.2	恒压模式	高恒压
6	巡航和降落	29.6	负载敏感或恒压模式	压差设定中或中恒压
7	着陆	11.1	恒流量模式	大流量

9.5.2　不同泵源形式的液压系统热特性仿真

根据研究问题的需要,建立飞机液压系统的热特性仿真模型如图 9.23 所示。该飞机液压系统的主要负载有起落架系统、减速板系统、副翼舵机、平尾舵机、垂尾舵机、襟翼系统和喷口调节系统。

仿真过程中散热器不工作。建立 4 种不同泵源形式的仿真模型。仿真过程中各泵源的主要计算参数如下:

(1) 恒压变量泵:$p_{max} = 28MPa$,$p_n = 27MPa$。

(2) 负载敏感泵:$p_{min} = 14MPa$,$p_{max} = 28MPa$,以马赫数代替控制率中的速度量,且 $v_b = 0.8$,$v_{nmax} = 1.4$。

(3) 双级压力泵:$p_h = 28MPa$,$p_l = 21MPa$。

(4) 智能泵:采用各自调节规律对应的泵参数。

对不同泵源形式下飞机执行防空截击和机动飞行任务的液压系统温度进行仿真,防空截击任务的飞行高速和速度如图 9.24 所示,机动飞行任务的飞行高度和速度如图 9.25 所示。

从图中可知,防空截击任务和机动飞行任务的主要区别在于防空截击任务涉及持续时间较长的低空大马赫数飞行,机动飞行任务大马赫数飞行持续时间较短。

采用图 9.23 所示的飞机液压系统热特性仿真模型,对不同泵源形式下飞机执行防空截击任务时系统热特性进行仿真。油箱进口温度变化如图 9.26 所示,

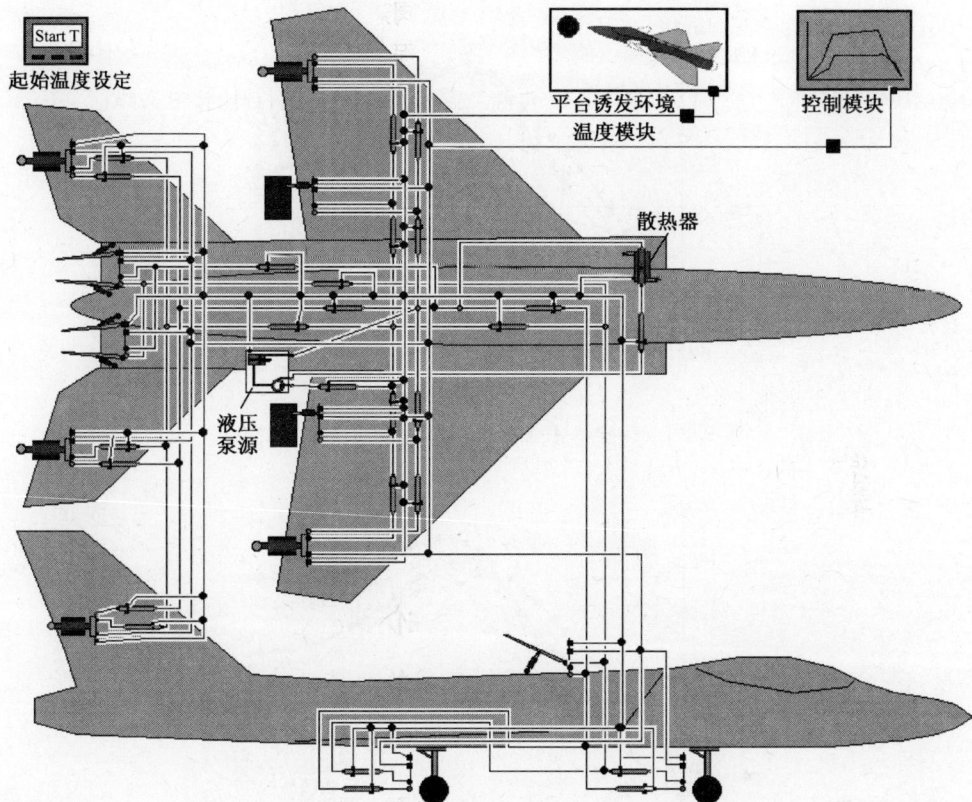

图 9.23　某型飞机液压系统热特性仿真模型

柱塞泵回油口温度变化如图 9.27 所示。

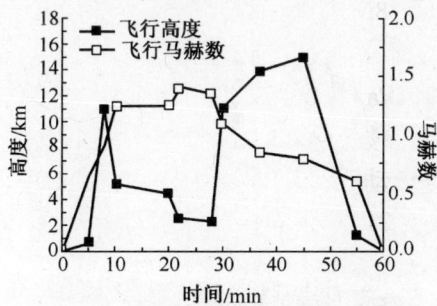

图 9.24　防空截击任务飞行剖面

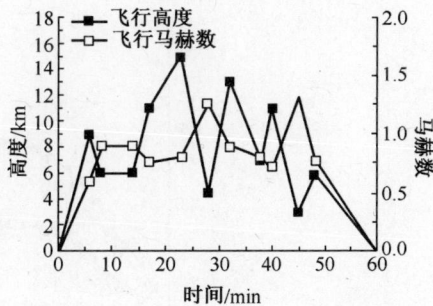

图 9.25　机动飞行任务飞行剖面

　　对不同泵源形式下飞机执行机动飞行任务时系统热特性进行仿真。油箱进口温度变化如图 9.28 所示,柱塞泵回油口温度变化如图 9.29 所示。

　　从图 9.26 至图 9.29 可以看出:

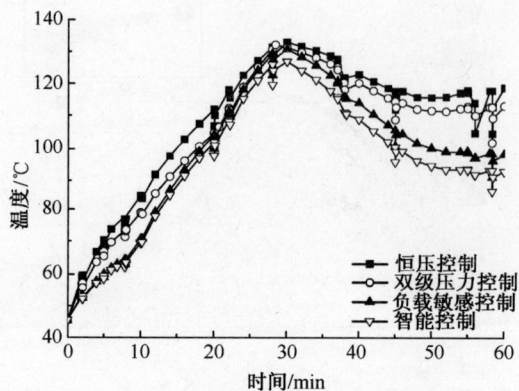

图 9.26 防空截击任务时油箱进口油液温度变化

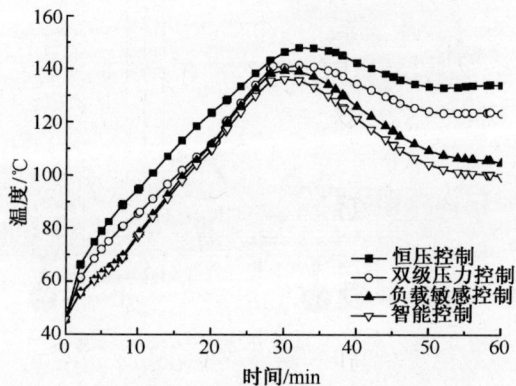

图 9.27 防空截击任务时柱塞泵回油口油液温度变化

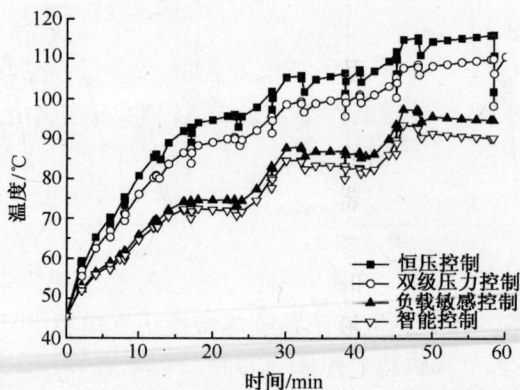

图 9.28 机动飞行任务时油箱进口油液温度变化

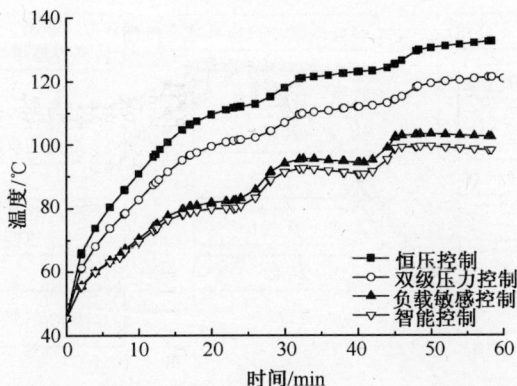

图 9.29　机动飞行任务时柱塞泵回油口油液温度变化

（1）飞机液压系统泵源采用智能控制时系统温度最低，其次为负载敏感控制和双级压力控制，恒压控制时系统温度最高。

（2）飞机大马赫数飞行时不同控制方式对系统温度的影响并不明显，而飞机小马赫数飞行时不同控制方式对系统温度会产生较大的影响。

9.6　飞机液压系统的散热设计

9.6.1　飞机液压系统散热设计方法

飞机液压系统油液温度较高时，需要对系统进行散热。系统散热设计的目的是在满足设计准则要求和安全要求前提下，确定最小的散热器散热功率，从而减小散热器重量，降低散热器设计的难度，使飞机液压系统温度控制在要求的范围内，达到最优化的设计。

飞机液压系统散热设计过程中需要考虑的因素有：苛刻的高温工作环境，苛刻的高负荷工作剖面，高温工作环境和高负荷工作剖面的叠加影响及系统散热方式。飞机液压系统使用的散热方式主要有两种：以冲压空气为冷媒的散热器和以燃油为冷媒的散热器。飞机液压系统散热设计的流程如图 9.30所示。

确定苛刻的高温工作环境和高负荷工作剖面，对工作环境和工作剖面进行组合，确定仿真状态。建立飞机液压系统热特性仿真模型进行仿真，确定液压系统油液温度最高的工作环境和工作剖面组合，针对组合状态进行液压系统的散热器设计。在确定了散热器形式和外部工作参数时散热器设计的关键是确定散热面积。

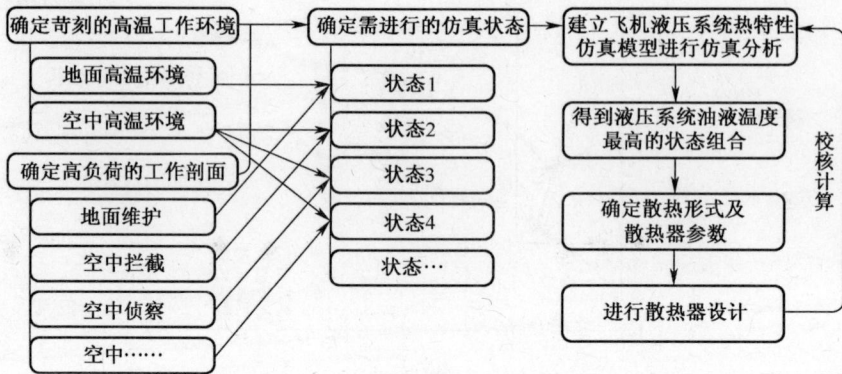

图 9.30　飞机液压系统散热设计流程

9.6.2　案例研究

下面以 9.5 节中建立的某飞机液压系统热特性仿真模型为例,进行系统的散热器设计。该飞机的高温工作环境可分为地面高温环境和空中高温环境,需进行仿真的任务剖面有地面维护、防空截击、机动飞行、搜索格斗、空中支援。其中,地面高温环境为 45.5℃,空中高温环境如图 9.31 所示,防空截击任务飞行剖面如图 9.32 所示,机动飞行任务剖面如图 9.33 所示,搜索格斗飞行剖面如图 9.34 所示,空中支援飞行剖面如图 9.35 所示。柱塞泵为恒压控制,恒压压力为 21MPa。

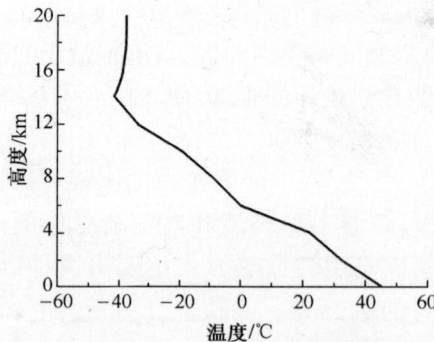

图 9.31　空中高温环境剖面

在飞机散热器不工作的条件下,对飞机在地面高温下地面维护,空中高温下防空截击、机动飞行、搜索格斗、空中支援时的液压系统热特性进行仿真。5 种状态下液压系统油箱进口温度如图 9.36 所示,泵壳体回油口温度如图 9.37所示。

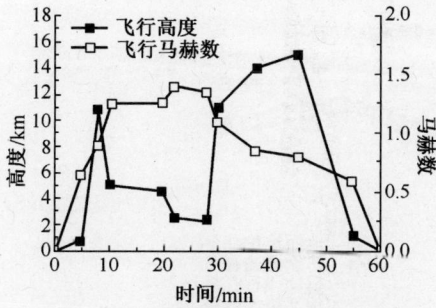

图 9.32　防空截击任务飞行剖面

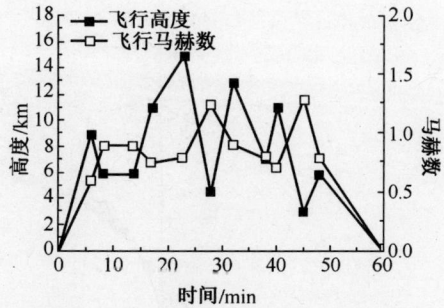

图 9.33　机动飞行任务飞行剖面

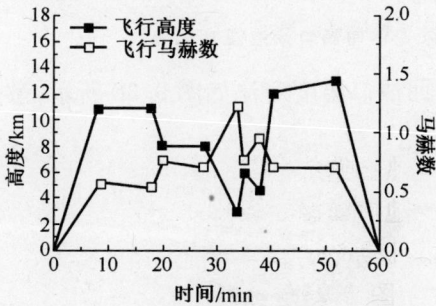

图 9.34　搜索格斗任务飞行剖面

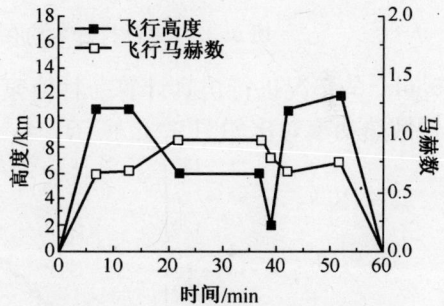

图 9.35　空中支援任务飞行剖面

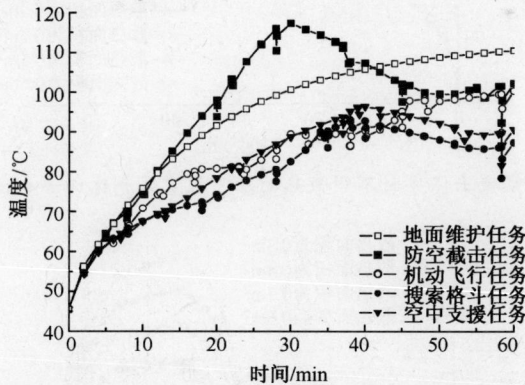

图 9.36　飞机执行不同任务时油箱进口油液温度比较

从图 9.36 和图 9.37 中可知,飞机执行防空截击任务时其系统温度最高,泵壳体回油口温度可达 128.5℃。

现对该型飞机进行散热器设计。假设采用空气—液压油散热器,散热器结构形式已知,设计目标为将系统最高温度控制在 120℃ 以内,设计任务是确定散热器热边散热面积。对散热器热边散热面积分别为 $0.3m^2$、$0.4m^2$、$0.5m^2$ 和

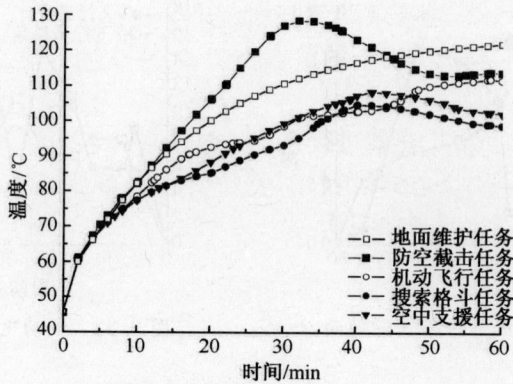

图 9.37　飞机执行不同任务时泵壳体回油口油液温度比较

0.6m² 的情况进行仿真计算。柱塞泵壳体回油口温度对比如图 9.38 所示，散热器散热功率对比如图 9.39 所示。

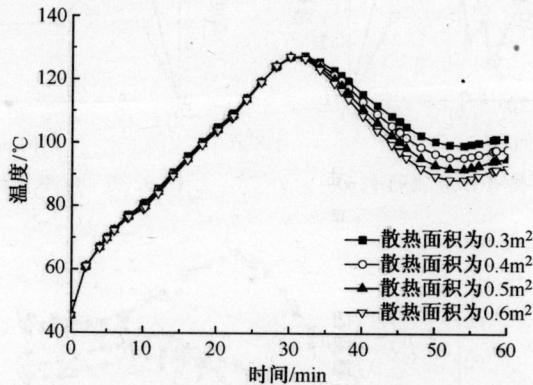

图 9.38　防空截击任务时不同散热面积下柱塞泵壳体回油口油液温度比较

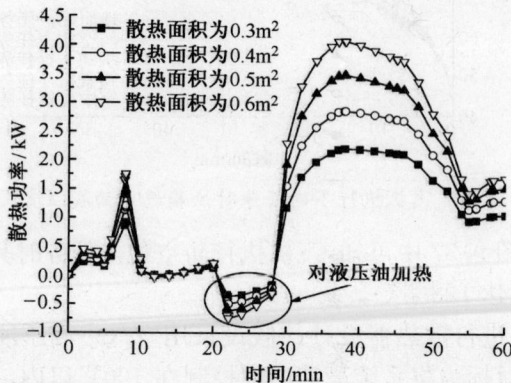

图 9.39　防空截击任务时不同散热面积下散热器散热功率比较

246

从图 9.38 中可知,由于飞机飞行过程中恢复温度较高,空气—液压油散热器作用并不明显,不能起到有效的散热作用,特别在恢复温度较高时,空气反而对油液起到加热作用。

改用燃油—液压油散热器进行系统的散热。对不同热边散热面积的燃油—液压油散热器作用下系统的热特性进行仿真。柱塞泵壳体回油温度如图 9.40 所示,散热器散热功率对比如图 9.41 所示。

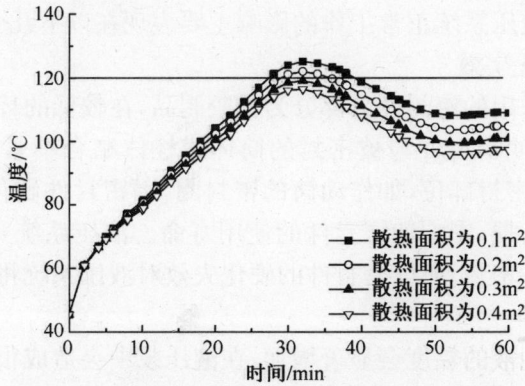

图 9.40　防空截击任务时不同散热面积下柱塞泵
壳体回油口油液温度比较

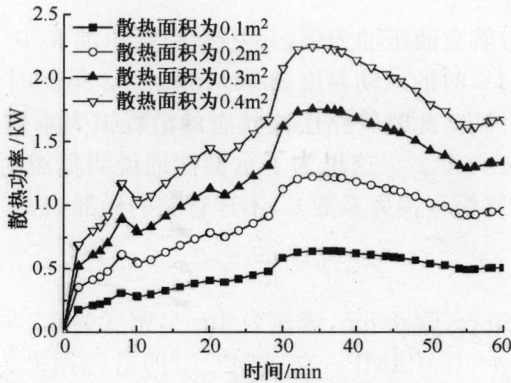

图 9.41　防空截击任务时不同散热面积下
散热器散热功率比较

由图 9.40 和图 9.41 可知,采用燃油—液压油散热器具有较好的散热效果,在热边散热面积为 $0.3m^2$ 时就可达到液压系统的设计要求,且散热功率要求较低,降低了散热器设计的难度。

9.7 低温环境下飞机液压系统的热设计

低温环境下飞机液压系统热设计的主要目的是克服因环境温度过低给液压系统启动和正常工作造成的不利影响。低温环境对液压系统的影响是全面性，如果系统长时间工作于低温环境，就要特别注意系统低温环境下的热设计。与高温环境相比，低温环境下出现的启动困难和工作异常往往更难预计，也更难以解决。

低温环境对液压系统正常工作的影响主要表现在以下几个方面：

1. 密封件硬化实效

液压系统所采用的密封件大部分为橡胶制品，在较低的环境温度下，密封件会产生硬化，从而使密封件与被密封的筒体或柱体贴合不紧密，产生泄漏。另外，在运动部件的密封部位，如作动筒的密封圈，因密封件硬化会加剧密封件本身和运动部件的磨损，影响液压元件的使用寿命。液压系统几乎所有的运动部件都是依靠密封件密封，所以密封件的硬化失效对液压系统将会产生很大影响。

2. 泵启动困难

低温环境下油液的黏度会显著增加，在液压泵中会造成很大的启动阻力，有时甚至会导致泵无法启动。启动后由于油液黏度过大，柱塞泵中的柱塞在吸油过程中会造成严重的内部汽蚀，排油过程中会产生很大的排油阻力，严重时会损坏液压泵，影响泵寿命和整个液压系统的工作。

3. 产生泵吸油气穴

以常用的 15 号航空液压油为例，15 号航空液压油在 40℃时的运动黏度为 14.2mm²/s，在 −54℃时的运动黏度为 1344mm²/s。低温时由于管道内油流截面存在较大的温度梯度，此时管路层流状态的沿程损失系数 λ 已不能用 75/Re 计算，且比 75/Re 要大得多。这里为了示例性地说明低温对沿程损失的影响，还采用 75/Re 来计算沿程损失系数 λ，不计管路的局部损失，沿程损失可表示为

$$\Delta p = \frac{75}{Re} \frac{l}{d} \frac{\rho v^2}{2} \tag{9.2}$$

取导管内径 28mm，管长 8m，流速为 3m/s，密度为 830kg/m³，计算在 40℃时的沿程损失为 $\Delta p = 0.014$MPa，在 −54℃时的沿程损失为 $\Delta p = 1.281$MPa。可见在低温时，要想得到相同的吸油流量，管路的沿程损失急剧增加，达到了 1.281MPa，这对一般的液压系统是难以接受的，会产生严重的吸油气穴现象，严重影响泵的正常工作。

4. 回油压力增大

与吸油问题相同，在低温环境下元件的回油压力也会显著增加，回油压力的

增加会严重地影响到液压执行元件的输出力或力矩。使得作动筒输出力减小，不能正常驱动负载工作，使液压马达输出扭矩降低。

5. 引起液压元件结构破坏

低温产生的高黏度油液在液压系统流动过程中会产生很大的流动阻力，对于像油滤滤芯等这种结构容易破坏的部件会造成结构破坏，严重地影响系统的正常工作。

6. 液压元件工作特性发生变化

油液黏度的较大变化会改变液压元件原有的压力流量特性，从而改变液压元件的工作特性。另外，低温对液压元件中集成的电子元件的工作也会造成很大影响，使电子元件实效或工作不正常，两种因素的叠加会使得低温下元件的工作特性和故障难以预计。

针对低温对液压系统的影响，在液压系统设计过程中应认真考虑低温环境下液压系统的热特性问题，采取一定的工程措施来预防和解决有可能出现的故障。低温环境下液压系统热设计采取的工程措施主要有以下几个：

（1）使用黏温特性较好，适用于低温环境的液压油。

（2）采用适用于低温环境的密封件。

（3）油箱中设置加热装置。

（4）使用冷启动阀增加节流生热。

（5）增加吸油和回油管路管径。

（6）采用适用于低温环境的液压泵。

（7）易损元件设计中增加避免结构损坏的设计。

（8）元件设计时考虑低温环境的影响。

（9）进行严格的低温环境实验。

9.8　液压系统试验中的温度测量

温度测量是判断液压系统热设计效果的最直接的方式，本节讨论飞机液压系统试验中温度测量的方法与温度测量的时机。

9.8.1　液压系统的温度测量方法

温度测量只能采用间接的方式进行，即利用物质的性能或状态参数随温度单值变化的特性进行测量，常用的温度测量装置的分类如图 9.42 所示。

液压系统中温度测量主要采用电阻式和热电式温度测量装置，这里主要介绍这两种测量装置。

接触式 — 机械式 — 膨胀式 — 玻璃液柱式
膨胀式 — 双金属片
气体式 — 气体
气体式 — 饱和蒸汽
电气式 — 电阻式 — 导体
电阻式 — 半导体
热电式
非接触式 — 辐射式 — 晶体管式

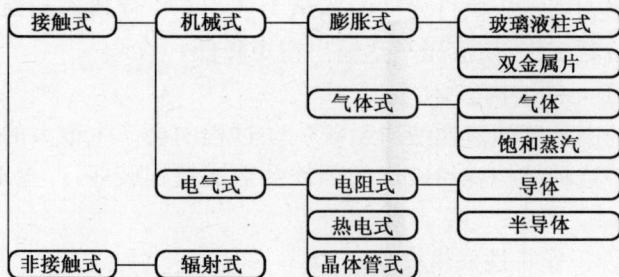

图 9.42　温度测量装置的分类

1. 电阻式温度测量装置

电阻式温度测量装置是利用感温电阻,把被测温度转化成电阻阻值变化,通过测量电阻来间接测得被测温度的方法。

大多数纯金属或合金的电阻随温度的增加而增加,具有正的温度系数,可表示为

$$R = R_1[1 + \alpha(T_2 - T_1)] \tag{9.3}$$

式中:R_1 为温度 T_1 时金属的电阻值;α 为金属在温度 T_1 时的温度系数。

在一定的温度范围内,这种电阻温度关系是线性的,有些材料的温度系数可以认为是定值。

常用的金属热电阻材料是铂、铜和镍,主要性能如表 9.3 所列。

表 9.3　热电阻的主要性能

材　料	铂	铜	镍
测量范围	−200℃～600℃	−50℃～150℃	−100℃～300℃
电阻丝直径/mm	0.03～0.07	0.1 左右	0.05 左右
电阻率	0.0931～0.106	0.017	0.118～0.138
电阻温度系数	3.92～3.98	4.25～4.28	6.21～6.34
化学稳定性	氧化介质中性能稳定 不宜在还原性介质中使用	超过 100℃易氧化	超过 180℃易氧化
特性	0℃～800℃范围内,特性接近于线性	特性接近于线性	特性接近于线性
使用场合	可作为标准测温装置	测量低温	测量装置

铂的电阻—温度关系在一个很广的温度范围内保持着良好的线性,室温下铂电阻温度计可测量到 10^{-4}℃ 量级变化,所以工程上常用铂电阻温度计作为温度传感器。液压系统中常见的铂电阻温度传感器及安装方式如图 9.43 所示。

金属热电阻测量过程中的误差除由本身材料、结构等因素引起的基本误差

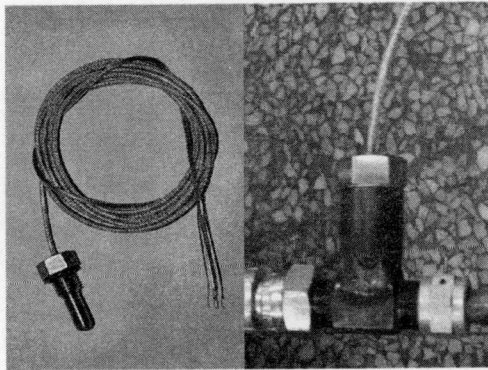

图 9.43　铂电阻温度传感器及安装

外,由于使用不当也会产生误差,主要有热电阻本身的自然误差和连接导线电阻产生的误差。热电阻的自然误差是测量电流通过热电阻因生热而产生的附加误差,一般要求热电阻的工作电流小于 6mA。由于热电阻阻值本身较小,阻值随温度的变化就更小,连接导线电阻也会给测量带来误差。在工程实际中,一般常用三线连接法或四线连接法来减小连接导线电阻的影响。

热电阻温度计在测量范围内具有较高的测量精度,复现性和稳定性均较好。但体积也较大,热惯性大,适用于测量静态温度或温度变化缓慢的场合。

2. 热电式温度测量装置

热电式温度测量装置也称为热电偶温度测量装置,具有结构简单、测温范围宽、准确度高、热惯性小等优点。热电偶测量温度的基本原理是热电效应,如图9.44 所示。

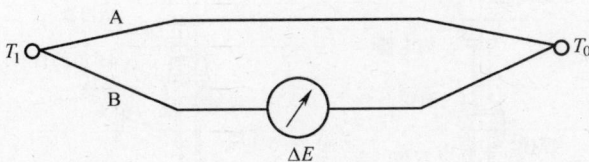

图 9.44　热电效应

在两根不同金属或合金 A、B 组成的回路中,如果两根导线的接触点具有不同的温度,那么回路中便有电流流过,这种现象称为热电效应。当回路断开时,在其两端可测量到电压差,称为热电压 ΔE。如果连接点中一处温度为 T_0,那么产生的热电压便是测量点温度 T_1 和比较温度 T_0 之差的度量。如果让比较温度 T_0 恒定,那么热电压的大小和测量点温度 T_1 成正比关系。一般将热电偶中的两个连接点称为冷端和热端。热电压与温度差的关系一般是 3 阶方程的形式,工程测量时常简化为二阶关系,即

$$\Delta E = a + b\Delta T + cT^2 \tag{9.4}$$

式中：a、b、c 为与材料有关的常数。

热电偶测量的关键是保证冷端温度的恒定，这样热电偶输出的热电势是被测温度的单一函数。热电偶的分度表示是以冷端温度为 0℃ 时进行分度的。在工程应用中要保持冷端温度为 0℃ 较为困难，一般采用一定的硬件或软件修正或补偿措施，使冷端处于一个比较恒定的温度环境中。冷端温度的补偿和修正方法有冷端 0℃ 恒温法、热电势修正法、软件修正法、电桥修正法。

通常按材料不同，热电偶分为贵金属热电偶和非贵金属热电偶。贵金属热电偶主要由铂—铑合金组成，具有重复性很好的热电压特性曲线，并且更能耐腐蚀和氧化，可用于较高的温度范围。非贵金属热电偶主要用于通常的温度测量范围，占全部热电偶应用的大部分。主要的类型有铜—康铜、铁—康铜、镍镉—镍等。其中镍铬—镍在非贵金属热电偶中具有最大的温度测量范围，即 −200℃～1300℃，其温度系数小于铜—康铜或铁—康铜的温度系数，特性曲线线性度很高。

工程使用中依据热电偶是否加保护外罩，可将热电偶分为无罩式热电偶和带罩式热电偶。无罩式热电偶只能用于不太恶劣的环境中，如浸入非侵蚀性的液体中。带罩式热电偶用金属或陶瓷管子将热电偶绝缘后掺入一端封闭的管子中。外部的保护管使热电偶免遭机械力的作用。

某型号热电偶温度传感器的外形与安装如图 9.45 所示。

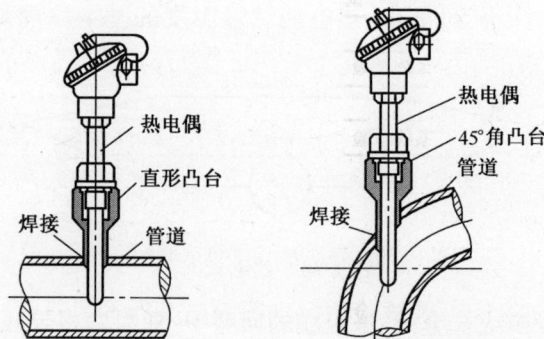

图 9.45　热电偶温度传感器外形与安装

热电偶测温时除由本身材质不均匀和热电特性的非线性引起的误差外，还存在动态响应误差、安装误差、测量误差和老化误差。

1）动态响应误差

动态响应误差是由热电偶的热惯性引起的，热惯性的存在必然使传感器感受的温度滞后于介质温度的变化。传感器感受的温度与真实温度的差值称为动态响应误差,动态响应误差是不能消除的。一般在温度测量时希望动态响应误差越小越好,这就要减小时间常数,即减小热电偶的接点,或增大接点与被测介质的接触面积。

2)安装误差

测量管道内流体温度的热电偶应注意热电偶插入管道内的深度,插入的太短,热交换不充分,测温偏低,引起安装误差。插入的深度应使热电偶热接点处于管道的中心部位。

3)测量误差

引起测量误差的原因主要有冷端温度没有得到完全补偿,补偿导线使用不当,测量仪表与测量电路电阻变化引入的误差。

4)老化误差

热电偶使用一段时间后,热电特性发生变化,出现老化现象,会产生老化误差。

9.8.2 液压系统试验中的温度测量

飞机液压系统试验按试验对象可分为元件和附件试验、子系统试验和全系统试验。而全系统试验又分为地面模拟器试验、液压系统飞机地面试验和液压系统的飞行试验。飞机液压系统试验分类如图 9.46 所示。

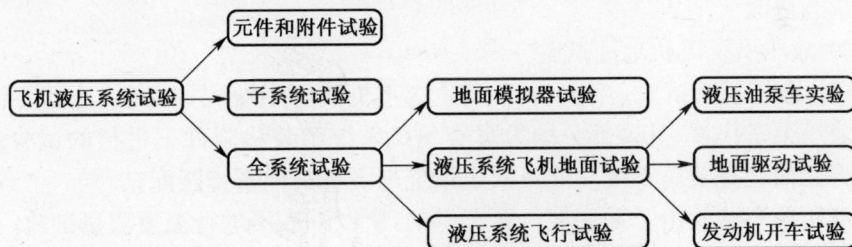

图 9.46 飞机液压系统试验的分类

下面分别说明液压系统试验中应进行的温度测量工作。

1. 元件和附件试验

元件和附件试验过程中需进行环境试验工作,液压附件需经过各种环境试验的考核,保证附件在使用过程中所遇到的各种工作状态下均能可靠地工作。而针对热设计工作开展的试验主要有高温试验和低温试验。环境试验应符合 GJB 150A—2009《军用装备实验室环境试验方法》和 HB 6167—89《民用飞机机载设备环境条件和试验方法》的规定。

2. 子系统试验

飞机液压系统由各功能子系统组成,包括能源子系统、飞行控制系统、起落架收放系统、机轮刹车系统、前轮转弯操作系统、减速板操纵系统等。在全系统试验前应对各重要子系统进行原理性试验、功能试验、关键性能指标检验工作。

在子系统试验过程中,能源子系统试验时应重点对温度进行测量。记录液压系统的温度数据,对泵出口温度、壳体循环油液温度及安装在发动机上的导管和附件的温度应予以特别关注。

3. 全系统试验

1) 液压系统模拟器试验

液压系统模拟器试验是系统设计的第一次全面考核,是验证系统设计的有效手段,是检验液压能源系统与各功能子系统的匹配性以及各功能子系统动作协调性的关键途径。通过试验可以发现系统潜在的故障和缺陷,进一步更改和完善设计。

在进行液压系统模拟器试验时应进行温度测量试验,以全面地考察系统的热特性。温度测量试验一般与任务剖面试验同步进行,并至少测量以下位置的温度:

(1) 液压泵的吸油口、出油口、壳体回油口;

(2) 热交换器的进油口、出油口。

测量的温度应与预计的温度进行对比,对仿真模型进行校核,必要时对仿真模型进行修改。

2) 液压系统飞机地面试验

(1) 液压泵车试验。液压泵车试验指飞机液压系统完成总装,液压泵源由地面液压泵车代替,其余部分均为真实飞机系统和装机附件下进行的试验。该试验将全面检查液压系统功能及液压系统与飞机其他系统匹配。

液压泵车试验由于采用液压泵车供油,所以一般不进行温度测量试验。

(2) 地面驱动试验。地面驱动试验指用地面驱动设备驱动液压泵进行的试验。在进行液压系统地面驱动试验时应进行温度测量试验,以全面地考察系统的热特性。温度测量试验一般与任务剖面试验同步进行,并至少测量以下位置的的温度:

① 液压泵的吸油口、出油口、壳体回油口。

② 热交换器的进油口、出油口。

(3) 发动机开车试验。发动机开车试验是飞行试验前最后一次的全系统地面试验,由发动机驱动飞机液压泵进行工作。

发动机开车试验时测量液压系统温度,以便与预计温度值进行比较。发动机停车后继续监测温度,直至温度不再上升为止,以便测得最高温度。在高温区应进行连续的温度检测。

3）飞行试验

飞行试验是飞机设计定型试验。

飞行试验中应进行温度测量试验,需在系统所有关键的和预计的最热和最冷点测量最高和最低的工作温度,并记录相应的状态数据,如舱内温度、外界气温和飞行速度等。高温区温度需连续监测。应重点测量液压系统中下列各点温度：

（1）液压泵进口、出口、壳体回油口和泵壳体循环管口。

（2）热交换器进口和出口。

（3）大流量节流处。

（4）散热条件差和靠近热源处。

通过试验证实系统温度不超过系统附件的设计要求,计算所经受的各种温度下的工作时间占飞行试验时间的百分比。

参 考 文 献

[1] 王永熙主编.飞机设计手册第 12 册:飞行控制系统和液压系统设计[M].北京:北京航空工业出版社,2003.

[2] GJB 4239—2001.装备环境工程通用要求[S].

[3] 王占林.飞机高压液压能源系统[M].北京:北京航空航天大学出版社,2004.

[4] 王世富,马俊功,王占林.机载智能泵源系统研究中的关键技术[J].机床与液压,2003,31(4):85-87.

[5] 马俊功,王世富,王占林.智能泵原理样机研究[J].液压与气动,2002,(11):6-8.

[6] 李运华,王占林.机载智能泵源系统的开发研制[J].北京航空航天大学学报,2004,30(6):493-497.

[7] 王秀霞,苏珉,崔红霞,等.飞机液压系统的温度控制方法研究[J].液压气动与密封,2009,(2):12-14.

[8] 王世富,马俊功,王占林.机载智能泵负载敏感的实现方法[J].机床与液压,2004,32(1):30-32.

[9] 吴剑秋.航空通用检测技术[M].中国人民解放军空军装备部,2006.

[10] 王伯雄,王雪,陈非凡.工程测试技术[M].北京:清华大学出版社,2006.

[11] 张铁生主编.飞机试飞工作手册:飞机飞行试验与数据采集[M].北京:国防工业出版社,1998.

[12] 凌艺春.高响应温度传感器在液压系统中的应用分析[J].液压与气动,2012,7:78-80.